中老年人学电脑·基础篇

杨奎河 主编

金盾出版社

内 容 提 要

本书针对中老年人学习电脑操作知识的需求,以通俗易懂的语言、翔实生动的操作,全面介绍了电脑基础操作的知识。主要内容包括认识电脑、轻松学习Windows7、文件和文件夹管理、轻松输入文字、熟悉常用的应用软件、漫游网络新世界、网上沟通、网上娱乐、网上查询和购物、使用办公软件丰富退休生活、电脑的保养和维护等多方面的知识。

本书内容浅显易懂,注重电脑基础知识和实际应用相结合,每一项学习内容都有详细的分解步骤,操作性很强,读者可以边学边练。本书可作为中老年人学习电脑基础操作知识的参考书和培训教材。

图书在版编目(CIP)数据

中老年人学电脑·基础篇/杨奎河主编. — 北京:金盾出版社,2015.11(2017.4重印)
ISBN 978-7-5186-0465-4

Ⅰ.①中…　Ⅱ.①杨…　Ⅲ.①电子计算机—基本知识　Ⅳ.①TP3

中国版本图书馆 CIP 数据核字(2015)第 173768 号

金盾出版社出版、总发行
北京太平路5号(地铁万寿路站往南)
邮政编码:100036　电话:68214039　83219215
传真:68276683　网址:www.jdcbs.cn
封面印刷:北京精美彩色印刷有限公司
正文印刷:北京万友印刷有限公司
装订:北京万友印刷有限公司
各地新华书店经销

开本:787×1092 1/16　印张:22.25　字数:434千字
2017年4月第1版第2次印刷
印数:3 001~6 000册　定价:70.00元

(凡购买金盾出版社的图书,如有缺页、
倒页、脱页者,本社发行部负责调换)

前　言

　　当今是信息技术高速发展的时代。电脑作为这个时代的标志，已经被人们广泛地应用到实际生活和工作的各个方面，如处理图形、编辑文档、上网和休闲娱乐等。中老年人学电脑丛书的基础篇是指导初学者，尤其是中老年初学者快速掌握电脑操作的入门书籍。本书充分考虑了中老年初学者的特点，立足于广大中老年初学者的兴趣和实际应用而编写。以图示加详细操作步骤的方式，从开始使用电脑入手，介绍电脑的基本操作，几乎涵盖了所有初学者学电脑时想要知道的、迫切需要和必须掌握的所有知识点，详细介绍了中老年人在生活中利用电脑可以做些什么、能够带来什么样的乐趣，内容贴近中老年人的需要；用较为生动的语言，通过详细的讲解步骤，让中老年人很快地掌握知识并且在实际使用时容易上手。全书语言通俗易懂，以步骤讲解为特色，每个步骤配有相应的图片说明，将最简单的方法和最实用的技巧展现在读者面前。

　　本书由杨奎河任主编，张雪梅、黄春茹、倪素虹、秦敏、付冬参加了本书的编写工作，姜民英、赵松杰、孟祥慧、杨露、钮时金、张铖、王彦新、马建敏、岳梦一、杨洁、褚新、赵博、张芸、蔡智明、董航为本书做了很多基础性工作，在此向他们表示诚挚的谢意。

　　本书内容浅显易懂，文字精炼，条理清晰，讲解透彻。书中详细讲解了每一项操作内容的分解步骤，读者可以边学边练，不但可以开拓视野，而且还可以增长实际操作技能，并从中学习和总结操作的经验和规律。本书主要面向中老年初学者，也适合广大电脑爱好者以及各行各业需要学习电脑基础操作知识的人员使用，同时也可以作为电脑基础操作培训班的培训教材或者学习辅导书。由于编者水平有限，书中错误和不妥之处在所难免，恳请广大读者提出宝贵意见。

编　者

目 录

1 认识电脑 ... 1
1.1 接触电脑 ... 1
1.1.1 电脑是什么 ... 1
1.1.2 电脑能做什么 ... 3
1.2 学会开机和关机 ... 4
1.2.1 启动电脑 ... 4
1.2.2 关闭电脑 ... 4
1.2.3 注销登录 ... 5
1.2.4 重启电脑 ... 5
1.2.5 睡眠 ... 6
1.3 学会使用键盘和鼠标 ... 6
1.3.1 认识鼠标 ... 6
1.3.2 鼠标的基本操作 ... 6

2 轻松学习 Windows 7 ... 8
2.1 Windows 7 桌面 ... 8
2.1.1 电脑桌面 ... 8
2.1.2 桌面图标 ... 10
2.2 操作电脑窗口 ... 13
2.3 设置桌面 ... 17
2.3.1 更改桌面背景 ... 17
2.3.2 创建桌面背景幻灯片放映 ... 18
2.3.3 设置屏幕保护程序 ... 19
2.3.4 设置自己喜欢的主题 ... 20
2.3.5 更改屏幕分辨率 ... 21
2.3.6 更改字体大小 ... 22
2.3.7 用户帐户图片 ... 23
2.3.8 桌面小工具 ... 24
2.4 学会使用菜单和对话框 ... 26
2.4.1 菜单 ... 26
2.4.2 对话框 ... 27

2.5 自定义【开始】菜单和任务栏 ·········· 27
2.5.1 自定义【开始】菜单 ·········· 27
2.5.2 自定义任务栏 ·········· 29

3 文件和文件夹管理 ·········· 32
3.1 什么是文件和文件夹 ·········· 32
3.1.1 什么是文件 ·········· 32
3.1.2 什么是文件夹 ·········· 33
3.2 浏览电脑中的文件和文件夹 ·········· 33
3.2.1 浏览文件和文件夹 ·········· 33
3.2.2 改变视图方式 ·········· 35
3.2.3 改变排序方式 ·········· 38
3.2.4 选择文件和文件夹 ·········· 38
3.3 查找电脑中的文件和文件夹 ·········· 39
3.3.1 按文件或文件夹的名称查找 ·········· 39
3.3.2 按文件的类型查找 ·········· 40
3.3.3 不知道准确的文件名时如何查找 ·········· 41
3.3.4 使用开始菜单的搜索栏查找 ·········· 41
3.4 管理文件和文件夹 ·········· 42
3.4.1 建立自己的文件和文件夹 ·········· 42
3.4.2 为文件和文件夹换个名字 ·········· 43
3.4.3 复制文件和文件夹 ·········· 44
3.4.4 移动文件和文件夹 ·········· 45
3.4.5 删除文件和文件夹 ·········· 45
3.5 使用"库"访问文件和文件夹 ·········· 48
3.5.1 什么是"库" ·········· 48
3.5.2 打开"库" ·········· 49
3.5.3 将文件夹加入到"库"中 ·········· 49
3.5.4 将文件夹移出"库" ·········· 51
3.5.5 创建自己的"库" ·········· 51
3.5.6 在"库"中查找文件和文件夹 ·········· 52
3.6 保护自己的重要文件 ·········· 52
3.6.1 更改文件或文件夹属性 ·········· 53
3.6.2 隐藏与查看秘密文件 ·········· 53
3.6.3 防止重要文件的丢失 ·········· 54

4 轻松输入文字 55
4.1 正确使用键盘 55
4.1.1 认识键盘的结构 55
4.1.2 击键方法 57
4.1.3 打字的姿势和注意事项 58
4.2 输入汉字前的准备 60
4.2.1 输入文字的场所 60
4.2.2 选择汉字输入法 60
4.2.3 切换中英文输入法 61
4.3 添加和删除输入法 62
4.3.1 添加输入法 62
4.3.2 删除输入法 63
4.4 智能 ABC 输入法 64
4.4.1 输入单个汉字 64
4.4.2 输入词组 65
4.5 搜狗拼音输入法 66
4.5.1 下载和安装 67
4.5.2 输入单个汉字 68
4.5.3 输入词组 69
4.5.4 人名智能组词功能 70
4.5.5 输入繁体字 70
4.5.6 输入表情符号 71
4.5.7 输入拼音和音标 72
4.6 写一封信 73

5 熟悉常用的应用软件 75
5.1 音乐播放软件 75
5.1.1 下载和安装千千静听 75
5.1.2 用千千静听欣赏音乐 76
5.1.3 播放音乐时同步显示歌词 77
5.1.4 如何设置优美的音效 77
5.2 视频播放软件 78
5.2.1 下载和安装暴风影音 78
5.2.2 播放本地的影音文件 80
5.2.3 收看在线影视节目 80

5.2.4　抓取视频中的一幅画面 ………………………………………… 81
　5.3　压缩和解压缩软件 ……………………………………………………… 82
　　5.3.1　下载和安装 WinRAR ……………………………………………… 82
　　5.3.2　对文件(文件夹)进行压缩 ………………………………………… 83
　　5.3.3　对压缩文件进行解压缩 …………………………………………… 84
　　5.3.4　制作自解压的压缩文件 …………………………………………… 85
　5.4　看图软件 ………………………………………………………………… 86
　　5.4.1　下载和安装 ACDSee ……………………………………………… 86
　　5.4.2　浏览照片和图片 …………………………………………………… 87
　　5.4.3　管理照片文件 ……………………………………………………… 88
　　5.4.4　批量改变照片文件的格式 ………………………………………… 90
　　5.4.5　制作桌面墙纸和屏幕保护程序 …………………………………… 92
　　5.4.6　用 ACDSee 图像增强器美化照片 ………………………………… 94
　5.5　照片处理软件 …………………………………………………………… 97
　　5.5.1　下载和安装光影魔术手 …………………………………………… 97
　　5.5.2　修正照片的色彩和瑕疵 …………………………………………… 98
　　5.5.3　在自己的照片上加盖一个水印 …………………………………… 100
　　5.5.4　为照片加一个漂亮边框 …………………………………………… 101
　　5.5.5　剪裁照片 …………………………………………………………… 101
　　5.5.6　为证件照排版 ……………………………………………………… 102
　5.6　视频处理软件 …………………………………………………………… 103
　　5.6.1　下载和安装会声会影 ……………………………………………… 103
　　5.6.2　制作电子相册 ……………………………………………………… 104
　　5.6.3　剪辑影片 …………………………………………………………… 106
　　5.6.4　在影片上添加字幕 ………………………………………………… 108
　　5.6.5　输出自己的视频作品 ……………………………………………… 109

6　漫游网络新世界 ……………………………………………………………… 111
　6.1　连接 Internet 的方式 …………………………………………………… 111
　　6.1.1　ADSL 方式 ………………………………………………………… 111
　　6.1.2　WiFi 无线方式 ……………………………………………………… 111
　　6.1.3　光纤宽带方式 ……………………………………………………… 111
　6.2　通过 ADSL 连接到互联网 ……………………………………………… 112
　　6.2.1　Window 7 的网络设置 …………………………………………… 112
　　6.2.2　建立网络链接 ……………………………………………………… 113

6.3 Internet Explorer 浏览器 ·················· 115
6.3.1 启动 Internet Explorer ·················· 115
6.3.2 浏览网页 ·················· 116
6.3.3 使用收藏夹 ·················· 117
6.3.4 保存网页上的资料 ·················· 117
6.4 搜索引擎 ·················· 118
6.4.1 搜索引擎简介 ·················· 118
6.4.2 常见搜索引擎 ·················· 119
6.5 百度的使用 ·················· 120
6.5.1 搜索信息 ·················· 120
6.5.2 百度新闻 ·················· 121
6.5.3 百度知道 ·················· 122
6.5.4 百度音乐 ·················· 123
6.5.5 百度视频 ·················· 125
6.5.6 百度地图 ·················· 126
6.5.7 百度百科 ·················· 130
6.5.8 百度文库 ·················· 131
6.6 网上资源的下载 ·················· 133
6.6.1 用 IE 下载网上资源 ·················· 133
6.6.2 常用下载软件 ·················· 135
6.6.3 下载迅雷软件 ·················· 136
6.6.4 安装迅雷软件 ·················· 137
6.6.5 通过迅雷快速下载资源 ·················· 139

7 网上沟通无极限 ·················· 140
7.1 QQ 的使用 ·················· 140
7.1.1 QQ 的下载及安装 ·················· 140
7.1.2 免费申请 QQ 号码 ·················· 141
7.1.3 登录 QQ ·················· 142
7.1.4 添加好友 ·················· 143
7.1.5 文字聊天 ·················· 146
7.1.6 发送图片 ·················· 147
7.1.7 语音聊天 ·················· 147
7.1.8 视频聊天 ·················· 148
7.1.9 传送文件 ·················· 148

7.2 在线收发电子邮件 ································· 148
7.2.1 认识电子邮件 ································· 148
7.2.2 申请电子邮箱 ································· 149
7.2.3 登录电子邮箱 ································· 150
7.2.4 编写并发送邮件 ······························· 151
7.2.5 查看和回复新邮件 ····························· 153
7.2.6 删除邮件 ····································· 154
7.3 使用博客 ·· 154
7.3.1 开通博客 ····································· 155
7.3.2 登录博客 ····································· 157
7.3.3 撰写博文 ····································· 158
7.3.4 上传照片 ····································· 159
7.4 使用微博 ·· 160
7.4.1 注册微博 ····································· 160
7.4.2 发布微博 ····································· 163

8 网上娱乐 ·· 165
8.1 下载并安装 QQ 游戏 ······························· 165
8.2 上网玩 QQ 游戏 ··································· 166
8.2.1 登录 QQ 游戏 ··································· 166
8.2.2 与牌友"斗地主" ······························· 168
8.3 网上听音乐 ······································ 170
8.3.1 登录主页 ····································· 171
8.3.2 收听音乐 ····································· 171
8.3.3 下载音乐 ····································· 172
8.4 网上看电影 ······································ 173
8.4.1 登录主页 ····································· 173
8.4.2 看电影 ······································· 174
8.5 网上看电视 ······································ 175
8.5.1 登录主页 ····································· 176
8.5.2 看电视直播 ··································· 176
8.5.3 电视节目点播 ································· 178

9 网络新生活 ·· 180
9.1 网上看新闻 ······································ 180
9.2 网上读书看报 ···································· 182
9.2.1 网上读书 ····································· 182

9.2.2 网上看报 ·· 184
9.3 查询旅游景点 ··· 187
9.4 网上学烹饪 ·· 189
9.5 网上学保健 ·· 191
9.6 网上查询订购火车票 ··· 193
　9.6.1 12306 网站 ·· 194
　9.6.2 注册用户 ·· 194
　9.6.3 预订车票 ·· 196
　9.6.4 余票查询 ·· 199
9.7 查询天气预报 ··· 200
　9.7.1 中国天气网 ··· 200
　9.7.2 百度搜索天气 ·· 202
9.8 查询公交线路 ··· 203
　9.8.1 8684 公交网 ·· 203
　9.8.2 百度地图公交查询 ·· 207
　9.8.3 各城市的公交查询系统 ·· 210
9.9 网上购物 ··· 212
　9.9.1 注册帐号 ·· 213
　9.9.2 登录京东 ·· 216
　9.9.3 查找物品 ·· 217
　9.9.4 购买物品 ·· 220

10 使用办公软件丰富退休生活 ·· 224
10.1 初识 Word ·· 224
　10.1.1 启动和退出 Word ·· 224
　10.1.2 认识 Word 工作界面 ·· 224
　10.1.3 创建新文档 ··· 226
　10.1.4 保存文档 ·· 229
　10.1.5 打开、关闭文档 ··· 230
　10.1.6 认识视图 ·· 231
10.2 把文章写进电脑 ··· 232
　10.2.1 输入和删除文本 ··· 232
　10.2.2 选择、复制和移动文本 ·· 232
　10.2.3 查找和替换 ··· 234
　10.2.4 操作的撤消和恢复 ·· 236
　10.2.5 插入日期和时间 ··· 236

10.2.6 插入符号和特殊符号 …………………………… 237
10.2.7 为汉字增加拼音 …………………………………… 238
10.2.8 插入数学公式 ……………………………………… 238
10.3 让文章有模有样 ………………………………………… 239
10.3.1 设置文本格式 ……………………………………… 239
10.3.2 设置段落格式 ……………………………………… 242
10.3.3 用格式刷复制格式 ………………………………… 245
10.3.4 插入项目符号和编号 ……………………………… 245
10.3.5 文档分页和分节 …………………………………… 247
10.3.6 文档分栏 …………………………………………… 249
10.3.7 添加页眉/页脚和页码 ……………………………… 249
10.3.8 自动生成目录 ……………………………………… 254
10.3.9 给文档设置页面背景 ……………………………… 254
10.4 给文章增加插图 ………………………………………… 256
10.4.1 插入图片 …………………………………………… 256
10.4.2 编辑和修饰图片 …………………………………… 257
10.4.3 绘制图形 …………………………………………… 265
10.4.4 插入艺术字 ………………………………………… 268
10.4.5 插入 SmartArt 图形 ………………………………… 268
10.5 在文章里增加表格 ……………………………………… 269
10.5.1 插入表格 …………………………………………… 269
10.5.2 编辑表格 …………………………………………… 270
10.5.3 表格中数据的操作 ………………………………… 273
10.6 把文章打印在纸上 ……………………………………… 275
10.6.1 页面设置 …………………………………………… 275
10.6.2 打印文档 …………………………………………… 277
10.7 Excel 入门 ……………………………………………… 279
10.7.1 认识 Excel ………………………………………… 279
10.7.2 启动、退出 Excel 2010 …………………………… 280
10.7.3 创建新工作簿 ……………………………………… 281
10.7.4 保存、关闭和打开工作簿 ………………………… 282
10.7.5 对工作表的操作 …………………………………… 282
10.8 编辑 Excel 电子表格 …………………………………… 283
10.8.1 输入数据 …………………………………………… 283
10.8.2 编辑行、列和单元格 ……………………………… 286

10.8.3 使用公式和函数 …… 290
10.8.4 对数据操作 …… 293
10.9 打印 Excel 表格 …… 298
10.9.1 打印前的准备工作 …… 298
10.9.2 打印 …… 298

11 电脑的保养和维护 …… 300

11.1 电脑的日常保养和维护 …… 300
11.1.1 给电脑一个良好的环境 …… 300
11.1.2 养成良好的操作习惯 …… 301
11.1.3 主机的日常保养 …… 302
11.1.4 液晶显示器的日常保养 …… 302
11.1.5 鼠标和键盘的保养 …… 302
11.1.6 光驱的保养 …… 303
11.1.7 笔记本电脑的保养 …… 304

11.2 系统的维护 …… 306
11.2.1 系统备份与还原 …… 306
11.2.2 修补系统漏洞 …… 313

11.3 磁盘维护 …… 316
11.3.1 清理磁盘垃圾 …… 316
11.3.2 整理磁盘碎片 …… 316
11.3.3 用 Smart Defrag 整理磁盘碎片 …… 317

11.4 电脑病毒和木马的防范 …… 321
11.4.1 了解电脑病毒和木马 …… 321
11.4.2 电脑感染病毒或木马后的症状 …… 321
11.4.3 电脑病毒的传播途径 …… 322
11.4.4 电脑病毒及木马的预防 …… 322
11.4.5 电脑病毒和木马的查杀 …… 324

11.5 "流氓"软件的识别和清除 …… 324
11.5.1 识别"流氓"软件 …… 324
11.5.2 "流氓"软件的防范 …… 325
11.5.3 清除"流氓"软件 …… 326

11.6 使用 360 系列软件维护系统 …… 326
11.6.1 360 杀毒软件 …… 326
11.6.2 360 安全卫士 …… 332

1 认识电脑

众所周知,人类已进入信息时代,电脑作为信息时代的标志,在各行各业中有着广泛的应用,日常生活也不可缺少。本章从初学者的角度介绍了一些电脑的基本知识,主要包括电脑是什么,由什么组成的,有什么用,电脑的开机和关机,以及鼠标和键盘的操作。

1.1 接触电脑

对于初学者来说,最关心的是电脑是什么?电脑能帮助我们做什么?学习电脑难吗?学习了本节的内容,初学者就会感觉电脑易学好用、开阔视野、节省时间。

1.1.1 电脑是什么

电脑也称计算机,它在程序的控制下能快速、高效地自动完成信息(数据、文字、声音、图像等)的处理、加工、存储或传送。电脑由"硬件"和"软件"两大部分组成。硬件就是我们从商场买回来的看得见、摸得着的电脑部件,而软件是装在硬件中无法触摸但又真实存在的程序。硬件是软件存在的基础,软件是实现我们意图的工具。

1. 认识电脑硬件

电脑硬件一般包括主机箱、显示器、键盘、鼠标、音箱等五部分,如图 1-1 所示。

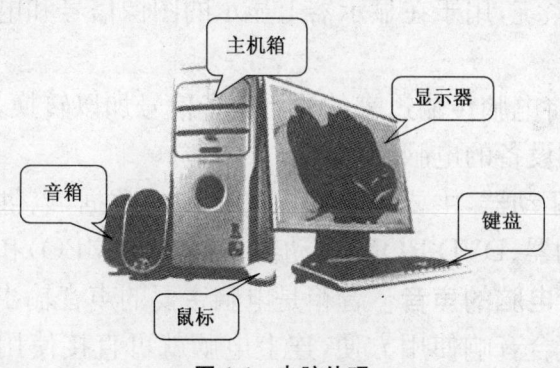

图 1-1 电脑外观

(1) 电脑的展示窗口——显示器 显示器是电脑的主要输出设备,电脑操作的各种状态、结果、编辑的文本、程序、图形等都是在显示器上显示出来的。常见的显示器有 CRT 显示器和液晶显示器。液晶显示器如图 1-1 所示。

(2)电脑中的核心部件——主机箱　主机箱是电脑中的核心部件,主机配置的高低直接决定了电脑性能的好坏。主机箱的外部主要有电源开关按钮、光驱的出入口、工作指示灯、USB 接口、耳机和麦克风接口以及打印机接口等。主机箱的内部安装了各种硬件,主要有电源、主板、CPU、内存、硬盘、显卡、声卡、光驱等,如图 1-2 所示。

①主板是电脑最基本的也是最重要的部件之一,它可以将各个部件和外部设备连接起来形成一个完整的系统。

②CPU 是电脑中非常重要的一部分,是电脑系统的中枢单元,电脑中绝大部分数据的处理都是在这里进行的。CPU 在很大程度上决定了电脑的基本性能。

③内存是电脑的记忆中心,用来临时存放当前电脑运行所需要的程序和数据。内存是易失性存储设备,当电脑关闭和重新启动后,之前所存储的数据就会自动消失。所以用户在编辑文件或图片时记得隔一段时间就保存一下,将数据保存到磁盘。

图 1-2　主机箱内部

④硬盘是电脑中最重要的数据存储设备,电脑中的所有文件都保存在硬盘中,用户可随时调用。硬盘的容量越大,存储的数据就越多。它是永久性存储设备,即使电脑关闭,存放的数据也不会丢失。

⑤显卡是专门配合显示器工作的部件,是连接主板与显示器的适配卡,相当于人类的视觉神经系统,用于在显示器上显示的图像信号和电脑能识别的数字信号之间进行转换。

⑥声卡是一种将电脑传输过来的原始声音信号加以转换,然后再将声音输出到耳机、音箱等音响设备的电脑硬件。

⑦光驱是光盘驱动器,主要用于读取光盘中的数据,以供用户使用。光驱可分为 CD-ROM 驱动器、DVD-ROM 驱动器、康宝(COMBO)和刻录机等。

(3)用音箱倾听电脑的声音　音箱是电脑主要的声音输出设备之一。常见的音箱为组合音响,组合音响使用方便,连上电脑就可直接使用,而且价格便宜,如图 1-3 所示。

(4)用键盘和鼠标来指挥电脑　键盘是最常见的计算机输入设备,它广泛应用于微型计算机和各种终端设备上。计算机操作者通过键盘向计算机输入各种指令、数据,指挥计算机工作,计算机的运行情况再输出到显示器上,这样操作者可以很方便地利用键盘和显示器来控制和观察计算机的运行。

图1-3　组合音响

鼠标也是一种很常用的电脑输入设备,用鼠标单击图标或菜单来命令电脑,不需要输入繁琐的键盘指令。

2. 说说电脑软件

电脑上装了很多程序,我们通过键盘和鼠标来指挥它运行完成相应的工作。电脑软件可以分为系统软件和应用软件两种类型。

(1)系统软件　系统软件包括操作系统软件和支撑软件,是支持计算机系统正常运行并实现用户操作的软件,一般是在计算机系统购买时随机携带的,也可以根据需要另行安装。

①操作系统软件是电脑中最重要最基本的软件。它是最底层的软件,控制着计算机运行的所有程序,管理着整个计算机的资源。没有它,用户就无法使用电脑,也无法使用其他软件或程序。

②支撑软件包括各种工具软件,如编译器、数据库管理等,主要用于支撑各种软件的开发与维护,又称为软件开发环境。

(2)应用软件　应用软件是用户可以使用的各种程序设计语言以及用各种程序设计语言编制的应用程序的集合。它是为了解决某一问题而开发的软件,常见的应用软件有办公软件Office、图像处理软件Photoshop、媒体播放器暴风影音、千千静听、通信工具QQ和杀毒软件360等。

1.1.2　电脑能做什么

随着科技的发展,电脑已成为家庭中不可缺少的成员,它的功能已经应用到生活的各个角落。电脑到底都能做什么呢?

1. 处理文字

人的一生有许多精彩的生活片段,这时就可以用Word、WPS等文字处理工具编辑自己的文档。

2. 处理图片

在电脑上安装Photoshop等图像处理软件后,用户就可以使用电脑对图像、照片等进行处理。

3. 上网冲浪

互联网 Internet 提供了信息共享和通信,将电脑连接网络宽带后,用户就可以用电脑浏览网页、查询信息、观看影视剧、收听音乐等,还可以使用 QQ 等通信聊天工具进行通信。

4. 游戏娱乐

用户还可以在电脑上玩游戏,放松一下。

1.2 学会开机和关机

用户要使用电脑,必须先开机启动 Windows 操作系统,用完电脑后要关机,正确的开机和关机能有效地减少电脑损坏的概率。

1.2.1 启动电脑

按下面的操作方法打开电脑,启动 Windows 7 操作系统。

第一步:先按下显示器下方的电源按钮,等待显示器的电源指示灯变亮,变亮则表明显示器电源已接通。

第二步:待显示器电源接通后,再按下主机电源按钮打开电脑,系统开始运行,这时可以看到主机箱的电源指示灯闪亮,等待一会儿,显示器上就会出现"正在启动 Windows"界面。

第三步:接下来 Windows 会进行自检,自检完成后即可进入 Windows 7 的桌面,如图 1-4 所示。

1.2.2 关闭电脑

当用户不继续使用电脑时,需要退出系统并关机。用户在关闭电脑前要确保已关闭所有的运行程序,这样可以避免因无法保存数据而使系统遭到损坏,然后再按照正确步骤关机。下面介绍正确的关机方法。

图 1-4 Windows 7 的桌面

第一步:单击【开始】按钮,在弹出的【开始】菜单中单击【关机】按钮,如图 1-5 所示。

第二步:系统进入"正在关机"界面,如图 1-6 所示。等待主机关闭后,按一下显示器下方的电源按钮,关闭显示器。

1 认识电脑 5

图 1-5 【关机】按钮

图 1-6 "正在关机"界面

1.2.3 注销登录

如果用户想离开电脑但又不想关机的话可以使用【注销】命令。从 Windows 注销后，正在使用的所有程序都会关闭，但计算机不会关闭。下面介绍具体的操作方法。

第一步：单击【开始】按钮打开【开始】菜单，单击【关机】按钮右侧的箭头，然后单击【注销】，如图 1-7 所示。

第二步：从 Windows 注销后，正在使用的所有程序都会关闭，桌面上只有用户图标，单击用户图标可再次登录 Windows。

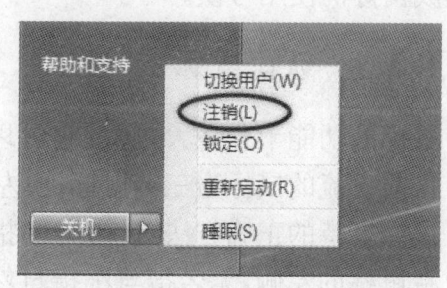

图 1-7 【注销】命令

1.2.4 重启电脑

重启电脑就是电脑在自动关机后再自动重新开机。下面介绍重启电脑的操作方法。

第一步：在 Windows 7 系统桌面上单击【开始】按钮，在弹出的【开始】菜单中单击【关机】右侧的箭头，在弹出的菜单中选择【重新启动】菜单项，如图 1-8 所示。

第二步：系统进入"正在关机"界面，等主机关闭后，电脑将自动重新启动。

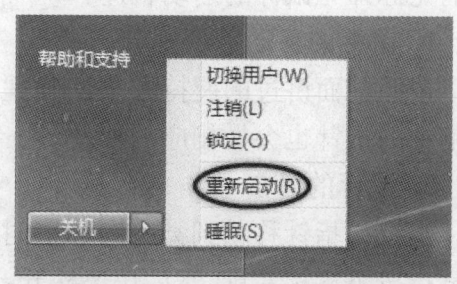

图 1-8 【重新启动】命令

1.2.5 睡眠

睡眠相当于 XP 系统的待机功能,在使用睡眠功能后,Windows 7 会将用户的内存会话与数据同时保存于物理内存及硬盘,然后关闭除内存外的绝大部分硬件设备的供电,使电脑进入低功耗运行状态。用户只需要轻按主机上的开机键即可让计算机从睡眠中快速恢复,系统将返回用户在睡眠前的桌面及运行的应用程序。

1.3 学会使用键盘和鼠标

键盘是最常用也是最主要的输入设备,通过键盘可以将英文字母、数字、标点符号等输入到计算机中,从而向计算机发出命令、输入数据等。键盘在"4 轻松输入文字"中再介绍,这里先介绍鼠标。

键盘和鼠标是电脑不可或缺的输入设备,使用鼠标是使用电脑的基础技能,通过它可以完成电脑的大部分操作。用户要想学习鼠标的正确的使用方法,就必须养成良好的使用习惯。

1.3.1 认识鼠标

鼠标的功能十分强大,通过它可以完成打开/关闭程序、选择/移动文档等操作。目前主流的鼠标为三键鼠标,由左键、右键、滚轮组成。

鼠标握持的正确方法:食指与中指自然地放置在鼠标的左键和右键上,拇指横放在鼠标的左侧,无名指与小指自然放置在鼠标的右侧,手掌轻贴在鼠标的后部,手腕自然垂放于桌面上。

1.3.2 鼠标的基本操作

鼠标的基本操作包括移动、单击、双击、右击、选取和拖动。我们在电脑中看到的光标即为鼠标的运动轨迹。

1. 鼠标的移动

按照前面讲过的握持方法正确握住鼠标,在桌面或鼠标垫上进行移动,此时电脑中的指针也会做相应的移动。

2. 鼠标的单击

当鼠标指针移动到某一图标上时,用户就可以使用单击操作来选定该图标。用食指按下鼠标左键,然后快速松开,对象被单击后,通常显示为高亮形式。该操作主要用来选定目标对象、选取菜单等。

3. 鼠标的双击

用食指快速地按下鼠标左键两次，注意两次按下鼠标左键的间隔时间要短。该操作主要用来打开文件、文件夹、应用程序等，如双击【我的电脑】图标，即可打开【我的电脑】窗口。

4. 鼠标的右击

右击即为单击鼠标右键，用中指按下鼠标右键即可。该操作主要用来打开某些右键菜单或快捷菜单，如在桌面空白处单击右键就可以打开快捷菜单。

5. 鼠标的选取

单击鼠标左键并按住不放，这时移动鼠标会出现一个虚线框，最后释放鼠标左键，这样在该虚线框中的对象都会被选中。该操作主要用来选取多个连续的对象。

6. 鼠标的拖动

将鼠标指针移动到要拖动的对象上，按住鼠标左键不放，然后将该对象拖动到其他位置后再释放鼠标左键。该操作主要用来移动图标、窗口等。

2 轻松学习 Windows 7

Windows 7 是微软公司生产的操作系统软件。没有操作系统软件,用户就无法使用电脑,所以首先要学习如何使用 Windows 7。本章主要介绍了 Windows 7 桌面和窗口的使用方法和操作技巧。通过对本章的学习,读者可以认识 Windows 7 桌面,学会操作电脑窗口、菜单、任务栏等,掌握 Windows 7 操作系统方面的基本知识,为后面章节的学习打下基础。

2.1 Windows 7 桌面

进入 Windows 7 系统后,最先看到的就是桌面。用户操作电脑的各种工作都是在桌面上完成的。

2.1.1 电脑桌面

桌面是打开计算机并登录到 Windows 之后看到的主屏幕区域,就像实际的桌面一样,它是用户工作的平面。打开程序或文件夹时,它们便会出现在桌面上。桌面是屏幕的主要工作区域,如图 2-1 所示。桌面上有电脑图标、桌面背景、任务栏、开始菜单等。

图 2-1 电脑桌面

1. 电脑图标

图标是代表文件、文件夹、程序和其他项目的小图片。双击这些图标可以快速打开相应的对象，如应用程序、文件夹等。

首次启动 Windows 时，在桌面上至少会有回收站这一个图标，也可能有多个图标，因为计算机制造商可能已将其他常用图标添加到桌面上。

当删除文件或文件夹时，系统并不立即将其删除，而是将其放入回收站。如果用户改变主意并决定使用已删除的文件时，则可以将其还原。

2. 桌面背景

桌面背景是指 Windows 7 的桌面背景图案，又被称为桌布或墙纸。Windows 7 系统默认的桌面背景是蓝天、Windows 徽标，用户可根据自己的喜好进行更改。

3. 开始菜单

Windows 7 的操作和使用基本上都从【开始】菜单开始。进入 Windows 7 后，单击【开始】按钮，弹出 Windows 7 的【开始】菜单，如图 2-2 所示。

【开始】菜单分为四个基本部分：

①左边窗格的上半部分显示计算机上程序的一个短列表。计算机制造商可以自定义此列表，所以其确切外观会有所不同。单击【所有程序】可显示程序的完整列表。

②左边窗格的下半部分显示最近打开过的程序。

③左边窗格的底部是搜索框，通过输入搜索项可在计算机上查找程序和文件。

④右边窗格提供对常用文件夹、文件、设置和功能的访问，在这里还可注销 Windows 或关闭计算机。

图 2-2 【开始】菜单

如果菜单项的右边有三角形标识，表示其下还有子菜单，将鼠标指针指到带有子菜单的菜单项，会自动弹出下一级菜单，这样的菜单可能会有好几级。将鼠标指针指到没有子菜单的菜单项，则不出现下一级菜单，但单击鼠标左键会启动相关联的应用程序。

4. 任务栏

任务栏是位于屏幕下端的蓝色长条，主要包括开始菜单、快速启动栏、中间区域、通知栏和显示桌面按钮几部分，如图 2-3 所示。

中老年人学电脑·基础篇

图 2-3　任务栏

①快速启动栏：在任务栏左侧，是一个由命令按钮组成的工具栏，单击其中的某个命令按钮可快速打开相应的应用程序。

②中间区域：显示已打开的程序和文件。

③通知栏：通知栏位于任务栏右侧，包括时钟以及一些告知特定程序和计算机设置状态的图标。

④显示桌面按钮：在任务栏最右端，单击该按钮可立即最小化所有窗口，显示桌面。

2.1.2　桌面图标

用户可以随时添加或删除桌面上的图标。一些人喜欢桌面干净整齐，上面只有几个图标或只有【回收站】图标。另一些人喜欢将很多图标都放在自己的桌面上，以便快速访问经常使用的程序、文件和文件夹。

如果用户想要从桌面上轻松访问文件或程序，可创建它们的快捷方式。快捷方式是一个表示与某个项目链接的图标，而不是项目本身。双击快捷方式便可以打开该项目。如果删除快捷方式，则只会删除这个快捷方式，而不会删除原始项目。用户可以通过图标上的箭头来识别快捷方式。如图 2-4 所示，【Word 2003】图标是快捷方式，【计算机】图标不是。

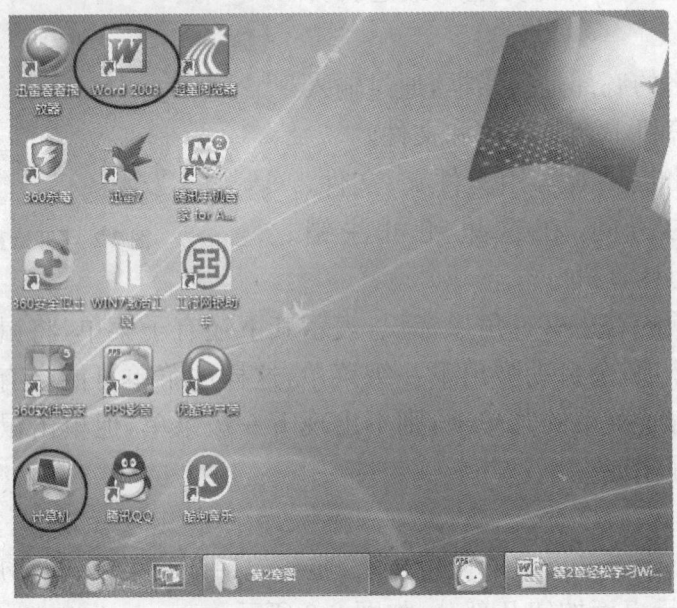

图 2-4　快捷方式图标

1. 向桌面上添加快捷方式

如果经常使用一个应用程序，则可以将这个程序的快捷方式图标添加到桌面上，以后在桌面上双击快捷方式图标就可以运行程序了。下面介绍向桌面上添加一个程序的快捷方式图标的步骤。

单击【开始】按钮，在弹出的【开始】菜单中找到准备创建快捷方式图标的程序，右键单击该项目，在弹出的快捷菜单中单击【发送到】，在弹出的下拉菜单中单击【桌面快捷方式】，如图 2-5 所示。该快捷方式图标便出现在桌面上。

2. 添加或删除常用的桌面图标

常用的桌面图标包括【计算机】【个人文件夹】【回收站】和【控制面板】，用户可以将这些图标放到桌面上，以方便使用。下面介绍添加常用图标的操作方法。

第一步：右键单击桌面上的空白区域，然后在弹出的快捷菜单中单击【个性化】菜单项，如图 2-6 所示。

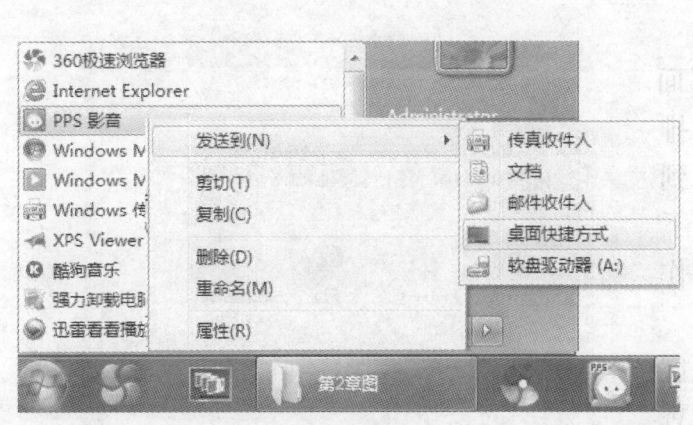

图 2-5　创建桌面快捷方式

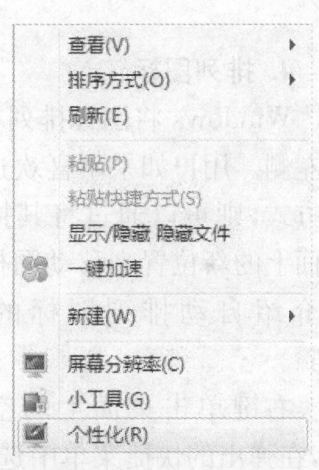

图 2-6　【个性化】菜单项

第二步：打开【个性化】窗口，在左窗格中单击【更改桌面图标】，如图 2-7 所示。

第三步：在【桌面图标】选项卡中，选中想要添加到桌面的每个图标的复选框或取消选中想要从桌面上删除的每个图标的复选框，【桌面图标设置】如图 2-8 所示。然后单击【确定】。

3. 从桌面上删除图标

右键单击该图标，打开快捷菜单，然后单击【删除】。如果该图标是快捷方式，则只会删除该快捷方式，原始项目不会被删除。

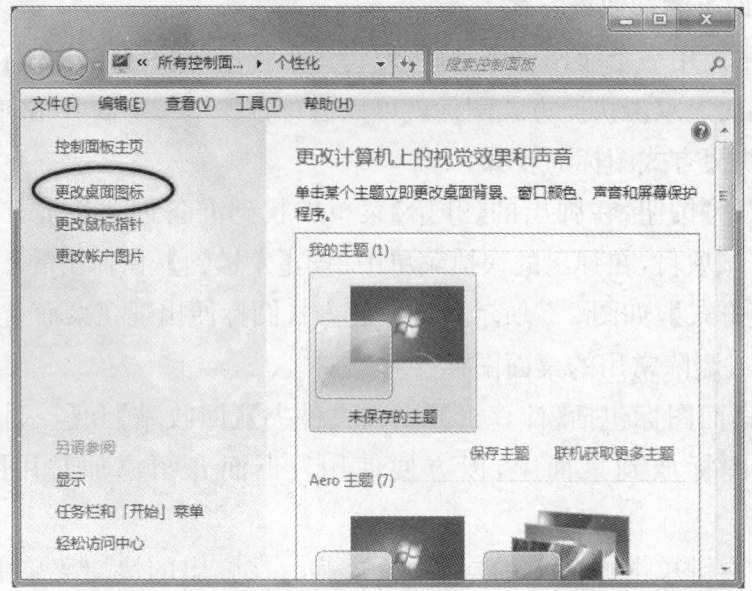

图 2-7 更改桌面图标

4. 排列图标

Windows 将图标排列在桌面的左侧。用户如果不喜欢这种排列方式，则可以通过将其拖动到桌面上的新位置来移动图标。下面介绍自动排列图标的操作步骤。

右键单击桌面上的空白区域，在弹出的快捷菜单中选择【查看】菜单项，然后在下拉菜单中单击【自动排列图标】，如图 2-9 所示。Windows 将图标排列在桌面的左上角并将其锁定在此位置。若要对图标解除锁定以便可

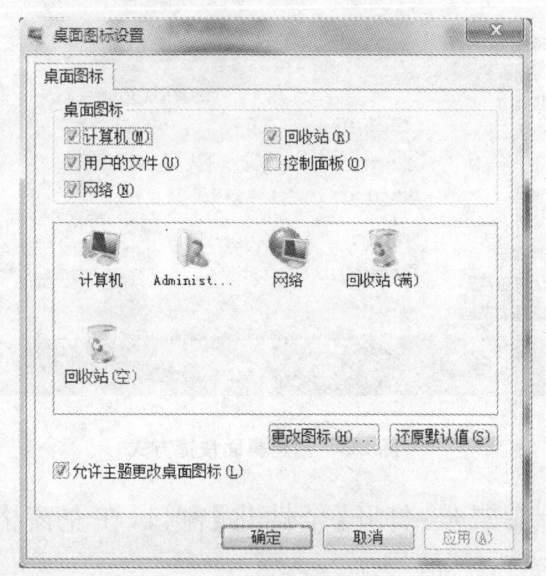

图 2-8 桌面图标设置

以再次移动它们，则需要再次单击【自动排列图标】，清除旁边的复选标记。

5. 图标排序

右键单击桌面上的空白区域，在弹出的快捷菜单中选择【排序方式】菜单项，然后在下拉菜单中单击【名称】，则桌面图标按名称排序，如图 2-10 所示。此外，桌面图标还可以按照大小、项目类型、修改日期进行排序。

2 轻松学习 Windows 7   13

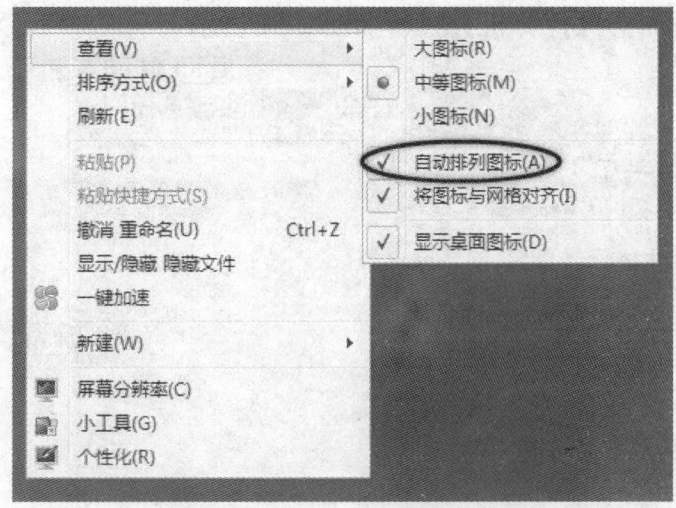

图 2-9 【自动排列图标】菜单项

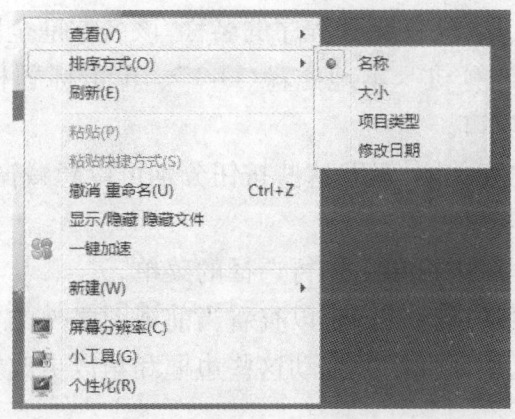

图 2-10 【排序方式】菜单

2.2 操作电脑窗口

在 Windows 7 操作系统中，应用程序、文件或文件夹被打开时，都会以窗口的形式出现在桌面上。本节将介绍什么是电脑窗口，以及打开窗口、关闭窗口、移动窗口、缩放窗口、切换窗口等基本操作。窗口是一个框架，在 Windows 7 操作系统中打开程序、文件或文件夹时，都会在屏幕上的这个框架中显示，这个框架就称为窗口。

1. 打开窗口

双击程序、文件或文件夹的图标就可以打开相应的窗口。虽然每个窗口的内容各不相同，但所有的窗口都有一些共通点。一方面，窗口始终显示在桌面上；另一方面，大多数窗口都具有相同的基本部分。以【计算机】窗口为例，双击桌面上的【计算机】图标,打开【计算机】窗口,如图 2-11 所示。

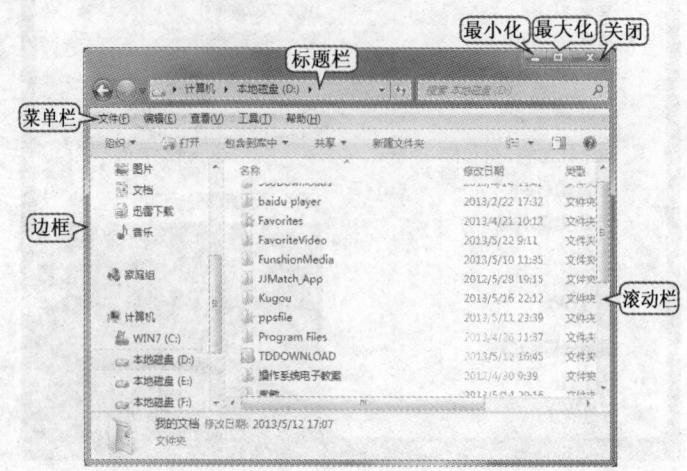

图 2-11 【计算机】窗口

①标题栏:显示文档、文件夹和程序的名称,该名称是全路径。如果打开的是 D 盘,则标题栏是">计算机>本地磁盘(D:)"。单击标题栏上的任一级路径则回到这个路径对应的窗口。

②最小化、最大化和关闭按钮:这些按钮分别可以隐藏窗口、放大窗口使其填充整个屏幕以及关闭窗口。

③菜单栏:包含程序中可单击进行选择的菜单。

④滚动条:可以滚动窗口的内容以查看当前视图之外的信息。

⑤边框和角:可以用鼠标指针拖动这些边框和角以更改窗口的大小。

2. 移动窗口

若要移动窗口,则可将鼠标指针移至需要移动的窗口标题栏上,按住鼠标左键并拖动窗口到希望的位置,然后释放鼠标左键。

3. 更改窗口的大小

①若要使窗口填满整个屏幕,则可单击其【最大化】按钮或双击该窗口的标题栏。

②若要将最大化的窗口还原到以前大小,则可单击其【还原】按钮,此按钮出现在【最大化】按钮的位置上。或者双击该窗口的标题栏。

③若要调整窗口的大小,使其变小或变大,则可将鼠标指针指向窗口的任意边框或角,当鼠标指针变成双箭头时,拖动边框或角可以缩小或放大窗口,如图 2-12 所示。已最大化的窗口无法调整大小,必须先将其还原为先前的大小。

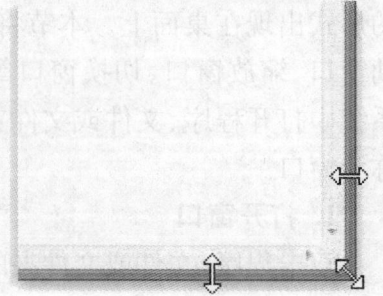

图 2-12 调整窗口大小

注意：虽然多数窗口可被最大化和调整大小，但也有一些窗口的大小是固定的，如对话框。

4. 隐藏窗口

隐藏窗口称为【最小化】窗口。单击其【最小化】按钮，窗口会从桌面上消失，但并未关闭，只是在任务栏上显示为按钮，如图 2-13 所示。若要使最

图 2-13 任务栏按钮

小化的窗口重新显示在桌面上，则可单击其任务栏按钮。

5. 关闭窗口

关闭窗口会将其从桌面和任务栏中删除。如果不再使用这个程序、文件或文件夹，则可单击窗口上的【关闭】按钮。

注意：如果关闭文档时未保存对其所做的更改，则系统会显示一条消息，提示用户是否保存更改。

6. 窗口切换

如果用户打开了多个程序或文档，桌面就会布满杂乱的窗口，不易于跟踪已打开了哪些窗口，因为一些窗口可能部分或完全覆盖了其他窗口。

任务栏提供了整理所有窗口的方式。每个窗口在任务栏上都具有相应的按钮，若要切换到其他窗口，只需单击其任务栏按钮，该窗口就会出现在所有其他窗口的前面，成为活动窗口（即用户当前正在使用的窗口）。

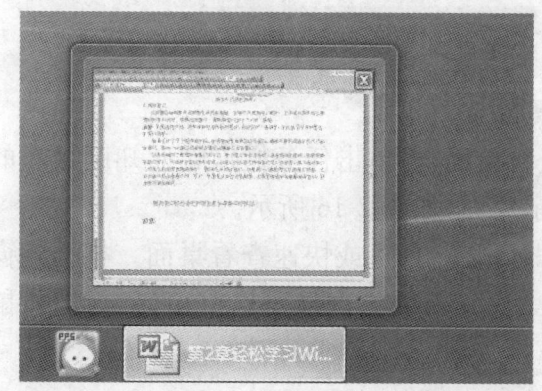

如果用户无法通过任务栏按钮识别窗口，则可将鼠标指针指向任务栏按钮，这时就会看到一个缩略图大小的窗口预览，无论该窗口的内容是文档、照片，还是正在运行的视频。如图 2-14 所示，当鼠标指针指向任务栏【2 轻松学习 Windows】按钮时，将在这个按钮上方显示该文档的窗口预览。

图 2-14 指向窗口的任务栏按钮会显示该窗口的预览

使用【Alt＋Tab】键。通过按【Alt＋Tab】键可以切换到先前的窗口，或者通过按住【Alt】键并重复按【Tab】键循环切换所有打开的窗口和桌面。释放【Alt】键可以显示所选的窗口。

7. 自动排列窗口

现在用户已经了解如何移动窗口和调整窗口的大小，这样就可以在桌面上按自己喜欢的方式排列窗口，同时还可以使用 Windows 自动排列窗口功能。Windows 提供了三种窗口自动排列方法：层叠、堆叠或并排。

①层叠：在一个按扇形展开的堆栈中放置窗口，使这些窗口标题显现出来。

②堆叠：在一个或多个垂直堆栈中放置窗口，这要视打开窗口的数量而定。

③并排：将每个窗口放置在桌面上，以便能够同时看到所有窗口。

若要自动排列打开的窗口，可右键单击任务栏的空白区域，在弹出的快捷菜单中单击【层叠窗口】，就可将窗口在桌面上层叠起来，如图 2-15 所示。要想撤消层叠显示，可再次右键单击任务栏的空白区域，在弹出的快捷菜单中单击【撤消层叠】就可以了。

同样的，用户还可以【堆叠显示窗口】和【并排显示窗口】。

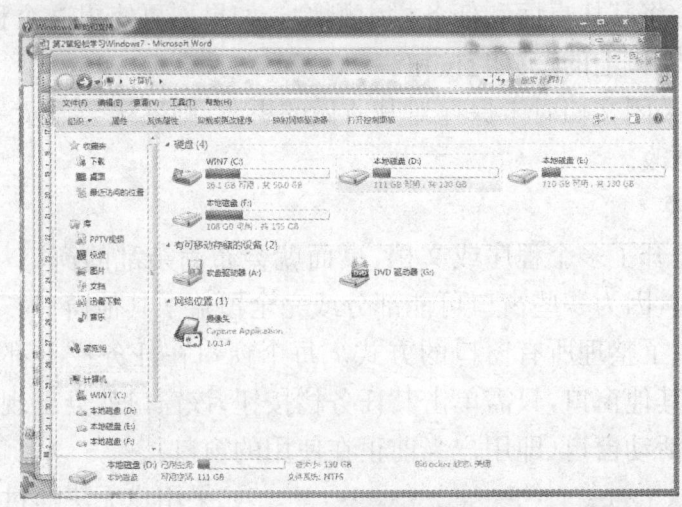

图 2-15　层叠窗口

8. 最小化所有打开的窗口来显示桌面

若要在不关闭打开窗口的情况下查看桌面，可单击任务栏末端通知区域旁的【显示桌面】按钮，最小化所有窗口以显示桌面，如图 2-16 所示。

将鼠标指针指向【显示桌面】按钮，即可临时预览或快速查看桌面。打开的窗口并没有最小化，只是淡出视图以显示桌面。若要再次显示这些窗口，只需将鼠标指针移开【显示桌面】按钮。

图 2-16　【显示桌面】按钮

2.3 设置桌面

用户可以通过更改计算机的主题、桌面背景、窗口颜色、声音、屏幕保护程序、字体大小和用户帐户图片来向计算机添加个性化设置,还可以为桌面选择特定的小工具。

2.3.1 更改桌面背景

桌面背景(也称为壁纸)可以是个人收集的图片,也可以是 Windows 提供的图片、纯色或带有颜色框架的图片。用户可以从中选择一个图片作为桌面背景,也可以显示幻灯片图片。更改桌面背景的操作方法如下:

第一步:右键单击桌面上的空白区域,然后在弹出的快捷菜单中单击【个性化】菜单项,打开【个性化】窗口,如图 2-17 所示。

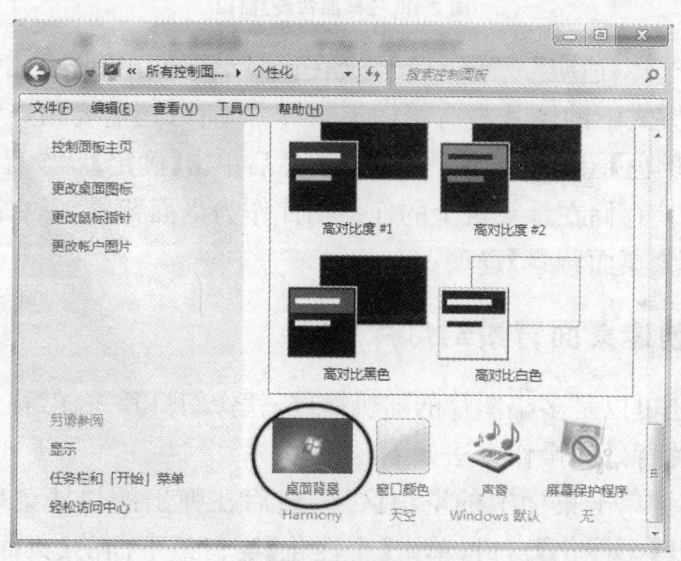

图 2-17 【个性化】窗口

第二步:单击窗口最下面的【桌面背景】图片,打开【桌面背景】窗口,如图 2-18 所示。

第三步:在这个窗口中找一个图片做桌面背景。如果要使用的图片不在桌面背景图片列表中,则可单击【图片位置(L)】列表中的选项查看其他类别,或单击【浏览】搜索计算机上的图片。找到所需的图片后,单击该图片,在图片的左上角会出现一个对勾,表明选中了该图片。

第四步:单击窗口最下面【图片位置(P)】下的箭头,下拉列表中有多种选项,一般选择"填充",然后单击【保存修改】。

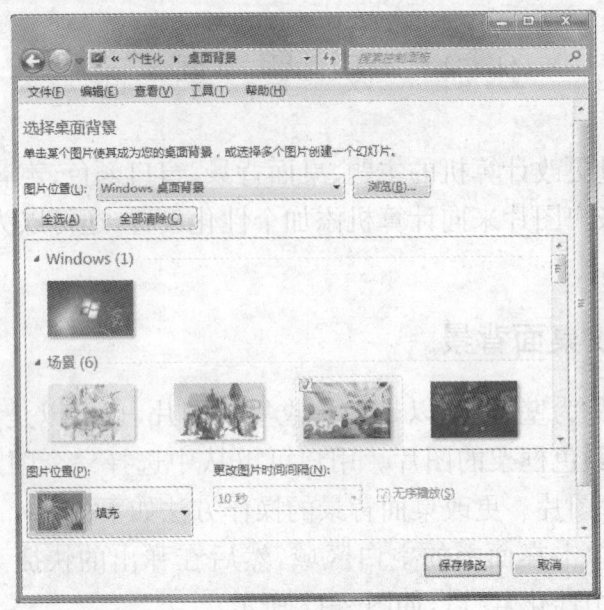

图 2-18 【桌面背景】窗口

注意：如果选择"适应"或"居中"，则会在窗口最下面出现【更改背景颜色】超链接，因为这两种方式下的图片没有填满整个屏幕，所以还需要用户设置背景颜色。单击【更改背景颜色】超链接，选中一种颜色，然后单击【确定】就设置好了背景颜色。

提示：若要使存储在计算机上的任何图片作为桌面背景，可右键单击该图片，然后单击【设置为桌面背景】选项。

2.3.2 创建桌面背景幻灯片放映

桌面背景还可以是多幅图片的随机播放，就像幻灯片一样，称为幻灯片背景。创建桌面幻灯片背景的操作方法如下：

第一步：右键单击桌面上的空白区域，然后在弹出的快捷菜单中单击【个性化】菜单项，打开【个性化】窗口；单击【个性化】窗口最下面的【桌面背景】图片，打开【桌面背景】窗口，将鼠标指针指向要添加到幻灯片的每个图片，然后选中这些图片对应的复选框，创建一个幻灯片，如图 2-19 所示。

第二步：如果要使用的图片不在桌面背景图片的列表中，则可单击【图片位置(L)】列表查看其他类别，也可以单击【浏览】，在计算机中查找图片所在的文件夹。

第三步：单击窗口最下面【图片位置(P)】下的箭头，下拉列表中有多种选项，一般选择"填充"。单击【更改图片时间间隔(N)】下拉列表，选择幻灯片变换图片的时间间隔。选中【无序播放(S)】复选框使图片以随机顺序显示。

第四步：单击【保存修改】，则可将幻灯片作为未保存主题显示在【我的主题】下。

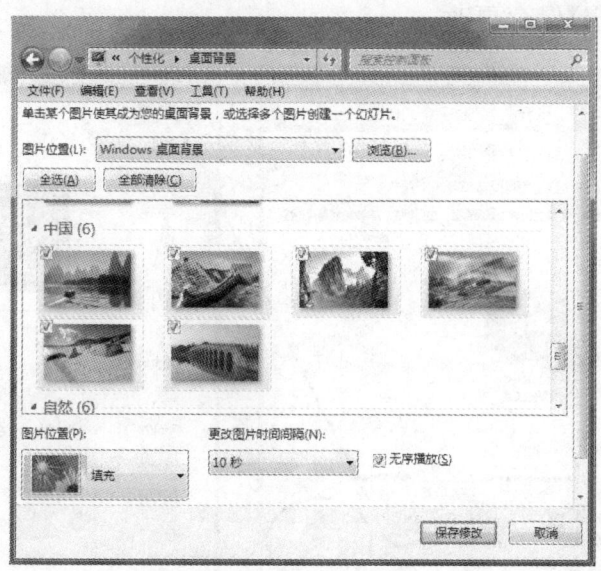

图 2-19 创建一个幻灯片

2.3.3 设置屏幕保护程序

当在指定的一段时间内没有使用鼠标或键盘时,屏幕保护程序就会出现在计算机的屏幕上,此程序为移动的图片或图案。屏幕保护程序最初用于保护较旧的单色显示器免遭损坏,但现在它们主要是个性化计算机或通过提供密码保护来增强计算机安全性的一种方式。Windows 提供了多个屏幕保护程序,用户还可以使用保存在计算机上的个人图片来创建自己的屏幕保护程序。设置屏幕保护程序的操作方法如下:

第一步:右键单击桌面上的空白区域,然后在弹出的快捷菜单中单击【个性化】菜单项,打开【个性化】窗口。这个窗口最下面有【屏幕保护程序】图片,如图 2-20 所示。

第二步:单击【屏幕保护程序】图片,打开【屏幕保护程序】窗口,如图 2-21 所示。

第三步:在【屏幕保护程序】的下拉列表中选择一个选项,例如选择"彩带"作为屏幕的保护程序;如果选择"无",则关闭屏幕保护程序。

第四步:若要查看屏幕保护程序的外观,可在单击【确定】按钮之前单击【预览】按钮。若要结束屏幕保护程序预览,可移动鼠标或按任意键。

选中【在恢复时显示登录屏幕】单选框,表示在从屏幕保护中恢复过来时还需要再次登录,这是增强计算机安全性的一种方式。

【等待】是指用户在设定时间内没有操作电脑,电脑才启动屏幕保护程序。

然后单击【确定】保存更改。

图 2-20 【个性化】窗口的【屏幕保护程序】

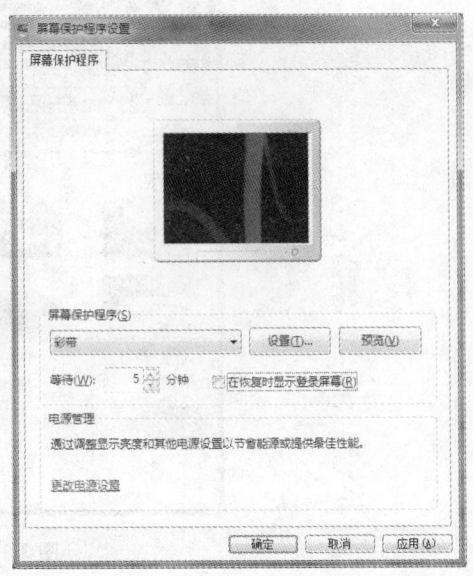

图 2-21 【屏幕保护程序】窗口

2.3.4　设置自己喜欢的主题

主题是计算机上的图片、颜色和声音的组合，它包括桌面背景、屏幕保护程序、窗口边框颜色和声音方案。Windows 提供了多个主题。选择 Aero 主题可以使计算机个性化；如果计算机运行缓慢，则可以选择 Windows 7 基本主题；如果希望屏幕更易于查看，则可以选择高对比度主题。用户也可以通过更改图片、颜色和声音来创建自定义主题。

第一步：右键单击桌面上的空白区域，然后在弹出的快捷菜单中单击【个性化】菜单项，打开【个性化】窗口，如图 2-22 所示。

第二步：单击要更改的已应用于桌面的主题，比如【建筑】，执行以下一项或多项操作。

①若要更改背景，可单击【桌面背景】，再选中要使用的图像对应的复选框，然后单击【保存更改】。

②若要更改窗口边框的颜色，请依次单击【窗口颜色】和要使用的颜色，再调整亮度，最后单击【保存更改】。

③若要更改主题的声音，请单击【声音】，在【程序事件】列表中更改声音，然后单击【确定】。

④若要添加或更改屏幕保护程序，请依次单击【屏幕保护程序】和【屏幕保护程序】列表中的项目更改设置，然后单击【确定】。

图 2-22 【个性化】窗口中的主题

第三步：修改后的主题将作为未保存主题出现在【我的主题】下。若要保存修改后的主题以便在计算机上使用，请单击【保存主题】超链接，输入该主题的名称，然后单击【保存】，此时该主题将出现在【我的主题】下。

2.3.5 更改屏幕分辨率

屏幕分辨率指的是屏幕上显示的文本和图像的清晰度。分辨率越高项目越清楚，同时屏幕上的项目越小，因此屏幕可以容纳很多的项目。分辨率越低，在屏幕上显示的项目就越少，但尺寸越大。可以使用的分辨率取决于监视器支持的分辨率。CRT 监视器通常显示 800×600 或 1024×768 像素的分辨率。LCD 监视器（也称为平面监视器）和便携式计算机屏幕通常支持更高的分辨率。监视器越大，通常所支持的分辨率就越高。LCD 监视器（包括便携式计算机屏幕）通常使用其【原始分辨率】运行最佳，如果用户不确定监视器的原始分辨率，请查看产品手册或转到制造商的网站进行查看。下面是一些常用屏幕大小的原始分辨率。

19 英寸屏幕（标准比率）：1280×1024 像素
20 英寸屏幕（标准比率）：1600×1200 像素
22 英寸屏幕（宽屏幕）：1680×1050 像素
24 英寸屏幕（宽屏幕）：1900×1200 像素

第一步：右键单击桌面上的空白区域，然后在弹出的快捷菜单中单击【屏幕分辨率】菜单项，打开【屏幕分辨率】窗口，如图 2-23 所示。

第二步：单击【分辨率】旁边的下拉箭头，弹出下拉列表，选中所需的分辨率，

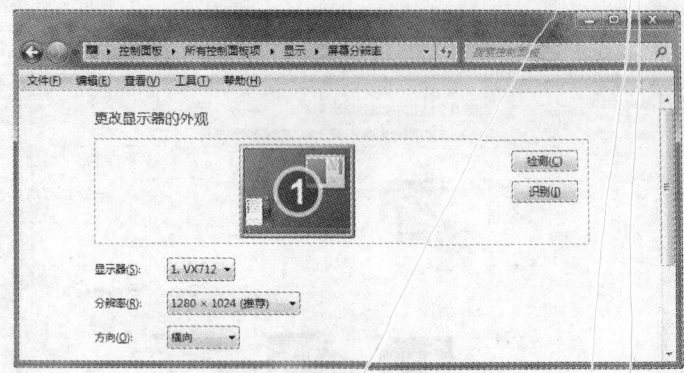

图 2-23 【屏幕分辨率】窗口

然后单击【应用】。

第三步：单击【确定】使用新的分辨率，或单击【取消】回到以前的分辨率。

如果将监视器设置为它不支持的屏幕分辨率，那么该屏幕在几秒钟内将变为黑色，监视器则还原至原始分辨率。

2.3.6 更改字体大小

用户可以通过增加每英寸点数（DPI）比例来放大屏幕上的文本、图标和其他项目，还可以降低 DPI 比例以使屏幕上的文本和其他项目变得更小，以便在屏幕上容纳更多项目。更改字体大小的操作方法如下：

第一步：使用下面的几种方法之一打开【控制面板】主页。

①单击【开始】菜单→【控制面板】菜单项，打开【控制面板】主页。

②右键单击桌面上的空白区域，然后在弹出的快捷菜单中单击【个性化】菜单项，打开【个性化】窗口，此【个性化】窗口标题栏的全路径名称是">控制面板>所有控制面板项>个性化"，单击标题栏的任意一级路径，则会回到该路径对应的窗口，此时单击【所有控制面板项】，打开【控制面板】主页。

③在【个性化】窗口里单击【控制面板主页】超链接，打开【控制面板】主页。【控制面板】主页如图 2-24 所示。

第二步：在【控制面板】主页中单击【显示】图标，打开【显示】窗口，如图 2-25 所示。

选择下列选项之一：

"较小 - 100%（默认）"。该选项使文本和其他项目保持正常大小。

"中等 - 125%"。该选项将文本和其他项目设置为正常大小的 125%。

"较大 - 150%"。该选项将文本和其他项目设置为正常大小的 150%。仅当监视器支持的分辨率至少为 1200×900 像素时才显示该选项。

图 2-24 【控制面板】主页

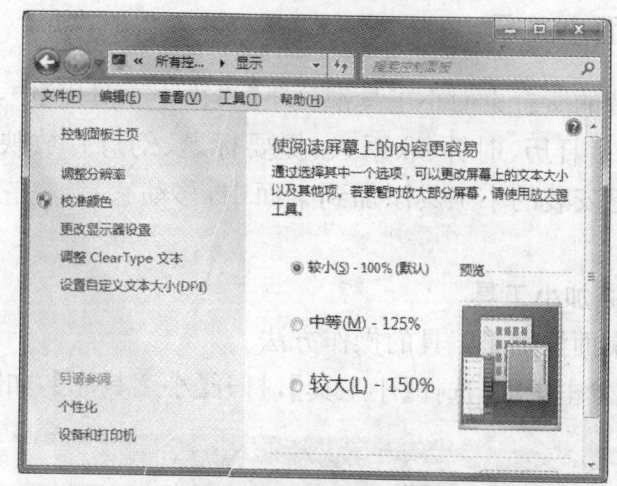

图 2-25 【显示】窗口

第三步：单击【应用】按钮。若要查看更改，请关闭所有程序，然后注销 Windows，该更改将在下次登录时生效。

2.3.7 用户帐户图片

用户帐户图片有助于标识计算机上的帐户。该图片显示在欢迎屏幕和【开始】菜单上。用户可以将用户帐户图片更改为 Windows 附带的图片之一，也可以使用自己的图片。下面介绍更改用户帐户图片的操作方法。

第一步：单击【开始】菜单→【控制面板】菜单项，打开【控制面板】主页，在【控制面板】主页单击【用户帐户】图片，打开【用户帐户】窗口，如图 2-26 所示。

第二步：单击【更改图片】超链接，在打开的窗口中选择要使用的图片，然后单击【更改图片】。如果用户要使用自己的图片，则可单击【浏览更多图片】浏览到要

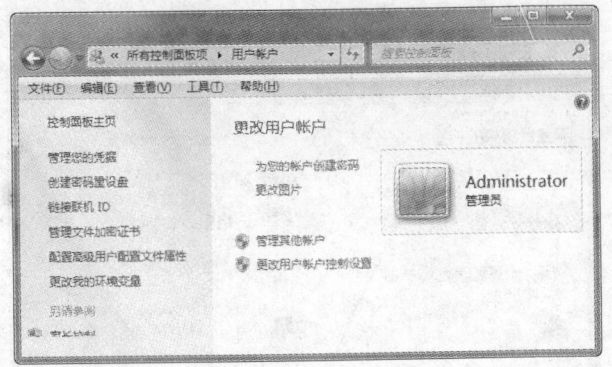

图 2-26 【用户帐户】窗口

使用的图片,单击该图片,然后单击【打开】。用户可以使用任意大小的图片,但其文件扩展名必须为以下扩展名中的一个:.jpg、.png、.bmp 或 .gif。

2.3.8 桌面小工具

计算机上安装的所有桌面小工具都位于【桌面小工具库】中,Windows 7 随附了一些小工具,包括日历、时钟、联系人、提要标题、幻灯片放映、图片拼图板等。用户可以将任何已安装的小工具添加到桌面中,移动它、调整它的大小以及更改它的选项。

1. 向桌面中添加小工具

下面介绍向桌面添加小工具的操作方法。

第一步:右键单击桌面,选择【小工具】,打开【小工具库】,如图 2-27 所示。

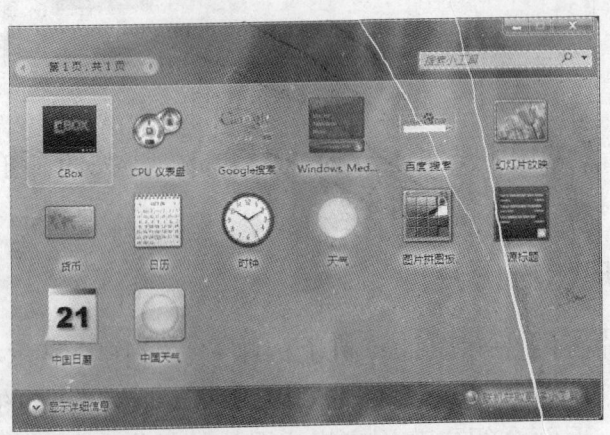

图 2-27 小工具库

第二步:双击小工具将其添加到桌面。比如双击【日历】图标,可将日历添加到桌面,如图 2-28 所示。

第三步:【日历】小工具显示的是当天日期,双击【日历】小工具会显示当月日历,如图 2-29 所示。

图 2-28 【日历】小工具

图 2-29 【日历】小工具显示的当月日历

2. 小工具的快捷菜单

右键单击小工具可以看到小工具的快捷菜单,如图 2-30 所示。

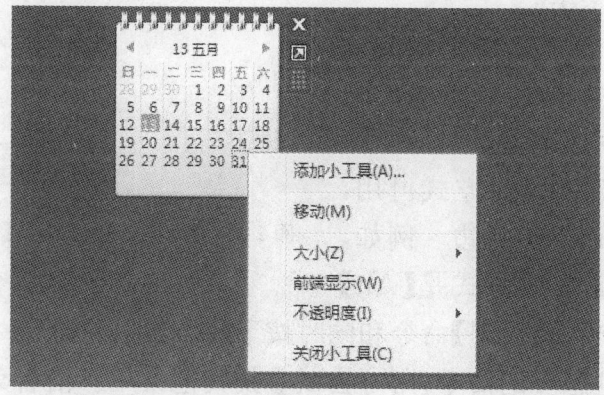

图 2-30 【日历】小工具的快捷菜单

①【大小】,选择此小工具的大小。

②【前端显示】,始终将小工具保持在窗口的前端,以便这些小工具始终可见。如果不希望某个小工具出现在打开窗口的前端,则可再次单击一下【前端显示】。

③【关闭小工具】,从桌面中删除小工具。

2.4 学会使用菜单和对话框

大多数程序包含几十个甚至几百个命令,其中很多命令组织在菜单下面。就像餐厅的菜单一样,程序菜单也显示选择列表。就像点菜一样,单击列表中的菜单命令,电脑就会完成这个命令。

2.4.1 菜单

为了使屏幕整齐,系统会隐藏这些菜单,只有在菜单栏中单击菜单标题之后才会显示。若要选择菜单中列出的一个命令,则可单击该命令。如果命令不可用且无法单击,则该命令以灰色显示。

1. 菜单中的标记

图2-31是【计算机】窗口中的【查看】菜单中的标记。

①圆点标记:表示该菜单命令处于有效状态。

②省略号标记:单击此类菜单命令,将弹出一个对话框。

③右箭头标记:单击此类菜单命令,将弹出一个子菜单。

④勾选标记:表示该菜单项的命令处于有效状态,单击此菜单项的命令即可取消该命令标记。

如果命令的键盘快捷方式可用,则它会显示在该命令的旁边。例如,【后退】命令的键盘快捷方式是【Alt】

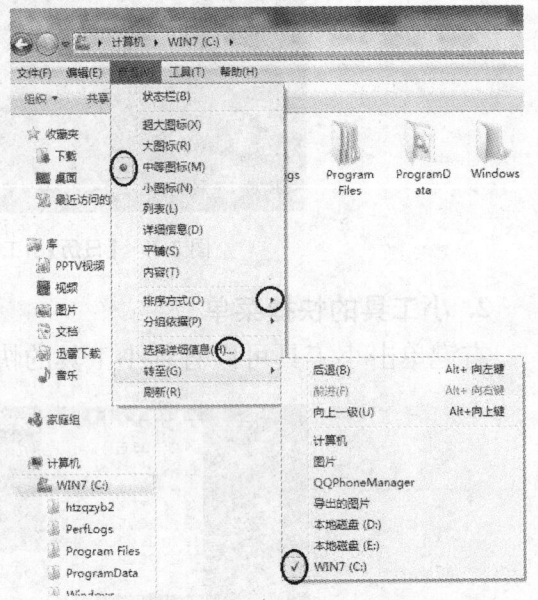

图2-31 【计算机】窗口中的【查看】菜单中的标记

+左键,这意味着单击【后退】命令和同时按下【Alt】键、左键是一样的。

如果没有看到想要的命令,则可尝试查找其他菜单。沿着菜单栏移动鼠标指针,上面的菜单会自动打开,无须再次单击菜单栏。若要在不选择任何命令的情况下关闭菜单,则可单击菜单栏或窗口的任何其他部分。

2. 使用键盘操作菜单

在窗口状态下,在键盘上按下【F10】键或【Alt】键激活当前窗口的菜单栏,然后通过键盘上的左、右键选择需要的菜单项,选好后在键盘上按下【Enter】键即可打开该菜单项的下拉菜单,接着通过键盘上的上、下键在弹出的下拉菜单中选择需要的命令,最后按【Enter】键确认就可执行所选的命令。

2.4.2 对话框

对话框是一个小型窗口,包含一些选项让用户选择并完成任务。例如,文档第一次保存时,会让用户选择保存位置、文件名和保存类型,保存文档如图2-32所示。

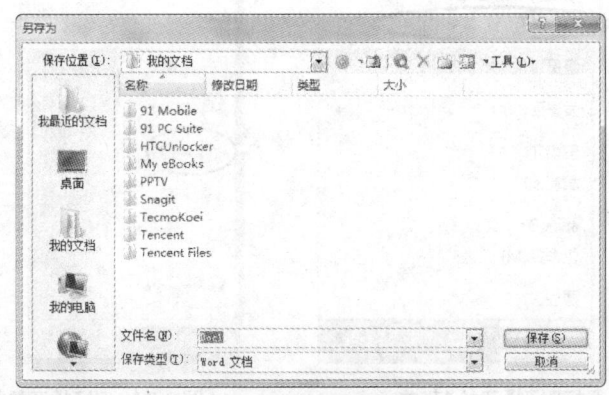

图 2-32　保存文档

2.5　自定义【开始】菜单和任务栏

2.5.1　自定义【开始】菜单

用户可以控制要在【开始】菜单上显示的项目。例如,用户可以将喜欢的程序的图标附到【开始】菜单以便于访问,也可从列表中移除程序,还可以选择在右边窗格中隐藏或显示某些项目。

1. 将程序图标附到【开始】菜单

如果定期使用程序,可以将程序图标附到【开始】菜单以创建程序的快捷方式。锁定的程序图标将出现在【开始】菜单的左侧。将程序图标附到【开始】菜单的操作方法如下:

第一步:右键单击想要锁定到【开始】菜单中的程序图标,然后单击【附到「开始」菜单】。例如,用户经常使用记事本,想将记事本附到【开始】菜单,先在【开始】菜单→【所有程序】→【附件】中找到记事本,右键单击记事本打开快捷菜单,然后单击【附到「开始」菜单】,如图2-33所示。

此时记事本将出现在【开始】菜单左窗格的上半部分,如图2-34所示。

第二步:若要解锁程序图标,也就是将程序图标从【开始】菜单左窗格上半部分去掉，可右键单击程序图标，然后单击【从开始菜单解锁】。若要更改程序图标的顺序，可直接将程序图标拖动到列表中的新位置。

图 2-33　将程序图标附到【开始】菜单

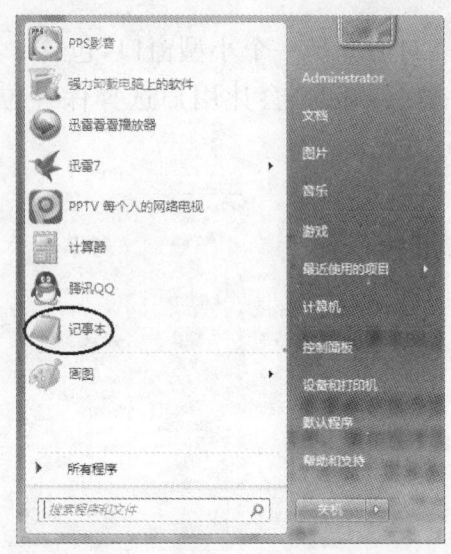

图 2-34　附到【开始】菜单的记事本

2. 从【开始】菜单删除程序图标

从【开始】菜单删除程序图标不会从【所有程序】列表中删除或卸载该程序。

打开【开始】菜单，右键单击要从【开始】菜单中删除的程序图标，打开快捷菜单，然后从快捷菜单中单击【从列表中删除】。

3. 自定义【开始】菜单的右窗格

用户可以添加或删除出现在【开始】菜单右窗格的项目，如计算机、控制面板、文档和图片。下面介绍自定义【开始】菜单右窗格的操作方法。

第一步：单击【开始】菜单→【控制面板】→【任务栏和「开始」菜单】，打开【任务栏和「开始」菜单属性】窗口，如图 2-35 所示。

第二步：单击【「开始」菜单】选项卡，然后单击【自定义】按钮，打开【自定义「开始」菜单】对话框，如图 2-36 所示。

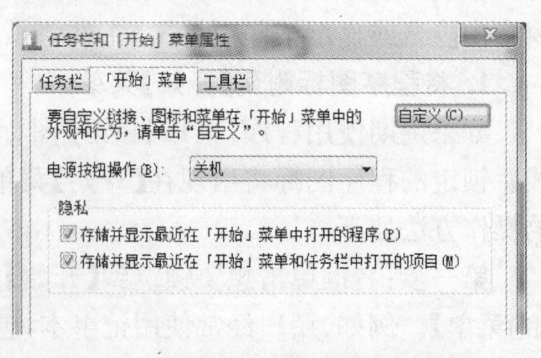

图 2-35　【任务栏和「开始」菜单属性】窗口

第三步：在【自定义「开始」菜单】对话框的列表中选择所需选项，单击【确定】。

4. 将"最近使用的项目"添加至【开始】菜单

【开始】菜单的左窗格的下半部分显示最近使用的项目,但这需要设置才行。下面介绍设置的操作方法。

第一步:单击【开始】菜单→【控制面板】→【任务栏和「开始」菜单】,打开【任务栏和「开始」菜单属性】窗口。

第二步:单击【「开始」菜单】选项卡,在【隐私】下选中【存储并显示最近在「开始」菜单和任务栏中打开的项目】复选框。

第三步:单击【自定义】按钮,打开【自定义「开始」菜单】对话框,在对话框中滚动选项列表以查找【最近使用的项目】复选框,选中它,单击【确定】,然后再次单击【确定】。

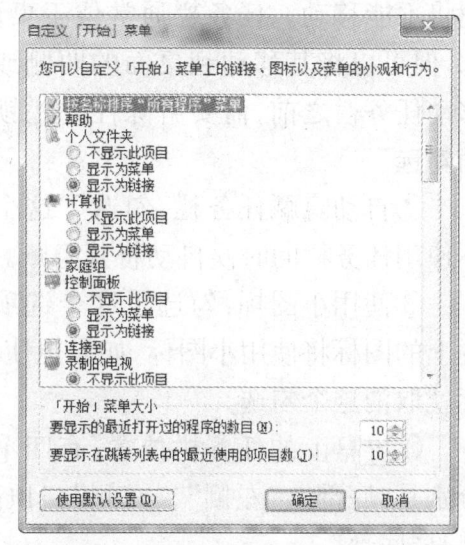

图 2-36 【自定义「开始」菜单】对话框

5. 还原【开始】菜单默认设置

用户可以将【开始】菜单还原为其最初的默认设置。方法如下:

第一步:单击【开始】菜单→【控制面板】→【任务栏和「开始」菜单】,打开【任务栏和「开始」菜单属性】窗口。

第二步:单击【「开始」菜单】选项卡,然后单击【自定义】按钮,打开【自定义「开始」菜单】对话框。在该对话框中,单击【使用默认设置】,单击【确定】,然后再次单击【确定】。

2.5.2 自定义任务栏

自定义任务栏就是设置任务栏的属性,包括任务栏在屏幕上的位置、任务栏图标的大小、不使用任务栏的时候是否自动将其隐藏以及是否显示某些图标等。

新的计算机在通知区域经常已有一些图标,而且某些程序在安装过程中会自动将图标添加到通知区域。用户可以更改出现在通知区域中的图标和通知,选择是否显示系统图标,还可以通过将图标拖动到所需的位置来更改图标在通知区域中的顺序。

下面介绍自定义任务栏的操作方法。

第一步:单击【开始】菜单→【控制面板】→【任务栏和「开始」菜单】,打开【任务栏和「开始」菜单属性】窗口。

第二步:单击【任务栏】选项卡,如图 2-37 所示。在这里设置【任务栏】的属性。

①锁定任务栏：勾选了这个选项，任务栏将不能移动。任务栏通常位于桌面的底部，但可以将其移动到桌面的两侧或顶部。移动任务栏之前，需要解除任务栏锁定，取消勾选。

②自动隐藏任务栏：勾选了这个选项，不使用任务栏的时候自动将其隐藏。

③使用小图标：勾选了这个选项，任务栏上的图标将使用小图标，如果想使用大图标就取消这个勾选。

④屏幕上的任务栏位置：有四个选项，分别是"底部"、"左侧"、"右侧"、"顶部"，默认是"底部"。

⑤任务栏按钮：有三个选项，"始终合并、隐藏标签"是默认设置，该选项的每个程序显示为一个无标签的图标。"当任务栏被占满时合并"，该选项将每个程序显示为一个有标签的图标，当任务栏变得非常拥挤时，多个打开程序折叠成一个程序图标。"从不合并"，该选项将每个程序显示为一个有标签的图标，图标从不会折叠成一个图标，无论打开多少窗口都是如此，随着打开的程序和窗口越来越多，图标会变小。

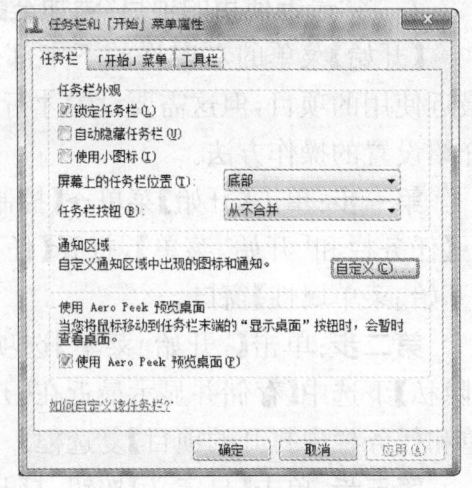

图 2-37　【任务栏】选项卡

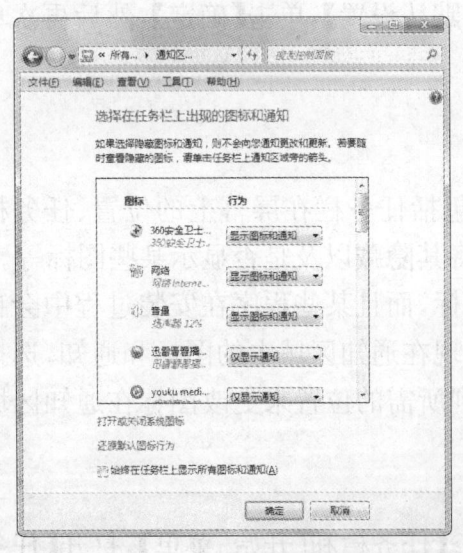

图 2-38　选择在任务栏上出现的图标和通知

第三步：【自定义】按钮：定义通知区域中出现的图标和通知。单击【自定义】按钮，打开的对话框如图 2-38 所示。

用户可以在这里添加或删除出现在通知区域的图标。对于每个图标，在行为列表中都有三个选项。"显示图标和通知"，表示在任务栏的通知区域中，图标始终保持可见并且显示所有通知。"隐藏图标和通知"，表示隐藏图标并且不显示通知。"仅显示通知"，表示隐藏图标，但如果程序触发通知，则在任务栏上显示该程序的图标。如果勾选了【始终在任务栏上显示所有图标和通知】复选框，则每个图标的行为不再能单独设置，如果需要添加图标或隐藏图标，则需要先取消这个勾选再设置图标的行为。

【打开或关闭系统图标】：定义任务栏通知区域出现的系统图标。单击它会打开一个对话框，如图 2-39 所示。

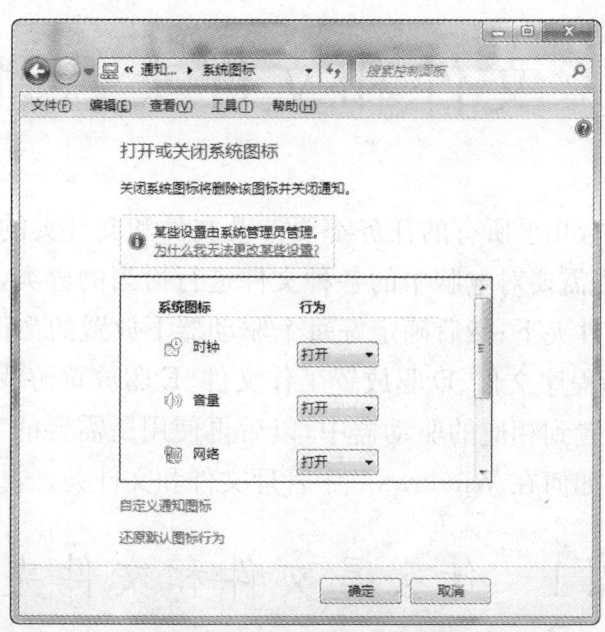

图 2-39　打开或关闭系统图标

用户可以在这里定义出现在通知区域的系统图标。如果某系统图标的行为选择"打开"，则该系统图标会出现在通知区域；如果想从通知区域删除某个系统图标，则将该系统图标的行为选择为"关闭"。

3 文件和文件夹管理

在 Windows 中,几乎所有的任务都要涉及文件和文件夹的操作。要管理好电脑中的文件,首先需要对电脑中的各种文件进行恰当的分类,将同一类型的文件放置在同一个文件夹下;然后确定好每个驱动器下放置的文件类型,如 C 驱放置系统文件及应用程序文件、D 驱放置工作文件、E 驱放置游戏、音乐文件等,将不同类型的文件放置到相应的驱动器中,以后再使用所需要的文件时,就能轻松地找到。本章介绍如何在 Windows 7 中管理文件和文件夹。

3.1 什么是文件和文件夹

3.1.1 什么是文件

文件就是用户赋予了名字并存储在磁盘上的信息的集合,它可以是用户创建的文档,也可以是可执行的应用程序或一张图片、一段声音等。在 Windows 中,每个文件都有一个相应的图标与之对应,文件和图标如图 3-1 所示。

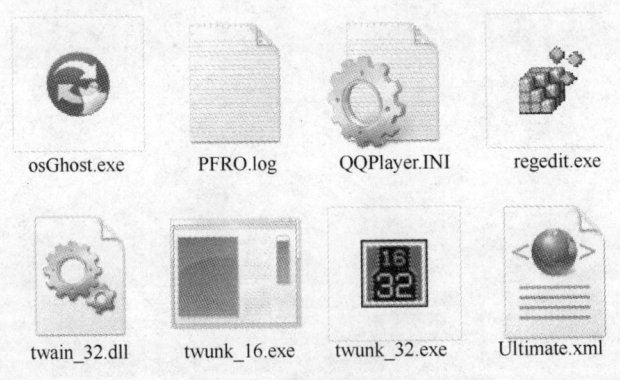

图 3-1 文件和图标

每个文件都有一个文件名,且都通过它标识。文件名由文件主名和扩展名组成,就像一个人的姓名是由"姓"和"名"组成。文件名的主名与扩展名之间用圆点隔开。主名用来标识不同的文件,就像是一个人的"名";扩展名用来说明文件的类型,就像是一个人的"姓"。常见的文件扩展名有.TXT(纯文本文件)、.DOC

(Word格式的文档文件)、.BMP(位图文件)、.JPG(压缩的图像文件)、.WAV(声音文件)、.MID(MIDI格式的音乐文件)、.AVI(视频文件)、.EXE(可执行程序文件)等。

3.1.2 什么是文件夹

电脑的磁盘上可以存放许多文件,为了便于管理,我们需要分门别类地有序存放文件。操作系统把文件组织在若干目录中,这些目录称为文件夹。Windows系统采用树形结构来组织文件与文件夹,每个磁盘上都有自己的树形结构,如图3-2所示。每个磁盘上都有一个根文件夹,它下面可以存放文件,也可以存放不同名字的子文件夹;在子文件夹中又可存放多个子文件夹和文件。如果把文件比作装在口袋中的书、笔或其他物品,那么文件夹就好比是用来装书、笔等物品的口袋,大口袋里面还可以放小口袋。

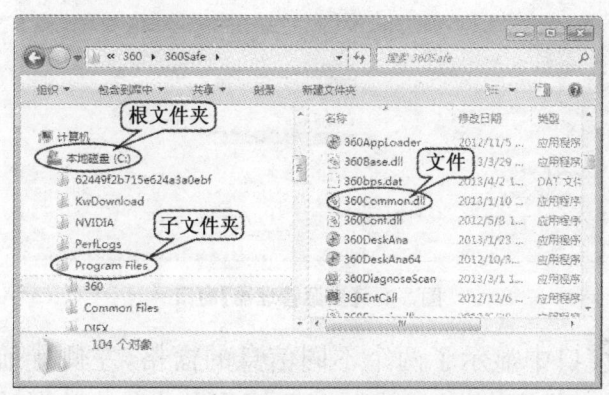

图 3-2 文件与文件夹的树形结构

计算机中有很多各种各样的文件,有了文件夹就可以更方便地管理这些文件。例如,公司销售部可以单独创建一个"销售部"文件夹,专门用来存放销售部员工所做的各种报表文件;人事部可单独创建一个"人事部"文件夹,专门存放人事部资料。这样文件分类就很清楚,并且容易管理查询。

文件夹名的命名规则与文件相同,但不需要扩展名。在同一个文件夹中,不能出现同名的文件或文件夹。不同文件夹的文件可以拥有同样的文件名。

3.2 浏览电脑中的文件和文件夹

3.2.1 浏览文件和文件夹

在 Windows 7 中,对文件和文件夹的操作与管理大多都是通过【资源管理器】窗口来进行的。根据用户电脑的配置不同,窗口中所显示的内容也有所不同。在【资源管理器】窗口中,用户可以方便地浏览计算机中的内容,也可以打开文件或文件夹,对文件进行复制、剪切等。

图 3-3　桌面上的【计算机】图标

通过【资源管理器】窗口浏览文件和文件夹的方法是:

第一步:双击桌面上的【计算机】图标,如图 3-3 所示;或单击桌面左下角的【开始】→【计算机】,弹出如图 3-4 所示的【资源管理器】窗口。

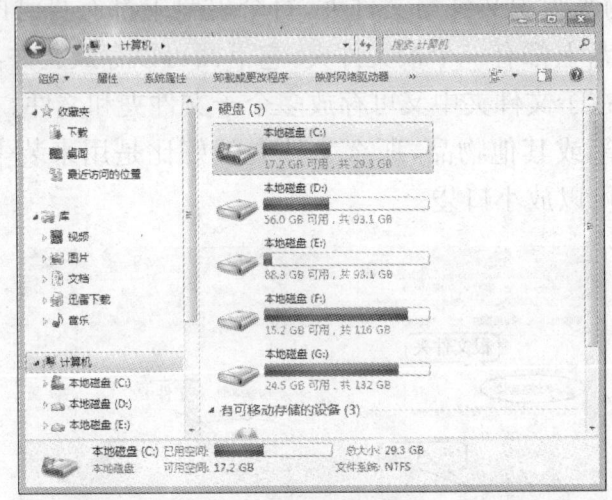

图 3-4　【资源管理器】窗口

第二步:此时窗口中显示了两个不同信息的窗格,左侧导航栏以树形的形式显示了计算机中的文件资源,右边窗格显示了当前文件夹中的内容。列表栏中的驱动器或文件夹前有空心三角符号,表示单击该符号可以展开它包含的子文件夹。文件夹展开后,该符号变为实心三角符号。单击这个实心三角符号还可以把展开的文件夹折叠起来,此时实心三角符号变成空心三角符号,如图 3-5 所示。

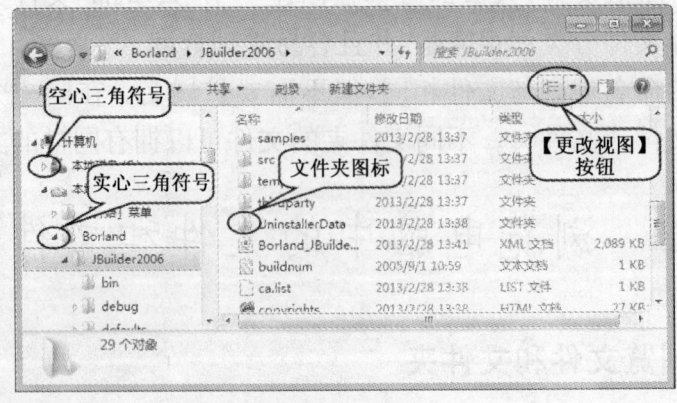

图 3-5　【资源管理器】窗口中的符号

3　文件和文件夹管理　　35

第三步：双击硬盘图标，可以打开硬盘。在【文件】窗口中，用户可以双击文件或文件夹图标，打开文件、启动程序或打开文件夹。单击文件或文件夹时，窗口下方的状态栏中将显示文件或文件夹修改的时间及属性等信息。对于 JPG、BMP 等格式的图像文件以及 WEB 网页文件，双击还可以预览文件的内容。

第四步：【资源管理器】窗口的工具栏还包括一些功能按钮。单击【后退】按钮，将返回上一次的窗口；单击【前进】按钮，将前进到下一个窗口。

3.2.2　改变视图方式

Windows 7 提供了强大的查看文件夹和文件的功能，用户可以按不同方式显示文件和文件夹。Windows 7 提供的视图方式包括：超大图标、大图标、中等图标、小图标、列表、详细信息、平铺、内容等八种。

第一步：双击桌面上的【计算机】图标，或单击桌面左下角的【开始】→【计算机】，打开【资源管理器】窗口。

第二步：单击窗口右上方的【更改视图】按钮，如图 3-5 所示，可以轮番更改当前的文件夹显示方式。

单击菜单【更改视图】按钮右侧的【更多选项】按钮，还可以显示出视图选项列表，如图 3-6 所示，在列表中单击即可更改当前的文件夹显示方式。

1. 超大图标方式

超大图标方式如图 3-7 所示，适用于快速浏览图片文件。只要是系统支持的图像格式均能显示其缩略图，以便于图片及文件的选取和操作。

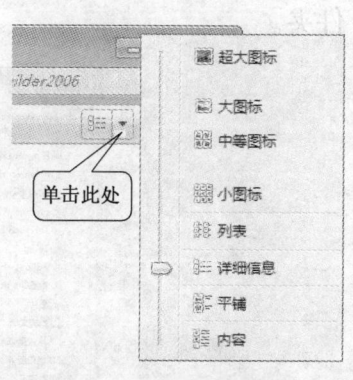

图 3-6　【更多选项】按钮

图 3-7　超大图标方式

2. 大图标方式

大图标方式如图 3-8 所示，也适用于快速浏览图片文件。在相同的窗口中可以浏览比超大图标更多的文件和文件夹。

图 3-8　大图标方式

3. 中等图标方式

中等图标方式如图 3-9 所示,在相同的窗口中可以浏览更多的文件和文件夹。

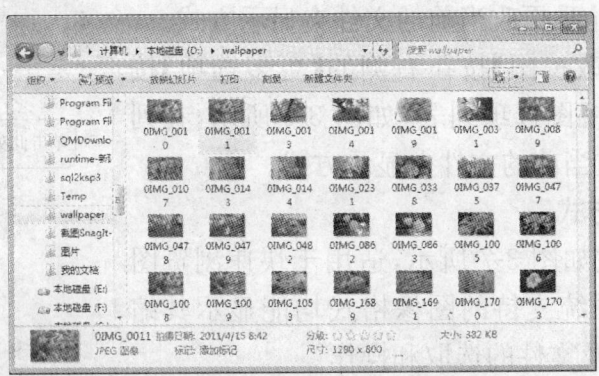

图 3-9　中等图标方式

4. 小图标方式

小图标方式如图 3-10 所示,可以浏览更多的文件和文件夹,但不提供图像文件的预览功能。

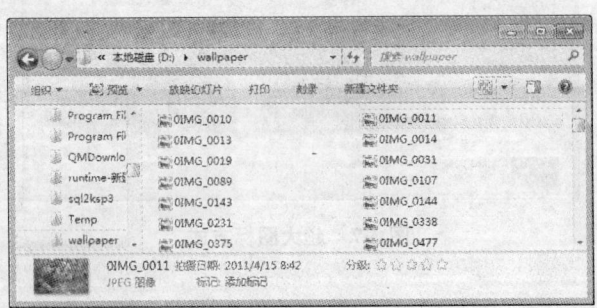

图 3-10　小图标方式

5. 列表方式

列表方式如图 3-11 所示,它以小图标的方式显示文件和文件夹,可以在同一窗口尽可能多地显示文件和文件夹。

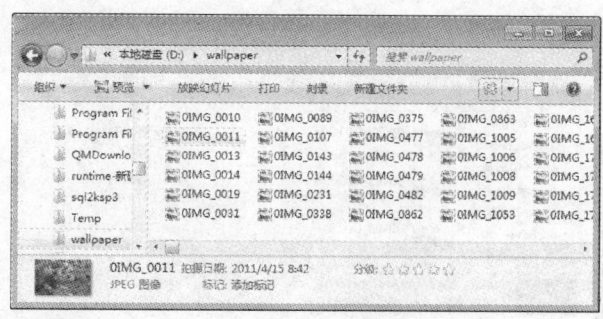

图 3-11 列表方式

6. 详细信息方式

详细信息方式如图 3-12 所示,它列出了当前文件夹内所有文件的名称、日期、标记、大小、分级等属性,用户可以详细地查看和比较文件的信息。

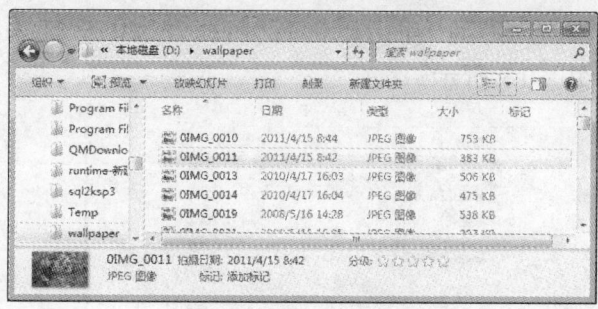

图 3-12 详细信息方式

7. 平铺方式

平铺方式如图 3-13 所示,它以中等图标方式显示当前文件夹中的内容。与中等图标风格不同的是,它还显示文件的类型和大小等属性。平铺方式是 Windows 系统的默认风格。

图 3-13 平铺方式

8. 内容方式

内容方式如图 3-14 所示，它与平铺方式类似，除了显示文件的类型和大小外，还显示文件的修改日等属性。

图 3-14　内容方式

3.2.3　改变排序方式

在【资源管理器】窗口中，文件和文件夹图标可以按不同的排列方式排列在窗口中。具体操作方法：在窗口中单击鼠标右键，在弹出的快捷菜单中选择【排序方式】，弹出子菜单如图 3-15 所示。

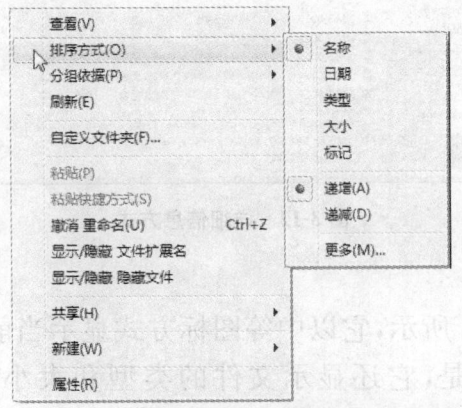

图 3-15　【排序方式】子菜单

在子菜单中，用户可以选择五种排列图标的方式："名称"、"日期"、"类型"、"大小"、"标记"，单击选择其中一种排列方式即可。

3.2.4　选择文件和文件夹

在 Windows 系统中，在对文件或文件夹进行操作之前，必须先选中对象，"先选中后操作"是文件与文件夹管理的首要原则。Windows 7 系统提供了多种文件和文件夹选择方法。

1. 选择单个文件或文件夹

选定单个文件或文件夹的方法非常简单,在【资源管理器】窗口中打开目标文件或文件夹所在的盘符,找到该文件或文件夹,直接用鼠标左键单击它即可选中。选中的对象以蓝色背景显示。

2. 全部选择

如果要将当前盘符或文件夹中的对象全部选中,可以单击【Alt】键,打开窗口的菜单栏,在菜单中选择【编辑】→【全部选定】命令;或直接按组合键【Ctrl＋A】。

3. 选择多个连续的文件或文件夹

选择多个连续的文件或文件夹可采用如下方法。

方法一: 打开【资源管理器】窗口,将鼠标指针指向空白处,按住鼠标左键进行拖动,框住所要选择的文件或文件夹,然后松开鼠标左键即可。

方法二: 打开【资源管理器】窗口,用鼠标左键单击要选定的第一个文件或文件夹,然后按住【Shift】键,用鼠标单击要选定的最后一个文件或文件夹即可。

4. 选择多个不连续的文件或文件夹

选定多个不连续的文件或文件夹的操作步骤为:打开【资源管理器】窗口,用鼠标左键单击要选定的第一个文件或文件夹,然后按住【Ctrl】键,用鼠标依次单击所需要选定的文件或文件夹即可。

3.3 查找电脑中的文件和文件夹

在使用电脑的过程中,往往会发生某个文件或文件夹找不到的情况,尤其是间隔一段时间没有使用电脑,这时就可以使用 Windows 7 的搜索功能来搜索自己所需要使用的文件或文件夹。利用【资源管理器】中的搜索栏也可以方便地查找文件和文件夹。

3.3.1 按文件或文件夹的名称查找

如果已知文件或文件夹的名称,则可以按名称查找文件。下面以查找"春花2745.JPG"文件为例来介绍搜索文件或文件夹的方法,操作方法如下:

第一步: 双击桌面上的【计算机】图标,打开【资源管理器】窗口,选择文件的查找范围。

第二步: 在搜索栏中输入文件名,如图 3-16 所示。搜索开始了。

第三步: 如果在当前位置没有找到文件,则可以通过单击窗口下方的【库】、【自定义】、【Internet】三个选项来更改搜索位置重新搜索。

第四步: 搜索结束后,显示搜索的结果,如图 3-17 所示。

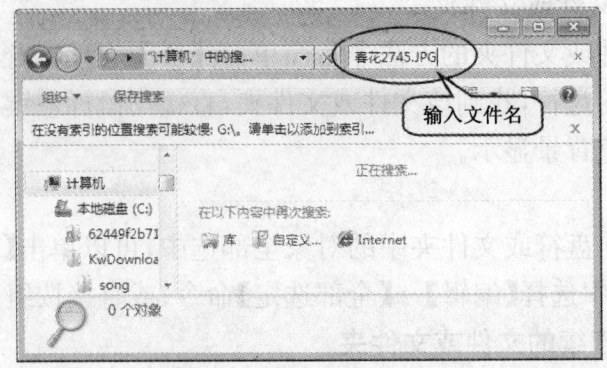

图 3-16 在搜索栏中输入文件名

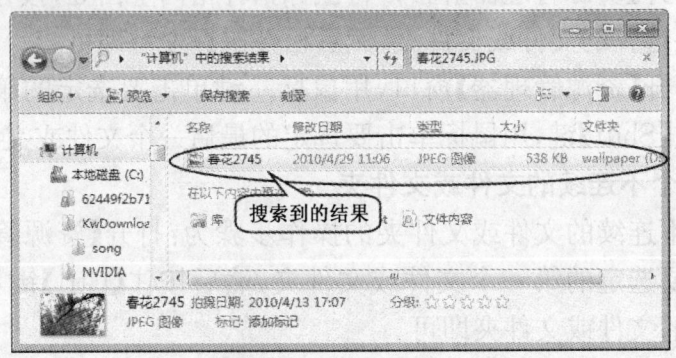

图 3-17 搜索的结果

搜索的结果显示了搜索到的文件名称、修改日期、类型、大小、所在文件夹等几个项目。所在文件夹是指该文件的路径,即存放位置。如果需要打开搜索到的文件,则可以在窗口中直接双击文件名打开。以后需要使用该文件时,则可以根据其路径找到这个文件再打开。

3.3.2 按文件的类型查找

如果只知道文件的类型,则可以按文件的扩展名来查找。这时需要使用通配符"﹡"。"﹡"代表任意一个或多个字符。例如,"﹡.﹡"表示所有文件;"﹡.JPG"表示扩展名为"JPG"的所有文件。下面以查找文件类型为"JPG"的文件为例来介绍搜索文件或文件夹的方法,操作方法如下:

第一步:双击桌面上的【计算机】图标,打开【资源管理器】窗口,选择文件的查找范围。

第二步:在搜索栏中输入"﹡.JPG",如图 3-18 所示。搜索就开始了。

第三步:搜索结束后,窗口中会显示搜索的结果,按文件类型搜索通常会得到较多的结果。

3 文件和文件夹管理 41

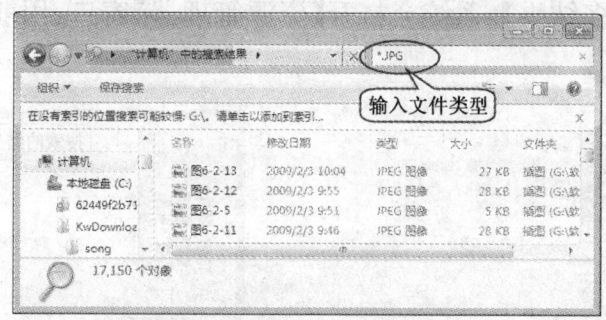

图 3-18　在搜索栏中输入文件类型

3.3.3　不知道准确的文件名时如何查找

搜索文件或文件夹时,如果不知道要搜索的文件或文件夹的全名,在输入查找文件的文件名时可输入部分文件名。例如,输入"春花",得到如图 3-19 所示的搜索结果。或者可以使用通配符,常用的通配符有"?"和" * "。"?"代表任意一个字符," * "代表任意一个或多个字符。例如,"? ab. doc"表示文件名共 3 个字母,第 2、3 位字母为 a、b,扩展名为 . doc 的所有文件。具体操作方法与前述类似,在此不再赘述。

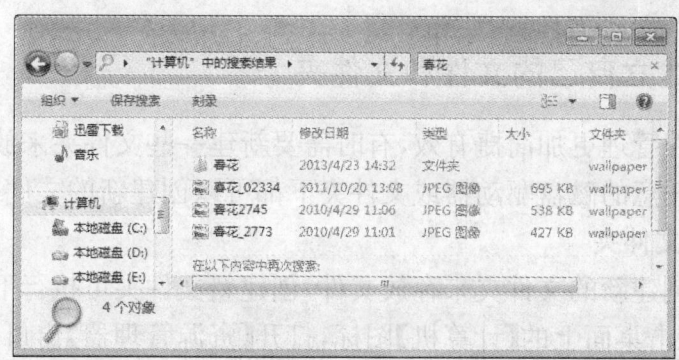

图 3-19　搜索结果

3.3.4　使用开始菜单的搜索栏查找

用户也可以使用开始菜单的搜索栏来搜索自己所需要使用的文件或文件夹,操作方法如下:

第一步:单击桌面左下角的【开始】按钮,可以看到开始菜单的搜索栏,如图 3-20 所示。

第二步:在搜索栏中输入要搜索的关键字,在上方就会显示出搜索的结果,如图 3-21 所示。如果没有找到所需的结果,则说明该文件没有被索引,此时可以单击下方的【查看更多结果】,系统会打开【资源管理器】窗口,用前述方法继续查找即可。

图 3-20　开始菜单的搜索栏

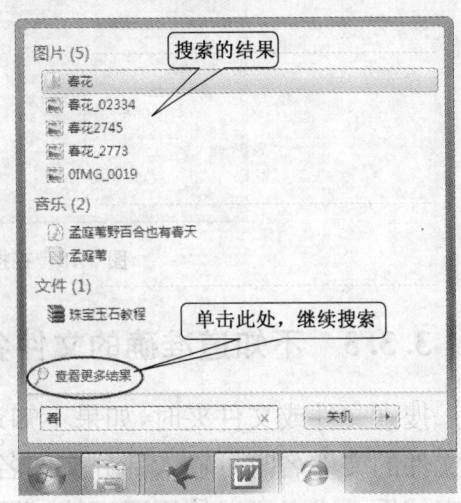

图 3-21　搜索的结果

3.4　管理文件和文件夹

3.4.1　建立自己的文件和文件夹

为了使文件管理更加简捷有效,有时需要新建一些文件夹来放置不同类型的零散文件。在任意的磁盘驱动器或文件夹下都可以创建新的文件或文件夹。

1. 创建新文件夹

用户可以创建新的文件夹来存放文件,创建新文件夹可执行下列操作方法:

第一步:双击桌面上的【计算机】图标,打开【资源管理器】窗口,双击打开要新建文件夹的磁盘或文件夹。

第二步:在窗口中的空白处单击鼠标右键,在弹出的快捷菜单中选择【新建】→【文件夹】命令,如图 3-22 所示。或单击【Alt】键,打开窗口的菜单栏,在菜单中选择【文件】→【新建】→【文件夹】命令。

第三步:命令执行后,在【资源管理器】窗口中就会出现新建的文件夹,如图 3-23 所示。文件夹的默认名称是"新建文件夹",用户也可以输入一个新的文件夹名称,这样一个新的文件夹就创建好了。

2. 创建新文件

使用电脑可以编辑各种文档。如果用户要编辑电脑中还没有的文档,则要新建文件。新建的文件可以是各种类型的,如文本文件、写字板文件、Word 文件、

Excel 文件、PhotoShop 文件等。创建新文件的方法与创建新文件夹的方法类似。下面以创建一个扩展名为".txt"的文本文件为例介绍新建文件的方法。

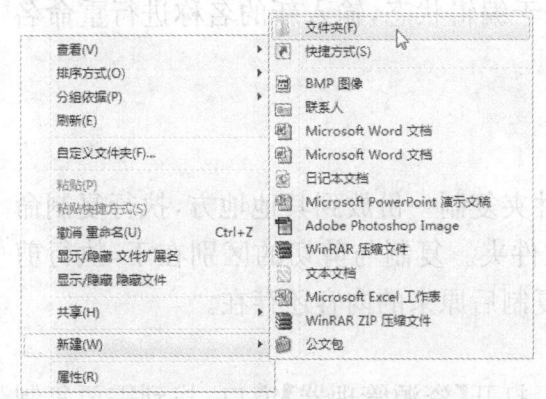

图 3-22 【新建】→【文件夹】命令

图 3-23 新建的文件夹

第一步：双击桌面上的【计算机】图标，打开【资源管理器】窗口，双击打开要新建文件的磁盘或文件夹。

第二步：在窗口中的空白处单击鼠标右键，在弹出的快捷菜单中选择【新建】→【文本文档】命令。或单击【Alt】键，打开窗口的菜单栏，在菜单中选择【文件】→【新建】→【文本文档】命令。

第三步：命令执行后，在窗口中就会出现新建的文件，如图 3-24 所示。文件的默认名称是"新建文本文档.txt"，用户也可以输入一个新的文件名称，按回车键，这样一个新的文件就创建好了，双击该文件图标就可以进入到编辑窗口对其进行编辑。

图 3-24 新建的文本文件

3.4.2 为文件和文件夹换个名字

为文件或文件夹换个名字，这种操作被称为文件或文件夹的"重命名"。重命名文件或文件夹的具体操作方法如下：

第一步：双击桌面上的【计算机】图标，打开【资源管理器】窗口，找到需要重命名的文件或文件夹。

第二步：用鼠标选中要重命名的文件或文件夹。在选中的文件或文件夹上单击鼠标右键，在弹出的快捷菜单中选择【重命名】命令；或在菜单中选择【文件】→【重命名】命令。

第三步：这时文件或文件夹的名称将处于编辑状态（蓝底白字显示），用户可直接输入新的名称,然后按回车键即可。

小提示:用户也可在文件或文件夹名称处直接单击两次(两次单击间隔时间应稍长一些,以免使其变为双击),使其处于编辑状态,输入新的名称进行重命名操作。

3.4.3 复制文件和文件夹

复制文件或文件夹就是将文件或文件夹复制一份放到其他地方,执行复制命令后,原位置和目标位置均有该文件或文件夹。复制与剪切的区别在于,执行剪切操作后,原来位置的内容不再存在,而复制后原来的内容还存在。

复制文件或文件夹的操作方法如下:

第一步:双击桌面上的【计算机】图标,打开【资源管理器】窗口,找到需要复制的文件或文件夹。

第二步:用鼠标选中要进行复制的文件或文件夹。单击【Alt】键,打开窗口的菜单栏,在菜单中选择【编辑】→【复制】命令,如图 3-25 所示。或在选中要进行复制的文件或文件夹上单击鼠标右键,在弹出的快捷菜单中选择【复制】命令。还可以单击工具栏中的【组织】按钮,并在下拉菜单中选择【复制】命令,如图 3-26 所示。

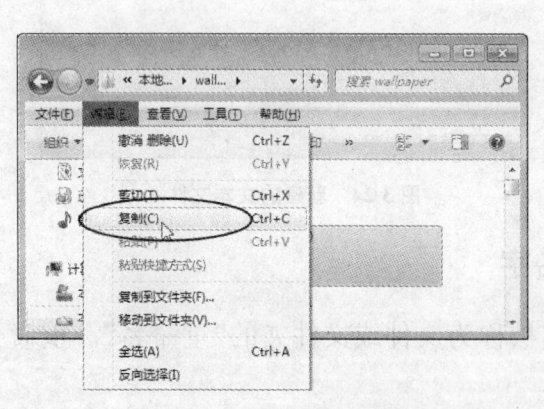

图 3-25 【编辑】菜单

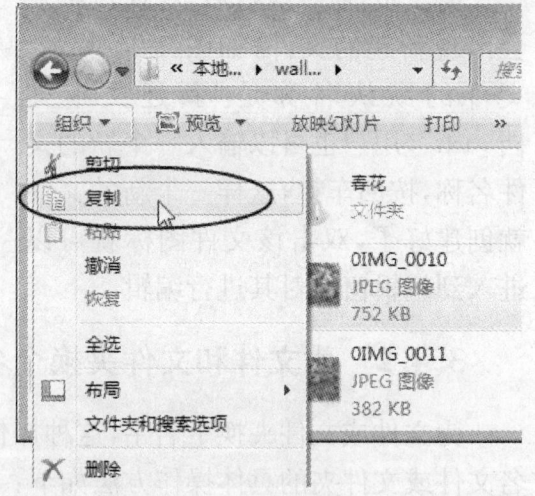

图 3-26 【组织】按钮的下拉菜单

第三步:在【资源管理器】窗口中选择目标位置。在菜单中选择【编辑】→【粘贴】命令。或在目标位置空白处单击鼠标右键,在弹出的快捷菜单中选择【粘贴】命令。或单击工具栏中的【组织】按钮,并在下拉菜单中选择【粘贴】命令。此时复制操作就完成了。

3.4.4 移动文件和文件夹

移动文件或文件夹就是将文件或文件夹放到其他地方,执行移动命令后,原位置的文件或文件夹消失并移动到目标位置。移动文件或文件夹的操作方法如下:

第一步:双击桌面上的【计算机】图标,打开【资源管理器】窗口,找到需要移动的文件或文件夹。

第二步:用鼠标选中要移动的文件或文件夹。单击【Alt】键,打开窗口的菜单栏,在菜单中选择【编辑】→【剪切】命令。或在选中要移动的文件或文件夹上单击鼠标右键,在弹出的快捷菜单中选择【剪切】命令。还可以单击工具栏中的【组织】按钮,并在下拉菜单中选择【剪切】命令。

第三步:在【资源管理器】中选择目标位置。在菜单中选择【编辑】→【粘贴】命令。或在目标位置空白处单击鼠标右键,在弹出的快捷菜单中选择【粘贴】命令。或单击工具栏中的【组织】按钮,并在下拉菜单中选择【粘贴】命令。

小提示:若要一次移动或复制多个相邻的文件或文件夹,可按住【Shift】键选择多个相邻的文件或文件夹;若要一次移动或复制多个不相邻的文件或文件夹,可按住【Ctrl】键选择多个不相邻的文件或文件夹;若非选文件或文件夹较少,可先选择非选文件或文件夹,然后单击【编辑】→【反向选择】命令即可;若要选择所有的文件或文件夹,可单击【编辑】→【全部选定】命令或使用组合键【Ctrl+A】。

选中文件或文件夹后,使用组合键【Ctrl+C】可以实现"复制"操作,使用组合键【Ctrl+X】可以实现"剪切"操作,在目标位置使用组合键【Ctrl+V】可以实现"粘贴"操作。

3.4.5 删除文件和文件夹

当一个文件或文件夹不再需要时,用户可将其删除,这样既可以节约计算机的存储空间,又利于对文件或文件夹进行管理。删除后的文件或文件夹将被放到"回收站"中。"回收站"为用户提供了一个安全的删除文件或文件夹的解决方案,"回收站"中的文件或文件夹可以由用户将其彻底删除或还原到原来的位置。

1. 移入"回收站"

删除文件或文件夹的操作方法如下:

第一步:在【资源管理器】窗口中选定要删除的文件或文件夹。

第二步:选中文件后,直接按【Delete】键,即可执行删除命令。也可以单击【Alt】键,打开窗口的菜单栏,在菜单中选择【文件】→【删除】命令。或在选定的文件或文件夹上单击鼠标右键,在弹出的快捷菜单中选择【删除】命令。或单击工具栏中的【组织】按钮,并在下拉菜单中选择【删除】命令。

第三步：在删除文件或文件夹时，系统会弹出一个确认对话框，提醒用户所做的操作，如图 3-27 所示。如果确认删除，单击【是】按钮，则该文件或文件夹就会被移入到"回收站"。如果不想删除，单击【否】按钮，即可取消这次操作。

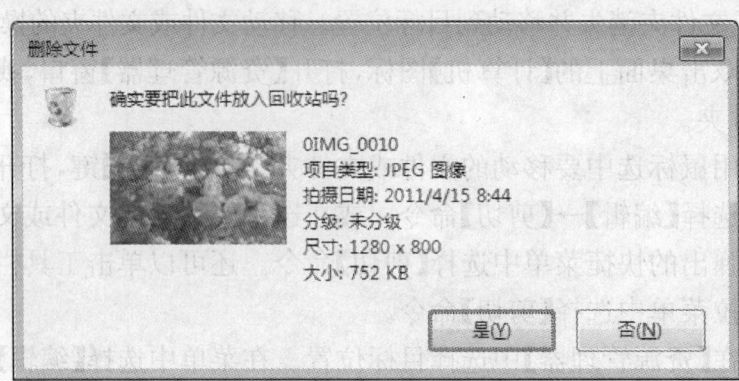

图 3-27　确认文件删除对话框

注意：删除文件夹时，该文件夹中的所有子文件夹和文件都将被删除。从网络位置删除的项目、从可移动媒体上删除的项目或超过"回收站"存储容量的项目将不被放到"回收站"中，而是被彻底删除，不能还原。

2. 彻底删除文件或文件夹

彻底删除文件才能真正释放这些文件所占用的磁盘空间。被彻底删除的文件或文件夹将不能再恢复，所以操作时要慎重。删除"回收站"中的文件或文件夹意味着将该文件或文件夹彻底删除，无法再恢复；当回收站充满后，Windows 将自动清除"回收站"中的空间以存放最近删除的文件和文件夹。

彻底删除文件或文件夹的操作方法如下：

第一步：双击桌面上的【回收站】图标，如图 3-28 所示。打开【回收站】窗口，如图 3-29 所示。

 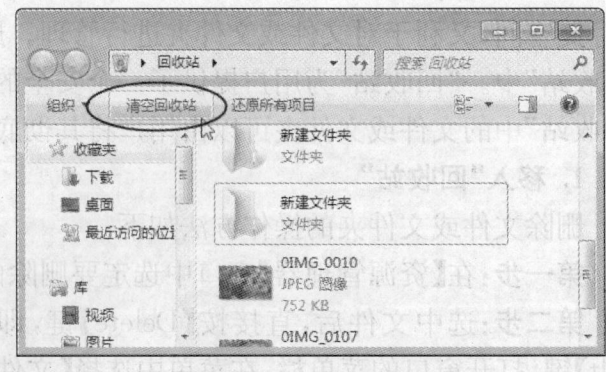

图 3-28　【回收站】图标　　　　图 3-29　【回收站】窗口

第二步：若要删除"回收站"中所有的文件和文件夹，可单击工具栏中的【清空回收站】按钮,如图3-29所示。系统会弹出如图3-30所示的提示框,提醒用户所做的操作。如果确认删除,单击【是】按钮;如果不想删除,单击【否】按钮,即可取消这次操作。

图3-30　清空回收站的确认提示框

若要删除"回收站"中部分文件和文件夹,可先将其选中,然后直接按【Delete】键,即可执行删除命令。也可以单击【Alt】键,打开窗口的菜单栏,在菜单中选择【文件】→【删除】命令。或在选定的文件或文件夹上单击鼠标右键,在弹出的快捷菜单中选择【删除】命令。或单击工具栏中的【组织】按钮,并在下拉菜单中选择【删除】命令。

小技巧:若想直接删除文件或文件夹,而不将其放入"回收站"中,可先选中该文件或文件夹,然后按组合键【Shift ＋ Delete】,系统将弹出永久删除文件(夹)的确认提示框,如图3-31所示。单击【是】按钮即可将其永久删除,而且不能恢复。

图3-31　删除文件确认提示框

3. 恢复删除的文件或文件夹

若恢复已删除的文件夹,则该文件夹将在原来被删除的位置重建,然后在此文件夹中还原文件。若恢复已删除的文件,则该文件将在原来被删除的位置重建。还原"回收站"中文件或文件夹的操作方法如下:

第一步:双击桌面上的【回收站】图标,打开【回收站】窗口。

第二步:若要还原所有的文件和文件夹,不要选中任何文件,单击工具栏中的【还原所有项目】按钮,如图3-32所示。

若要还原某个文件或文件夹,可选中该文件或文件夹,单击工具栏中的【还原此项目】按钮,如图3-33所示。

若要还原多个文件或文件夹,可先按住【Ctrl】键选定这些文件或文件夹,然

图 3-32 还原所有项目

图 3-33 还原单个文件或文件夹

后单击工具栏中的【还原选定项目】命令。或在选定的文件或文件夹上单击鼠标右键,在弹出的快捷菜单中选择【还原】命令。

3.5 使用"库"访问文件和文件夹

在 Windows 7 中,系统引入了"库"功能,这是一个强大的文件管理器。通过使用"库",可以将越来越多的视频、音频、图片、文档等资料进行统一管理、搜索,大大提高了工作效率。

3.5.1 什么是"库"

"库"其实是一个特殊的文件夹,但它并不真正存储文件,而是将分布在硬盘上不同位置的同类型文件进行索引,将索引信息保存到"库"中。"库"里面保存的只是一些文件夹或文件的快捷方式,并没有改变文件的原始路径。例如,用户有一些文档存在自己电脑上的 D 盘中,为了以后工作的方便,可以将 D 盘中的文件都放置到"库"中,在需要使用的时候,只要直接打开"库"即可,而不需要再去定位到 D

3 文件和文件夹管理　49

盘。这样可以在不改动文件存放位置的情况下集中管理,提高用户工作的效率。

在"库"中,用户可以使用与在文件夹中浏览文件相同的方式浏览文件,也可以查看按属性(如日期、类型和作者)排列的文件。"库"可以将用户需要的文件夹集中到一起,就如同网页收藏夹一样,只要单击"库"中的链接,就能快速打开添加到"库"中的文件夹,而不管它们原来深藏在本地电脑或局域网当中的任何位置。另外,它们都会随着原始文件夹的变化而自动更新,并且可以以同名的形式存在于"库"中。

3.5.2　打开"库"

方法一:

第一步:双击桌面上的【计算机】图标,或单击桌面左下角的【开始】→【计算机】,打开【资源管理器】窗口。

第二步:单击左侧导航栏里列表中的【库】,右侧窗格就列出了可用的"库",如图 3-34 所示。Windows 7 系统默认已经设置了视频、图片、文档、音乐等几类常用的"库",用户也可以自己手动新建其他主题的"库"。

方法二:单击桌面左下角的【开始】按钮,在开始菜单的搜索框中输入"库",如图 3-35 所示。回车就可以打开【资源管理器】窗口,并且打开了"库"。

图 3-34　打开"库"

图 3-35　使用【开始】按钮打开"库"

3.5.3　将文件夹加入到"库"中

将系统中的多媒体文件夹加入到 Windows 7 默认的视频、图片、文档等库中,这样用户就可以更加直接访问这些文件夹。以添加音乐库为例,将文件夹加入到"库"的方法如下:

方法一:

第一步:使用上一小节的方法打开"库"。

第二步:选择【音乐】图标,单击鼠标右键,在弹出的快捷菜单中选择【属性】命令，打开【音乐属性】对话框，如图 3-36 所示。

　　第三步：单击【包含文件夹】按钮，打开【选择文件夹】对话框，如图 3-37 所示。找到要入库的音乐文件夹，单击【包括文件夹】按钮。

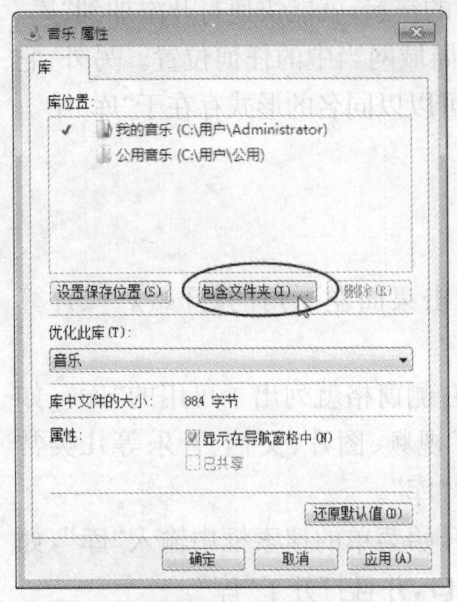

图 3-36 【音乐属性】对话框

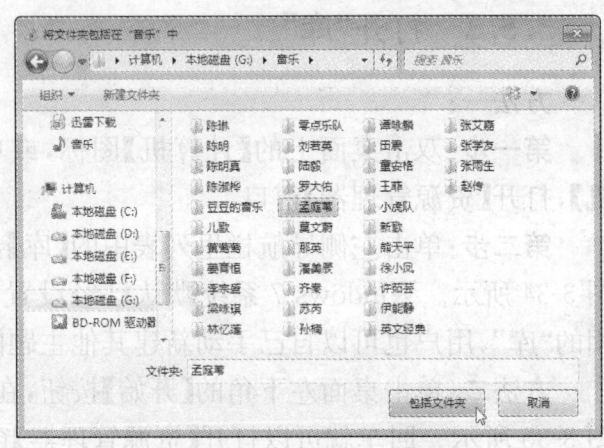

图 3-37 【选择文件夹】对话框

　　第四步：回到【音乐属性】对话框，可以看到新添加的项目，如图 3-38 所示。
　　第五步：单击【确定】按钮，回到【资源管理器】窗口，此时可以看到这个文件夹已经包含进音乐库中了，如图 3-39 所示。虽然该文件已包含到"库"中，而且可以在这里直接双击打开，但是该文件还是存储在原始的位置，不会改变。在将文件

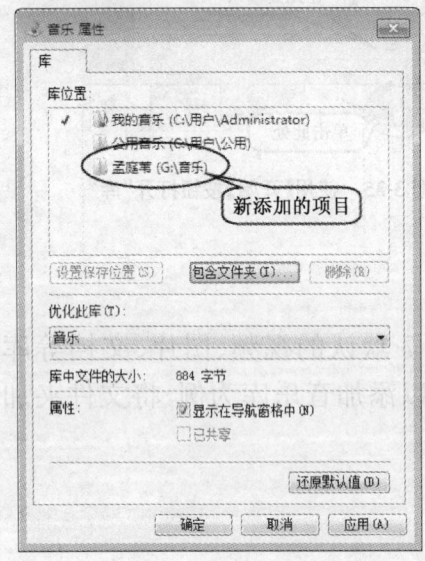

图 3-38 新添加的项目

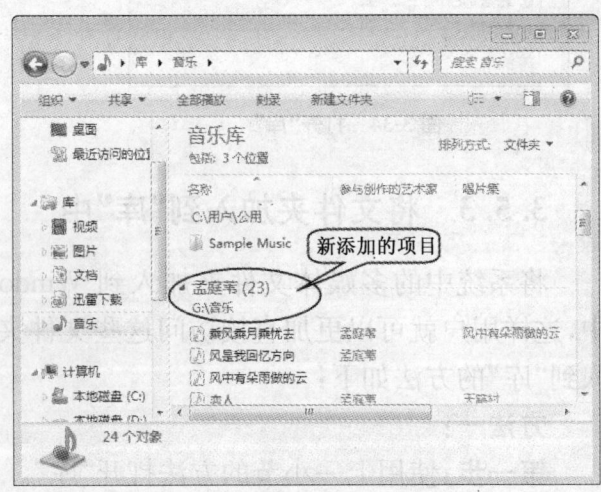

图 3-39 "库"中新添加的项目

夹加入"库"之后,文件虽然会显示在"库"中,但它们仍然存储在其原始位置上。

方法二: 在【资源管理器】窗口中找到想要添加到"库"的文件夹,右击该文件夹,在弹出的快捷菜单中选择【包含到库中】→【音乐】,如图3-40所示。

方法三: 如果要添加的文件夹已经打开,可以单击工具栏中的【包含到库】按钮,再选择要添加到哪个"库"中,如图3-41所示。

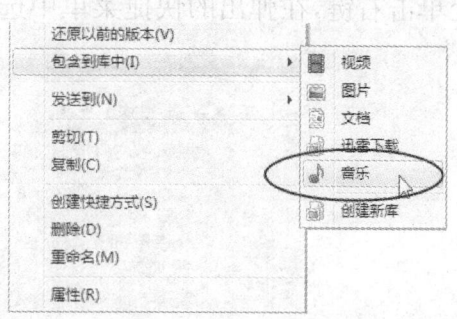

图3-40 右键快捷菜单

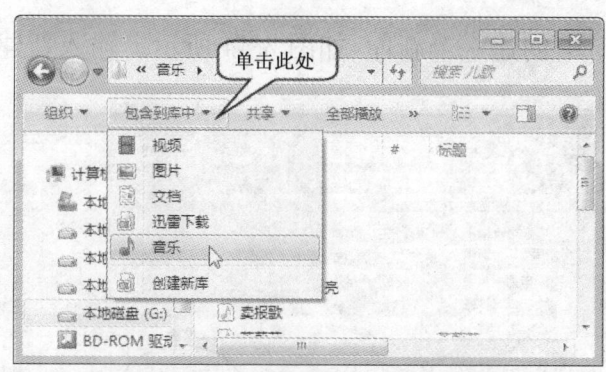

图3-41 【包含到库】按钮的下拉菜单

3.5.4 将文件夹移出"库"

要把文件夹移出"库",可先在左边的树状图中选中文件夹,然后按【Delete】键,即可将该文件夹从"库"中移出。或右击该文件夹,在弹出的快捷菜单中选择【从库中删除位置】,如图3-42所示。需要注意的是,该操作对于实际存储的文件夹没有丝毫影响,不会删除实际存储的文件夹。

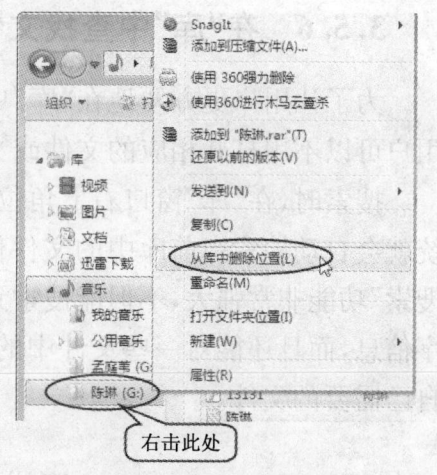

图3-42 右键快捷菜单

3.5.5 创建自己的"库"

Windows 7系统默认的"库"有视频、图片、文档、音乐四个,用户可以根据需要创建自己的"库"。

第一步: 在工具栏中单击【新建库】按钮,如图3-43所示。或在窗口中的空白处单击右键，在弹出的快捷菜单中选择【新建】→【库】。

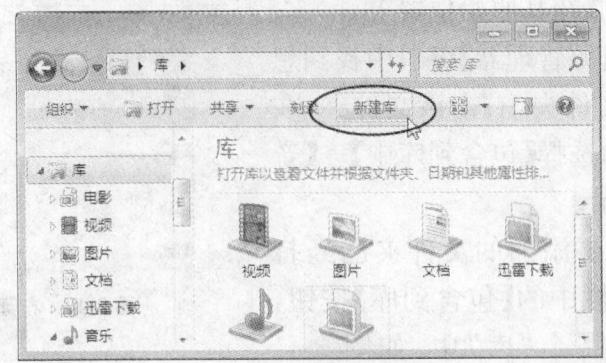

图 3-43 【新建库】按钮

第二步：在窗口中创建一个新库，如图 3-44 所示。输入新建库的名称即可。

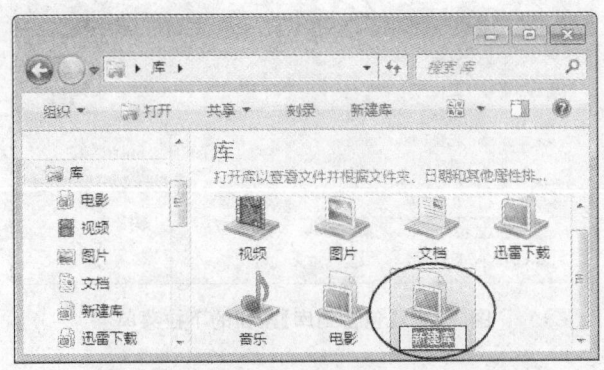

图 3-44 新创建的库

3.5.6 在"库"中查找文件和文件夹

为了让用户更方便地在"库"中查找资料，系统还提供了"库搜索"功能，这样用户可以不用打开相应的文件或文件夹就能找到需要的资料。

搜索时，在"库"窗口右上角位置的搜索框中输入需要搜索文件的关键字，系统就会自动检索当前库中的文件信息，随后在该窗口中列出搜索到的信息。"库搜索"功能非常强大，不但能搜索到文件夹、文件标题、文件信息、压缩包中的关键字信息，而且还能对一些文件中的信息进行检索，这样用户可以非常轻松地找到自己需要的文件。

3.6 保护自己的重要文件

每个人都有一些私密文件不想让其他人看到，有一些文件不允许其他人修改,有一些文件非常重要,丢失后后果很严重,本节将介绍如何处理重要文件。

3.6.1 更改文件或文件夹属性

文件或文件夹包含三种属性:只读、隐藏和存档。若将文件或文件夹设置为"只读"属性,则该文件或文件夹不允许更改。一些重要的系统文件都被设置为"只读"属性,这样其他用户就无法更改了。若将文件或文件夹设置为"隐藏"属性,则该文件或文件夹在常规显示中将不被看到。用户还可通过属性查看文件或文件夹的大小、修改时间等。

更改文件或文件夹属性的操作方法如下:

第一步:在【资源管理器】窗口中选定要更改属性的文件或文件夹。

第二步:单击【Alt】键,打开窗口的菜单栏,在菜单中选择【文件】→【属性】命令。或单击鼠标右键,在弹出的快捷菜单中选择【属性】命令。还可以单击工具栏中的【组织】按钮,并在下拉菜单中选择【属性】命令。

第三步:打开【文件属性】对话框,如图3-45所示。

第四步:在【常规】选项卡中的【属性】选项组中勾选需要的属性复选框,单击【确定】按钮即可。

3.6.2 隐藏与查看秘密文件

有一些文件或文件夹不想让别人看到,用户可以用上一小节的方法将其属性设置为"隐藏"。

将文件或文件夹设置为"隐藏"属性后,该文件或文件夹在常规显示中将不被看到。如何才能查看这些文件或文件夹呢?用户可以使用以下方法显示隐藏的文件或文件夹。

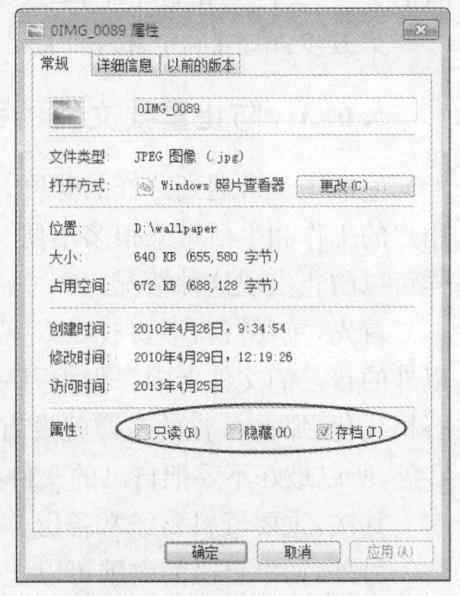

图3-45 【文件属性】对话框

第一步:双击桌面上的【计算机】图标,打开【资源管理器】窗口。

第二步:单击【Alt】键,打开窗口的菜单栏,在菜单中选择【工具】→【文件夹选项】命令,如图3-46所示。

第三步:打开【文件夹选项】对话框,切换到【查看】选项卡,如图3-47所示。该选项卡用来设置文件夹的显示方式,在【高级设置】列表框中显示了有关文件和文件夹的一些高级设置选项。

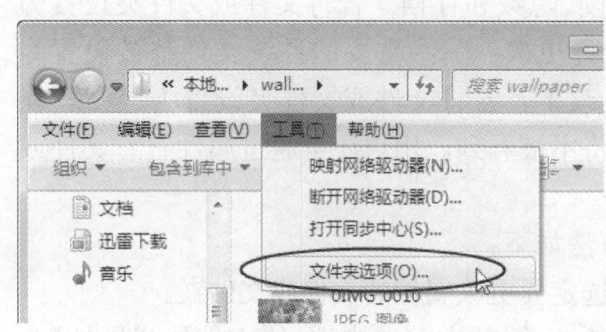 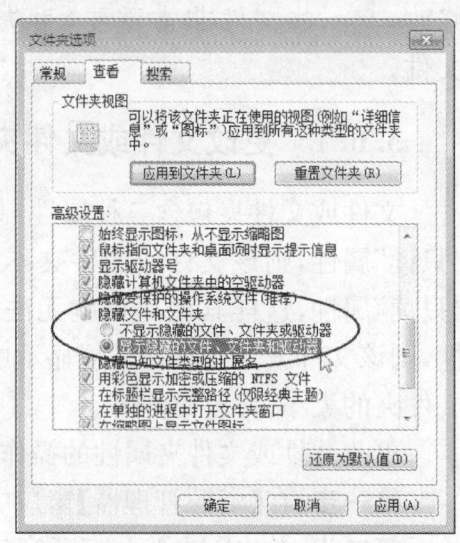

图 3-46 【工具】菜单　　　　图 3-47 【文件夹选项】对话框

第四步：在【高级设置】列表框中找到【隐藏文件和文件夹】选项，单击【显示隐藏的文件、文件夹和驱动器】单选项，使之被选中。

第五步：单击【确定】按钮，关闭对话框，隐藏的文件或文件夹就可以显示出来了。

3.6.3 防止重要文件的丢失

生活中经常遇到这样的悲剧，电脑中的重要文件因各种电脑问题丢失了，给用户的工作和生活带来很多不便。存放计算机文件时要养成良好的管理习惯，这样可以防止出现这种情况。

首先，重要资料不要放在 C 盘，特别是不要放在桌面，应当将其保存在 C 盘以外的自己的文件夹中。因为万一电脑崩溃，必须要重装系统时，就要对 C 盘进行格式化，那么 C 盘的东西就没有了。在有些系统中，"我的文档"的存储路径是 C 盘，所以最好不要把自己的文件存放在"我的文档"中。

其次，重要资料要经常备份。例如，复制一份放到 U 盘。

另外，如果自己的电脑可以上网，那么还可以使用网盘备份文件，防止丢失。现在有很多免费的网盘，容量也很大。大多数网盘都提供上传下载功能，一些新型的网盘，如 360 云盘，除提供基本的文件上传下载服务外，还提供文件实时同步功能。用户只需将文件放到 360 云盘目录，360 云盘程序会自动上传文件至 360 云盘云存储服务中心，同时用户在其他电脑登录云盘时将自动同步下载到新电脑上，实现多台电脑的文件同步。

总之，养成良好的操作和管理文件的习惯，才能最大可能地减少丢失文件带来的损失。

4 轻松输入文字

键盘是电脑最基本的输入设备,主要负责字符的输入和系统控制命令的执行,掌握键盘的正确使用方法是必不可少的。本章先介绍键盘的正确操作方法,再详细讲解用智能 ABC 输入法和搜狗拼音输入法在 Windows 7 中输入汉字的方法。

4.1 正确使用键盘

键盘是最常用也是最主要的输入设备,通过键盘可以将英文字母、数字、标点符号等输入到计算机中,从而向计算机发出命令、输入数据等。最常用的计算机键盘有 104 个键,另外还有 101 键、107 键的键盘。使用键盘必须掌握正确的方法,这样才能提高输入文字的效率。这就要求用户必须了解键盘的结构,掌握击键的方法,并根据正确的方法掌握指法分区。

4.1.1 认识键盘的结构

键盘上的按键很多,但排列较规则。了解键盘的分区有助于用户快速使用键盘。按功能划分,键盘总体上可分为功能键区、电源控制键区、主键盘区、编辑控制键区、小键盘区五个键位区和一个状态指示灯区,每个区都有不同的功能和特点。键盘的分区如图 4-1 所示。

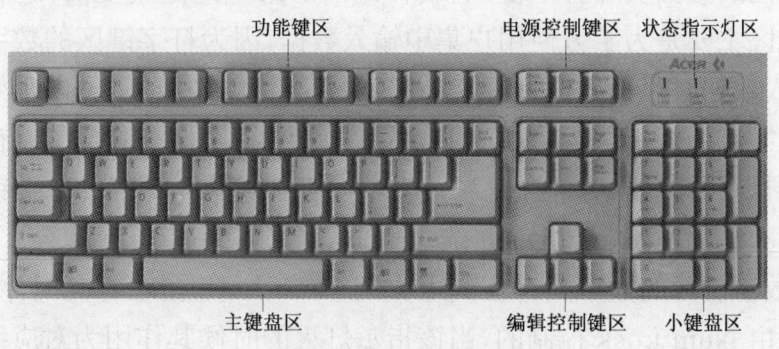

图 4-1 键盘的分区

1. 主键盘区

主键盘区也叫打字键区,是输入英文、符号和汉字的主要场所。根据主键盘

区各个按键功能的不同,又可以将它们分为字母键、数字键、符号键和控制键几类。其中:

①Alt 是切换键,与其他键一起,切换功能,很少单独使用。

②Ctrl 是控制键,与其他键一起,很少单独使用。

③Shift 是换挡键,输入键面有两种字符的上面那个。

④Tab 是制表键,向下向右移动一个制表位(默认为 8 个字符,就是 8 个空格),或者跳跃到下一个同类对象。

⑤Caps Lock 是大写锁定键。

⑥Backspace 是向前删除键。

⑦Enter 是回车键。

2. 功能键区

功能键区一般有 F1~F12 共 12 个功能键,有的键盘可能有 14 个,它们最大的一个特点是单击即可完成一定的功能,如 F1 往往被设成所运行程序的帮助键。现在有些电脑厂商为了进一步方便用户,还设置了一些特定的功能键,如单键上网、收发电子邮件、播放 VCD 等。

3. 编辑控制键区

编辑控制键区的键是起编辑控制作用的,其中 Ins 键是在文字输入时控制插入和改写状态的改变,Home 键是在编辑状态下使光标移到行首,End 键是在编辑状态下使光标移到行尾,PageUp 键是在编辑或浏览状态下向上翻一页,Page-Down 键是在编辑或浏览状态下向下翻一页,Del 键用于在编辑状态下删除光标后的第一字符。

4. 数字键区

数字键区的键其实和打字键区、编辑键区的某些键是重复的,还要设置这么一个数字键区主要是为了方便用户集中输入数据,因为打字键区的数字键一字排开,大量输入数据时很不方便,而数字键区的数字键集中放置,可以很好地解决这个问题。数字键的基指法为将右手的食指、中指、无名指分别放在标有 4、5、6 的数字键上。打字的时候,0、1、4、7、Num Lock 键由食指负责;/、8、5、2 键由中指负责;*、9、6、3、Del 键由无名指负责;-、+、Enter 键由小指负责。

提示: 数字键区的数字只有在其上方的 Num Lock 指示灯亮时才能输入,这个指示灯是由 Num Lock 控制的,当该指示灯灭的时候其作用为对应编辑键区的按键功能。

为了使用户对键盘的键功能有一个整体的了解,下面将键盘键的功能与分类详细列出来,见表 4-1。

表 4-1 键盘键的功能与分类

类型	键名	符号及功能
字符键	字母键	26 个英文字母(A-Z)。
	数字键	10 个数字(0-9),每个数字键和一个特殊字符共用一个键。
	回车键	键上标有"Enter"或"Return"。 按下此键,标志着命令或语句输入结束。
	退格键	标有"←"或"BackSpace",使光标向左退回一个字符的位置。
	空格键	位于键盘下方的一个长键,用于输入空格。
	制表键	标有"Tab"。每按一次,光标向右移动一个制表位(制表位长度由软件定义)。
数字/编辑键	光标键	小键盘区的光标键具有两种功能,既能输入数字,又能移动光标,通过【NumLock】键来切换。
	箭头键	光标上移或下移一行,左移或右移一个字符的位置。
	Home 键	将光标移到屏幕的左上角或本行首字符。
	End 键	将光标移到本行最后一个字符的右侧。
	PgUp 和 PgDn 键	上移一屏和下移一屏。
	插入键 Ins	插入编辑方式的开关键,按一下处于插入状态,再按一下解除插入状态。
	删除键 Del	删除光标所在处的字符,右侧字符自动向左移动。
控制键	Ctrl	此键必须和其他键配合使用才起作用。例如:【Ctrl+Break】中断或取消当前命令的执行,【Ctrl+C】中断当前命令的执行。
	Alt	此键一般用于程序菜单控制、汉字输入方式转换等。例如,在 DOS 环境下,【Alt+F1】为区位码输入法,【Alt+F6】为西文输入法。
	换挡键	标有"Shift"。此键一般用于输入上挡键字符或字母大小写转换。
	Esc 键	用于退出当前状态或进入另一状态或返回系统。
	Caps Lock 键	大写或小写字母的切换键。
	Print Screen 键	将当前屏幕信息直接输出到打印机上打印,即所谓的屏幕硬拷贝。
	Pause 键	用于暂停命令的执行,按任意键继续执行命令。
	Scroll Lock 键	滚动锁定键,按一次该键后,光标上移键和光标下移键会将屏幕上的内容上移一行或下移一行。
功能键	包括 F1-F12 键	其功能随操作系统或应用程序的不同而不同,如在 Windows 系统中,按【F1】键表示进入系统帮助窗口。

4.1.2 击键方法

主键盘区是用户平时最为常用的键区,通过它可实现各种文字和控制信息的录入。

1. 基本键

在主键盘区的正中央第三排键中有八个基本键(也叫基准键),即左边的"A、S、D、F"键,右边的"J、K、L、;"键。其中,F、J 两个键上都有一个凸起的小横杠,以便于盲打时手指能通过触觉定位。基本键是十个手指常驻的位置,其他键都是根据基本键的键位来定位的。在打字过程中,每个手指只能打指法图上规定的键,不要击打规定以外的键。不正规的手指分工对后期速度提升是一个很大的障碍。

空格键由两个大拇指负责,左手打完字符键后需要击空格时用右手拇指打空格,右手打完字符键后需要击空格时用左手拇指打空格。【Shift】键是用来进行大小写及其他多字符键转换的,左手的字符键用右手按【Shift】键,右手的字符键用左手按【Shift】键。

2. 基本键指法

开始打字前,左手小指、无名指、中指和食指应分别虚放在"A、S、D、F"键上,右手的食指、中指、无名指和小指应分别虚放在"J、K、L、;"键上,两个大拇指则虚放在空格键上。基本键是打字时手指所处的基准位置,击打其他任何键,手指都是从这里出发,而且打完后又应立即退回到对应的基本键位。

3. 其他键的手指分工

掌握了基本键及其指法后,接下来就可以进一步掌握打字键区的其他键位了。左手食指负责的键位有4、5、R、T、F、G、V、B共八个键,中指负责3、E、D、C共四个键,无名指负责2、W、S、X键,小指负责1、Q、A、Z及其左边的所有键位。右手食指负责6、7、Y、U、H、J、N、M八个键,中指负责8、I、K、,四个键,无名指负责9、O、L、。四个键,小指负责0、P、;、/及其右边的所有键位。这么一划分,整个键盘的手指分工就一清二楚了,击打任何键只需把手指从基本键位移到相应的键上,正确输入后再返回基本键位即可。打字的基本指法图如图4-2所示。

图4-2 打字的基本指法图

4.1.3 打字的姿势和注意事项

初学键盘输入时,必须注意击键的姿势。如果初学时姿势不当,就不能做到准确而快速地输入,并且也容易疲劳。所以初开始练习击键时,就必须养成正确击键姿势的良好习惯。

1. 打字姿势

①坐姿：身体坐直，手腕要平直，打字的全部动作都在五个手指上，上身其他部位不得接触工作台或键盘。

②座椅：要选择高度便于手指操作的座椅。

③手型：手指要保持弯曲，手要形成勺状，两食指总保持在左手F处、右手J处的位置，大多数键盘的F和J键上都有凸起记号。

④击键：不要用手触摸按键，击键时以手指尖垂直向键位使用冲击力，力量要在瞬间爆发出来并立即反弹回去。

⑤节奏：敲击键盘要有节奏，击上排键时手指伸击，击下排键时手指缩回，击完后手指立即回至原始标准位置。

⑥力度：击键的力度要适中，过轻则无法保证速度，过重则容易疲劳。

⑦分工：各个手指分工明确，恪守岗位，决不能越到别的区域去敲键。

2. 击键要领

①轻：向下击键，感觉"咔嚓"一下便迅速弹起。用力过度手指容易疲劳，也容易损坏键盘。

②快：击键时要瞬间发力，立即反弹，像手指被针刺一样。

③准：想好键的位置，果断出击，不要先去摸，摸到再打。击键时，要击在按键的中部。

3. 注意事项

刚开始学习打字时，要注意以下事项：

①既要了解键位的分工情况，还要注意打字的姿势。打字时，电脑屏幕中心位置安装在与操作者胸部同一水平线上，全身要自然放松，胸部挺起略为前倾，双臂自然靠近身体两侧，两手位于键盘的上方且与键盘横向垂直，手腕抬起，十指略向内弯曲，自然地虚放在对应的键位上面。小臂与手腕略向上倾斜，手腕不要拱起，从手腕到指尖形成一个弧形，手指指端的第一关节要同键盘垂直。手腕与键盘下边框保持一定的距离（1cm左右），眼睛与屏幕的距离应在50～60cm，显示器屏幕位置应在视线以下10°～20°。

②另外，打字时不要看键盘，特别是不能边看键盘边打字，要想学会使用盲打，这一点非常重要。初学者因记不住键位，往往忍不住要看着键盘打字，一定要避免这种情况，实在记不起时，可先看一下，然后移开眼睛，再按指法要求键入，只有这样才能逐渐做到凭手感而不是凭记忆去体会每一个键的准确位置。

③还要严格按规范运指，既然各个手指已分工明确，就得各司其职，不要越权代劳，一旦敲错了键或是用错了手指，一定要用右手小指击打退格键，然后重新输入正确的字符。

提示：牢记下面的打字练习歌，会对初学者练习打字有很大帮助。

姿势端正且自然，双手轻放在键盘。
拇指轻触空格键，其余轻放基本键。
手指个个有任务，分工击键要记住。
轻准快，有节奏，按照指法来击键。
记键位，凭感觉，不看键盘看稿件。
树信心，加恒心，熟练来自勤苦练。

4.2 输入汉字前的准备

在了解了键盘的结构和基本的打字要领后，便可以学习输入汉字了。在输入汉字之前，首先要找到输入汉字的场所，然后选择适合自己的汉字输入法。

4.2.1 输入文字的场所

我们平时写字需要纸张，在电脑"写字"也需要特殊的"纸张"。Windows 7 系统中的写字板和记事本等程序都可以用作输入文字的场所。

单击 Windows 7 桌面左下角的【开始】按钮，选择【所有程序】→【附件】→【记事本】菜单项，打开【记事本】窗口，如图 4-3 所示。或单击 Windows 7 桌面左下角的【开始】按钮，选择【所有程序】→【附件】→【写字板】菜单项，打开【写字板】窗口，如图 4-4 所示。当文本编辑区出现闪烁的光标时，就可以在该处输入文字了。

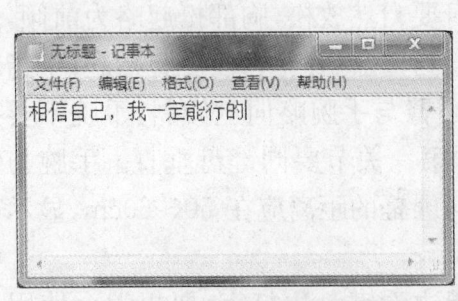

图 4-3 【记事本】窗口

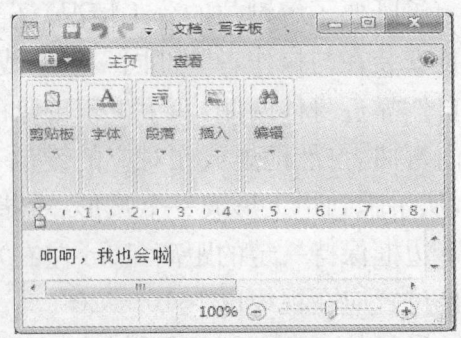

图 4-4 【写字板】窗口

4.2.2 选择汉字输入法

汉字输入法有多种，在安装了 Windows 7 操作系统后，系统会自动安装全拼输入法、双拼输入法、智能 ABC 输入法、郑码输入法和微软拼音输入法等多种中文输入方法。用户应根据自己的情况选择最合适自己的输入法。对初学者而言，拼音输入法需记忆的规则少,容易上手,可选择其中一种进行学习。

由于有多种中文输入法,所以用户在进行汉字输入之前,需要选择一种适合自己使用的中文输入法。选择输入法非常简单,只需要单击语言栏上的输入法图标 ,再在弹出的输入法菜单中选择所需的输入法即可。选择不同的输入法后, 会显示为不同的图标,如选择智能 ABC 输入法后,语言栏左侧显示为图标。下面以智能 ABC 输入法为例介绍选择输入法的操作方法:

第一步:依次单击【开始】→【所有程序】→【附件】→【记事本】菜单项,打开【记事本】窗口。单击语言栏中的输入法图标,在弹出的输入法菜单中选择【智能 ABC 输入法 v5.30】菜单项,如图 4-5 所示。

第二步:在【记事本】窗口中,当前的输入法状态条显示为智能 ABC 输入法,这时就可以用智能 ABC 输入法在记事本中输入汉字了,如图 4-6 所示。

图 4-5 选择【智能 ABC 输入法 v5.30】菜单项

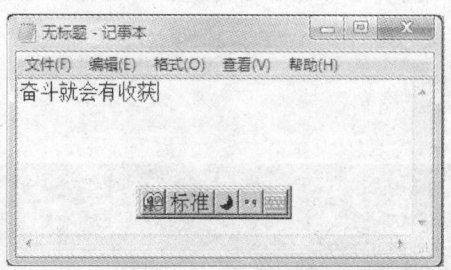

图 4-6 记事本中选择的输入法

提示:也可以用组合键【Shift+Ctrl】来完成输入法的选择和切换,每按一次组合键【Shift+Ctrl】即可切换一次输入法菜单中的输入法。

4.2.3 切换中英文输入法

选择中文输入法可以输入汉字,这时如果要输入英文符号,则需要切换到英文输入状态。单击输入法状态条中的【中英文切换】按钮,即可在中文输入法和英文输入法之间进行切换。

还是以智能 ABC 输入法为例。当前输入法为智能 ABC 输入法时,单击输入法状态条中的【中英文切换】按钮,按钮图标将显示为,此时当前的输入状态已切换为英文,用键盘输入的就是英文,再次单击按钮即可重新切换为中文输入状态,如图 4-7 所示。

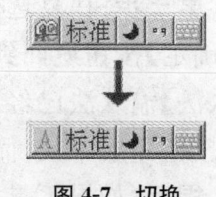

图 4-7 切换

提示:按组合键【Shift +空格键】可快速切换中英文输入法。

4.3 添加和删除输入法

在使用电脑时,用户经常需要向电脑输入汉字,所以中文输入法就成了必不可少的输入工具。中文输入法通常又称作汉字输入法,是通过键盘将汉字输入到电脑等电子设备中的方法。在 Windows 7 的操作系统中自带了很多中文输入法,其中包括全拼输入法、智能 ABC 输入法、微软拼音输入法等多种中文输入法。

4.3.1 添加输入法

用户可以根据自己的需要和输入汉字的习惯在中文输入法列表中选择添加或删除各种中文输入法。下面介绍在输入法菜单中添加中文输入法的操作方法。

第一步:右击语言栏中的输入法图标,在弹出的输入法菜单中选择【设置】菜单项,如图 4-8 所示。弹出【文本服务和输入语言】对话框,如图 4-9 所示。

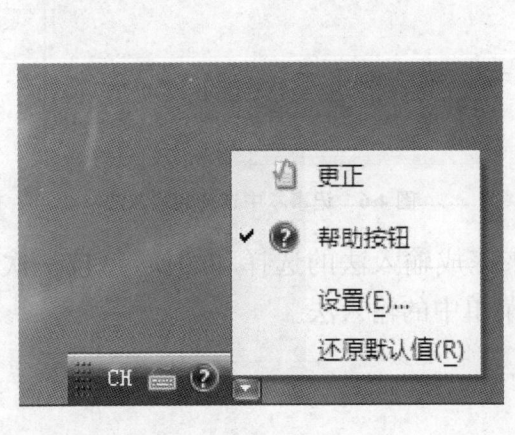

图 4-8 选择【设置】菜单项

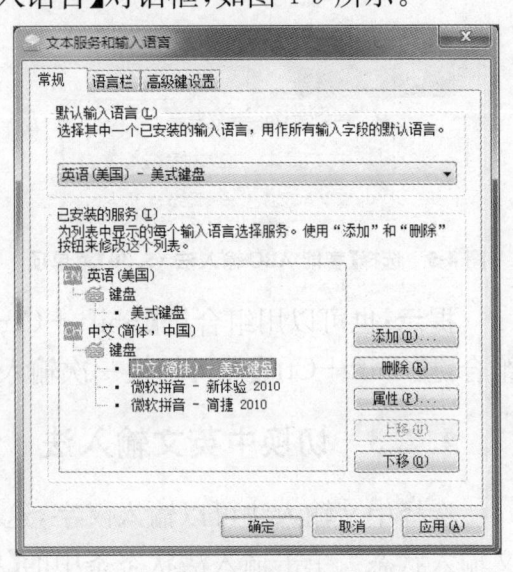

图 4-9 【文本服务和输入语言】对话框

第二步:单击【添加】按钮,弹出【添加输入语言】对话框,如图 4-10 所示。

第三步:在复选框下拉列表框中选择【中文(简体)-搜狗拼音输入法】选项,单击【确定】按钮返回到【文本服务和输入语言】对话框,此时【中文(简体)-搜狗拼音输入法】输入法已经添加到【已安装的服务】列表框中,如图 4-11 所示。单击【确定】按钮完成中文(简体)-搜狗拼音输入法的添加。

提示:如果不是 Windows 7 的操作系统自带的中文输入法,如紫光拼音输入法、搜狗拼音输入法、五笔字型输入法等,则需要先下载或找到相应的中文输入法软件并安装后,才能出现在【已安装的服务】列表框中。

4 轻松输入文字 63

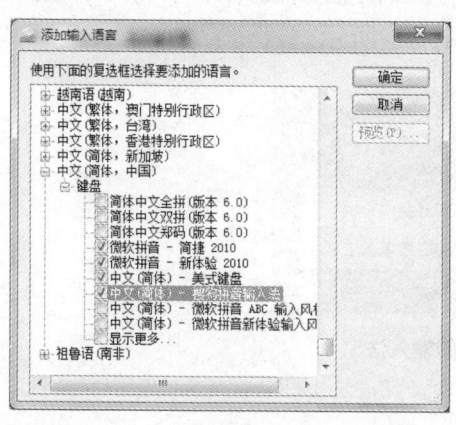

图 4-10 【添加输入语言】对话框

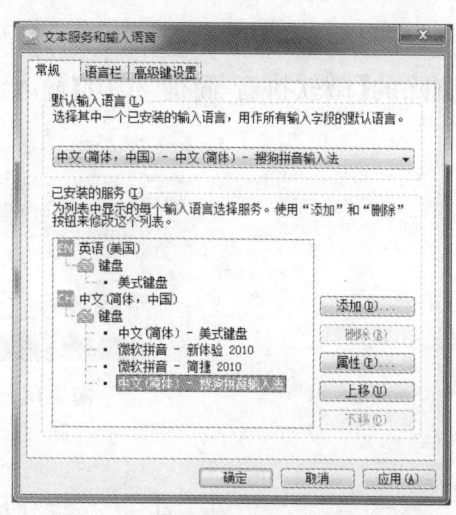

图 4-11 【文本服务和输入语言】对话框

第四步：单击语言栏中的输入法图标，在弹出的输入法菜单中即可看到已经添加的【中文（简体）-搜狗拼音输入法】输入法，如图 4-12 所示。

4.3.2 删除输入法

对一些不常用的输入法，用户也可以在中文输入法列表中选择删除。下面以删

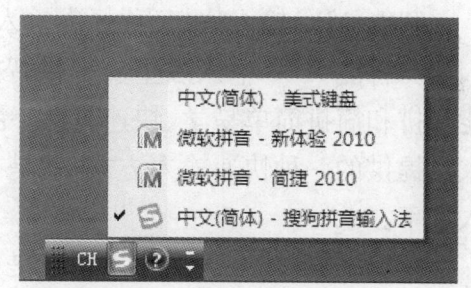

图 4-12 查看添加的输入法

除"微软拼音-简捷 2010"为例介绍在输入法菜单中删除中文输入法的操作方法。

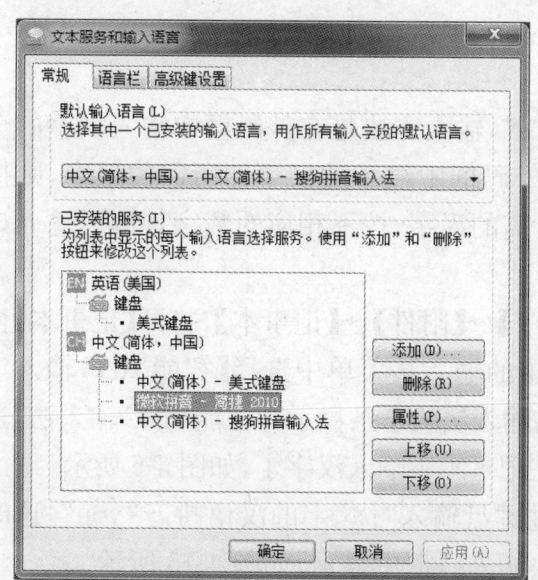

图 4-13 【文本服务和输入语言】对话框

第一步：右击语言栏中的输入法图标，在弹出的输入法菜单中选择【设置】菜单项，如图 4-8 所示。弹出【文本服务和输入语言】对话框，如图 4-13 所示。

第二步：在【已安装的服务】列表框中选择准备删除的【微软拼音-简捷 2010】输入法选项，单击【删除】按钮，如图 4-13 所示。

第三步：执行完删除命令后，在【已安装的服务】列表框中不再显示【微软拼音-简捷 2010】输入法，单击【确定】按钮完成输入法的删除。

第四步：单击语言栏中的输入法图标，在弹出的输入法菜单中将不再显示已经删除的【微软拼音-简捷 2010】输入法，如图 4-14 所示。

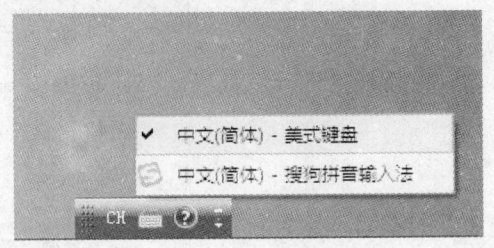

图 4-14　查看删除的输入法

4.4　智能 ABC 输入法

　　智能 ABC 输入法（又称标准输入法）是中文 Windows 7 中自带的一种汉字输入法。智能 ABC 输入法主要提供智能全拼、简拼和双打输入三种输入方式。智能全拼和简拼简单易学、快速灵活，受到初学者的青睐；双打输入法是为专业录入人员提供的一种快速输入方式，就是初学者经过简单的练习也能以较快的速度录入汉字。

　　智能 ABC 输入法的突出特点是只要用户会汉语拼音就能输入汉字。如果用户拼音不错，键盘也熟练，就可以采用标准变换方式，即在输入过程中以全拼为主，以简拼和混拼等其他方式为辅。下面介绍使用智能 ABC 输入法在记事本中输入汉字。

4.4.1　输入单个汉字

　　输入单个汉字可以使用全拼输入方式，输入方法是在外码框中输入汉字的全部拼音字母，然后按下空格键。如果在外码框中显示的汉字即所需的汉字，则按下空格键即可输入该汉字。如果不是所需的汉字，按下相应的数字键即可输入该数字对应的汉字。具体操作方法如下：

　　第一步：依次单击【开始】→【所有程序】→【附件】→【记事本】，打开【记事本】窗口。单击语言栏中的输入法图标，在弹出的输入法菜单中选择【智能 ABC 输入法 v5.30】菜单项，使【记事本】窗口中当前的输入法状态条显示为智能 ABC 输入法，这时就可以通过键盘用智能 ABC 输入法在记事本中输入汉字了，如图 4-6 所示。

　　第二步：以输入汉字"优"为例，通过键盘输入"优"字的汉语拼音"you"，这时汉语拼音"you"就会在智能 ABC 输入法的外码框中显示，如图 4-15 所示。

　　第三步：按下空格键，候选框中会出现多个重音汉字，选择需要的汉字即可。

汉字"优"前对应的数字是 8,按下数字键【8】即可在记事本中输入汉字"优",如图 4-16 和图 4-17 所示。

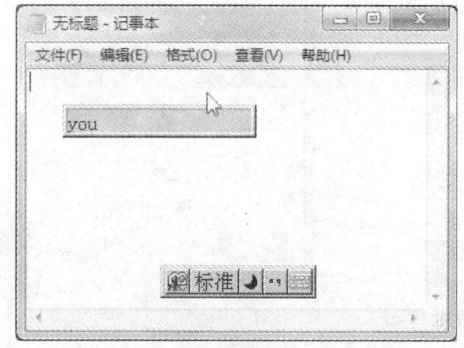

图 4-15　通过键盘输入的汉语拼音

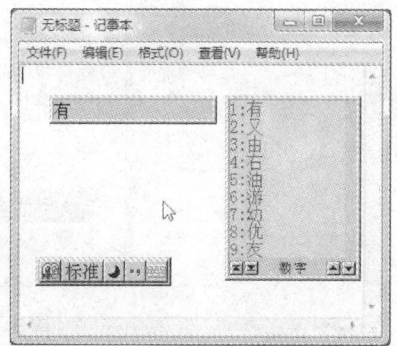

图 4-16　显示汉字

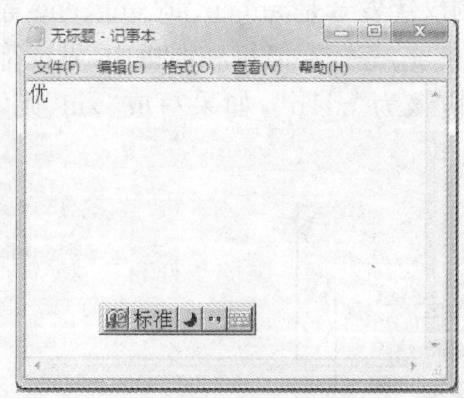

图 4-17　选择汉字

4.4.2　输入词组

输入汉字词组可以使用全拼输入方式,也可以采用简拼或简拼与混拼相结合的输入方式。简拼的规则为取各个音节的第一个字母输入。对于包含 zh、ch、sh (知、吃、诗)的音节,也可以取前两个字母组成。混拼输入是两个音节以上的拼音码,有的音节全拼,有的音节简拼。

例如:词汇"战争",全拼码为"zhanzheng",简拼码为"zhzh"或"zhz"、"zzh"、"zz",混拼码为"zhanzh"或"zzheng"等。下面以输入"城镇"为例介绍词组的输入操作方法。

第一步:打开【记事本】窗口,选择【智能 ABC 输入法】,在外码框中输入拼音字母"cz",如图 4-18 所示。

第二步:按下空格键后出现词组候选框,如果候选框中没有要输入的词组,则可以按下【+】键或者【>】键进行翻页查找。在这里按【>】键翻页查找,候选框中

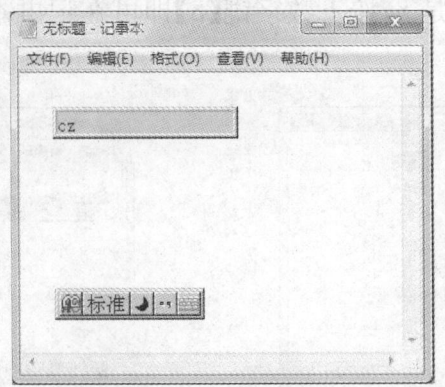

图 4-18　输入汉语拼音 cz

第三个词为"城镇",按下数字 3 即可输入该词组,如图 4-19 和图 4-20 所示。

提示:如果词组中的汉字发音是 an、en、ao、ang、eng 等,在输入时应该使用隔音符号"'",如棉袄(mian'ao)等。在简拼和混拼中,隔音符号的作用进一步增强。例如,"西宁"的混拼码应该为"xi'n",如果写成"xin"则不正确,它是"新"的拼音码。

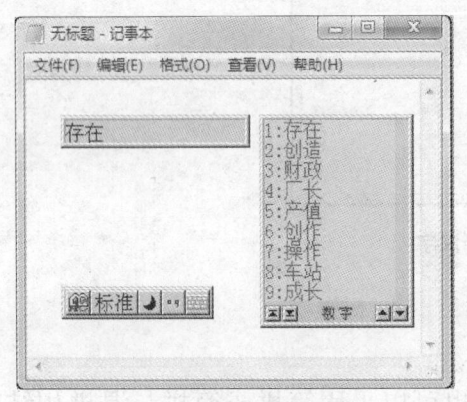

图 4-19　进行翻页查找

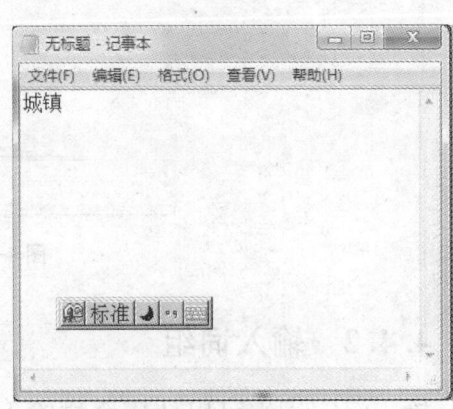

图 4-20　输入词组"城镇"

4.5　搜狗拼音输入法

搜狗拼音输入法(简称搜狗输入法、搜狗拼音)是搜狐公司推出的一款免费汉字拼音输入法软件,是目前国内主流的拼音输入法之一,号称是当前网上最流行、用户好评率最高、功能最强大的拼音输入法。搜狗输入法与传统输入法不同的是,它采用了搜索引擎技术,是第二代的输入法。由于搜狗输入法采用了搜索引擎技术,使得输入速度有了质的飞跃,因此在词库的广度、词语的准确度上都远远领先于其他输入法。搜狗拼音输入法的特性:

①超强互联网词库，无所不包：搜狗拼音输入法利用搜索引擎技术，根据搜索词生成的输入法互联网词库能够覆盖所有类别的流行词汇。无论是最新的歌手、电视剧、电影名、游戏名，还是球星、软件名、动漫、歌曲、电视节目等全部应有尽有。

②先进的智能组词算法，首选词准确率第一：搜狗拼音输入法是最新的智能组词算法，其应用了领先的搜索引擎技术，分析搜索引擎语料库的语言模型，使搜狗输入法的首选词准确率在所有输入法中居第一。

③人名智能组词：十几亿中国人名，一次拼写成功。

④上下文智能调频：增强上下文智能判断，大幅提高连续输入首选准确率。

⑤皮肤系列：由搜狗为用户每天更新同一主题系列的皮肤。

⑥搜索功能：支持使用输入法进行关键字的快速搜索。

⑦表情&符号：更多、更炫的表情和字符画，能让用户在聊天中更彰显个性。

4.5.1 下载和安装

由于搜狗拼音输入法不是中文 Windows 7 中自带的一种汉字输入方法。如果用户的电脑上还没有安装搜狗拼音输入法，只需要在网上免费下载相应版本的软件安装后就能使用。下面以搜狗拼音输入法 7.6 版为例来介绍其安装使用方法。

第一步：在搜狗拼音输入法官方网站 http://pinyin.sogou.com/或华军软件园 http://www.onlinedown.net/免费下载相应的搜狗拼音输入法版本软件到用户电脑，搜狗拼音输入法 7.6 版为可执行安装文件 sogou_pinyin_76f.exe。

第二步：双击安装文件 sogou_pinyin_76f.exe 进行搜狗拼音输入法的安装。安装的启动界面如图 4-21 所示。

图 4-21 搜狗拼音输入法 7.6 版安装启动界面

第三步：单击【浏览】按钮，进入设置安装路径界面，用户在此可以选择要安装的路径，如图 4-22 所示。

第四步：单击【立即安装】按钮，等待程序安装完成，安装完后出现如 4-23 界面。

第五步：勾上运行设置向导复选框，点击【完成】按钮，进入个性化设置界面，如图 4-24 所示。

第六步：依次单击【下一步】按钮，完成相应的个性化化设置，完成设置如 4-25 所示。

第七步：点击【完成】按钮，完成并退出个性化设置。此时就可在【文本服务和输入语言】对话框中看到搜狗拼音输入法已经添加到【已安装的服务】列表框中，如图 4-9 所示。通过【添加】按钮可以将搜狗拼音输入法添加中文输入法列表中，如图 4-12 所示。这时就可以通过搜狗拼音输入法输入汉字了。

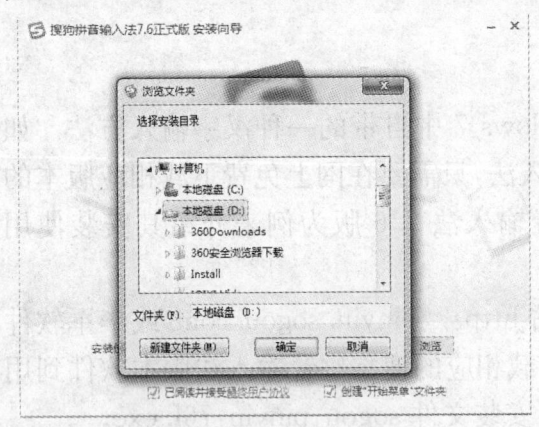

图 4-22　安装设置选项界面

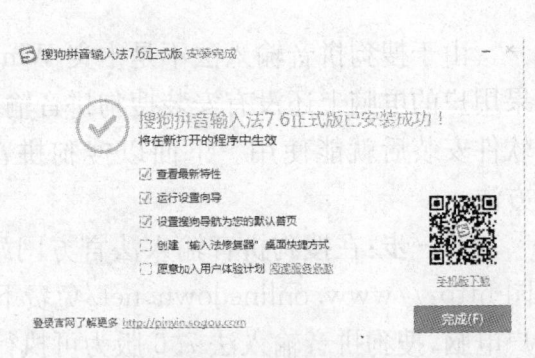

图 4-23　安装完成界面

图 4-24　个性化设置向导界面

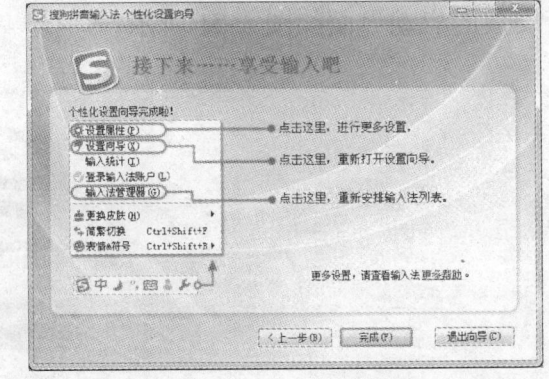

图 4-25　个性化设置完成界面

4.5.2　输入单个汉字

打开【记事本】窗口，选择【搜狗拼音输入法】，在外码框中输入汉字的拼音字母即可输入单个汉字。例如,在外码框中输入拼音"gao",按下空格键即可输入汉字"高",如图 4-26 和图 4-27 所示。

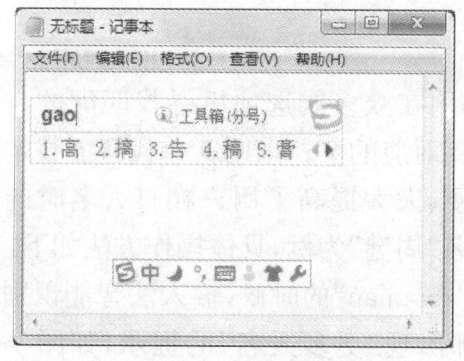

图 4-26　输入拼音

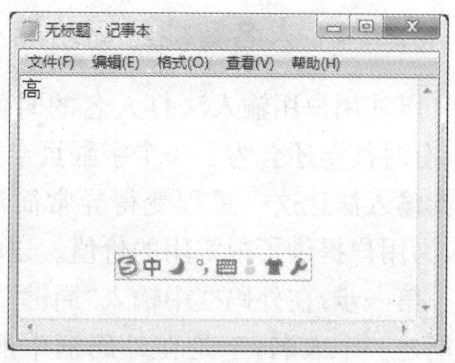

图 4-27　输入汉字

4.5.3　输入词组

搜狗拼音输入法不但支持全拼输入方式,而且还支持采用简拼或简拼与混拼相结合的输入方式。搜狗拼音输入法利用搜索引擎技术,根据搜索词生成的词库覆盖类别和范围广;采用分析搜索引擎语料库的语言模型进行上下文智能调频,大幅提高连续输入首选词准确率。通过使用简拼与混拼相结合的输入方式可以很快找到要输入的词组。下面以输入"北京科技大学"为例来介绍其输入方法。

"北京科技大学"可以认为是由"北京"、"科技"、"大学"三个词组组成,但是将其看作为一个词组更合适。

方法一: 使用全拼输入方式在外码框中输入"北京科技大学"的拼音"beijingkejidaxue",按下空格键即可,如图 4-28 所示。

方法二: 使用简拼输入方式在外码框中输入"北京科技大学"的每个汉字的声母,如在外码框中输入"bjkjdx",按下空格键,如图 4-29 所示。

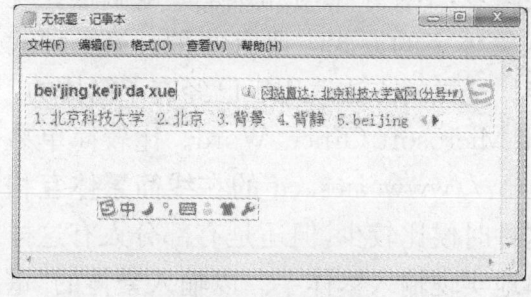

图 4-28　全拼输入方式

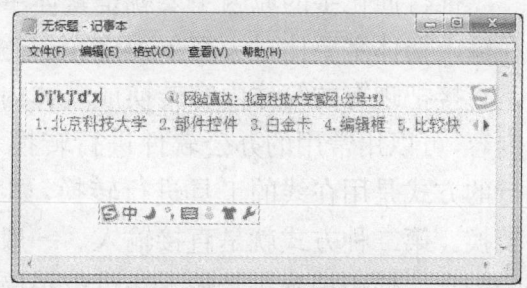

图 4-29　简拼输入方式

提示: 使用全拼输入方式输入"北京科技大学"需要击键 17 次,使用简拼输入方式只需要击键 7 次,可以看出正确使用简拼或简拼与混拼相结合的输入方式可以大大提高输入效率。用户通过进一步实践可以切身感受到搜狗拼音输入法诸多智能输入的技术实现。

4.5.4 人名智能组词功能

以往用户用输入法打人名的时候,都必须在众多候选项里寻找匹配的人名字,有时甚至还会为了一个字翻页半天才找到对应的字。采用新一代智能技术的搜狗输入法让这一过程变得异常简洁和方便,大大提高了用户在打人名时的效率,为用户提供了很实用的价值。以输入人名"周健"为例,具体操作方法如下:

第一步:在外码框中输入"周健"的拼音"zhoujian"的时候,输入法智能识别这可能是一个人名,于是在外码框中的右上部出现"更多人名"的提示,如图4-30所示。

第二步:按【分号+R】进入人名模式,出现了"zhoujian"的可用在人名中的多种组词,以供用户选择,如图4-31所示。

图4-30 出现人名提示　　　　　图4-31 可用的人名组词

人名智能组词是搜狗输入法首创的人名智能识别和输入的方法,通过分析百家姓等姓名学书籍和中国人取名的习惯,结合智能化算法判断用户输入的拼音串是否符合中国人名习惯,自动组合成可能的人名并迅速呈现给用户。这一切都是系统通过自身的智能化的分析手段判断用户想要的东西,再以最简明和快速的方式呈现给用户。

4.5.5 输入繁体字

推行简化字的原因主要就是繁体字笔画多,不便于书写和认记。电脑也让现在输入繁体字要比过去简单得多了。输入繁体字的方式主要有两种。第一种就是直接把现有的简体内容转换成繁体内容。这样的方法适用于已经有了简体的内容,可以用常用的办公软件进行转换,如Microsoft Office、Word。比较简单易行的方式是用在线的工具进行转换,如 http://www.aies.cn 的在线简繁体互相转换。第二种方式就是直接输入。一般这种时候比较少,但还是有部分人有这样的需求。使用搜狗拼音输入法可以很简单地实现输入繁体字。以输入繁体的"電話"为例,具体操作方法如下:

第一步:单击搜狗拼音输入法状态条的 按钮或按组合键【Ctrl+Shift+M】进入搜狗拼音输入法菜单,如图4-32所示。

4 轻松输入文字 71

第二步：单击【简繁切换（Ctrl＋Shift＋F）】菜单项，然后在外码框中输入"dianhua"，即可输入繁体的"電話"了，如图 4-33 所示。

提示：可按组合键【Ctrl＋Shift＋F】直接进行简繁切换。

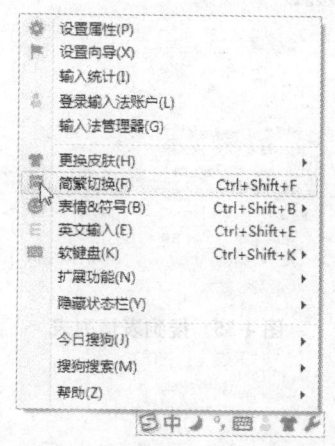

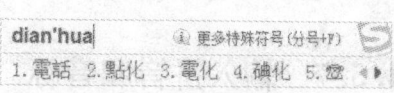

图 4-32　搜狗拼音输入法菜单　　　　　　　图 4-33　输入繁体字

4.5.6　输入表情符号

表情符号原本只是一种网上文化，但随着互联网和移动电话短信的普及，表情符号已经为社会广泛接受。1982 年 9 月 19 日，美国卡耐基-梅隆大学的斯科特·法尔曼教授在电子公告板第一次输入了这样一串 ASCII 字符："：-）"，人类历史上第一张电脑笑脸就此诞生。从此，网络表情符号在互联网世界风行。

表情符号的主要用途在于表示自己的心情，所以一般的讨论区都接纳这种表情符号，但是仍有些使用规范。例如，标题不得打表情符号等规定，而在一些比较严肃地讨论区，表情符号被列为规定禁止使用，以表示庄重。下面具体介绍输入表情符号的操作方法。

第一步：单击搜狗拼音输入法状态条的 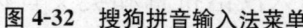 按钮或按组合键【Ctrl＋Shift＋M】进入搜狗拼音输入法菜单，并单击【表情＆符号（Ctrl＋Shift＋B）】菜单项，显示包含【搜狗表情】的下一级菜单，如图 4-34 所示。

第二步：单击【搜狗表情】菜单项，进入搜狗表情列表，选中想要的表情符号，如微笑表情，就可将"：-）"输入到文本中，如图 4-35 所示。

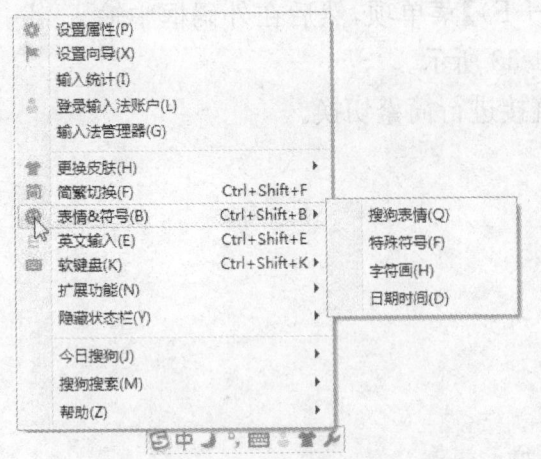

图 4-34 输入表情菜单　　　　　图 4-35 搜狗表情列表

4.5.7 输入拼音和音标

由于工作的需要,很多用户为在文章中如何输入汉语拼音和英文音标而苦恼过。从事语文和英语教学的老师们经常编辑试卷或备课,常遇到的一个问题就是如何输入汉语的拼音和英文的国际音标。搜狗拼音输入法可以方便地实现汉语拼音和英文音标的输入,具体操作方法如下:

第一步:按组合键【Ctrl+Shift+M】进入搜狗拼音输入法菜单,并单击【表情&符号(Ctrl+Shift+B)】菜单项,显示包含【特殊符号】的下一级菜单,如图 4-36 所示。

第二步:单击【特殊符号】菜单项,进入特殊符号列表,如果想输入汉语拼音,则单击【拼音/注音】菜单项;如果想输入英文音标,则单击【英文音标】菜单项,如图 4-37 所示。

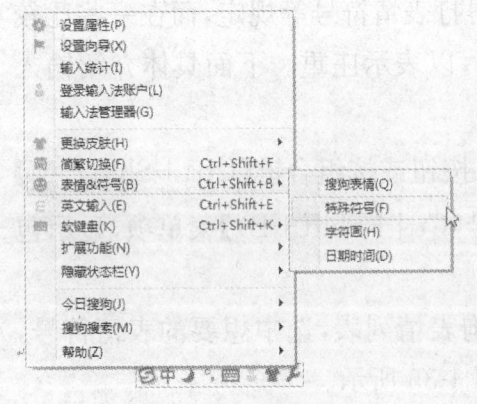 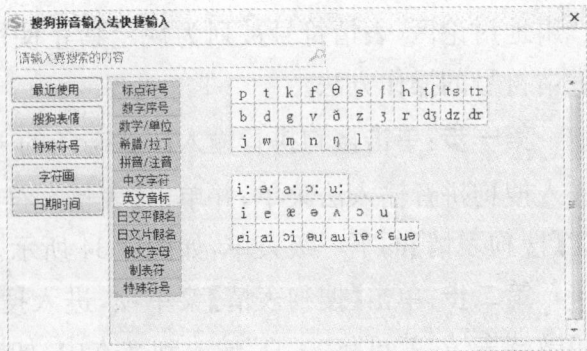

图 4-36 输入特殊符号　　　　　图 4-37 输入英文音标

第三步：以输入英文"cat(猫)"的音标为例，用户只需要在图 4-37 右部的英文音标列表中选取相应的音标符号"kæt"即可。

提示：按组合键【Ctrl＋Shift＋Z】可以直接进入搜狗拼音输入法的【搜狗表情】和【特殊符号】菜单项。

4.6 写一封信

在前面已经学习了如何使用智能 ABC 输入法和搜狗拼音输入法输入汉字，用户可以根据自己的喜好和习惯选择合适的中文输入法。写信之前应启动文档编辑软件，本节将在 Windows 7 自带的记事本文档编辑器中输入一封信，以此为例来介绍中文输入法的具体使用方法，以到达巩固汉字输入法的目的。

第一步：依次单击【开始】→【所有程序】→【附件】→【记事本】菜单项，打开【记事本】窗口。单击语言栏中的输入法图标，在弹出的输入法菜单中选择【智能 ABC 输入法v5.30】菜单项，并依次输入汉字"王"、"老师"、"您好"的拼音"wang"、"laoshi"、"ninhao"，将"王老师您好"输入到记事本中，然后在按下【Shift】键的同时按下冒号键【：】输入冒号，如图 4-38 所示。

第二步：按回车键换行，敲四下空格键空出两个汉字的位置，用智能 ABC 输入法输入"您寄来的"几个汉字后，单击智能 ABC 输入法状态条中的【中英文切换】按钮，图标将显示为，将当前的输入状态切换为英文，用键盘输入英文"Windows 7"，如图 4-39 所示。

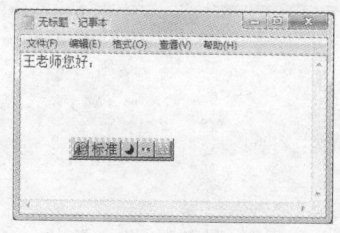
图 4-38 【记事本】窗口 1

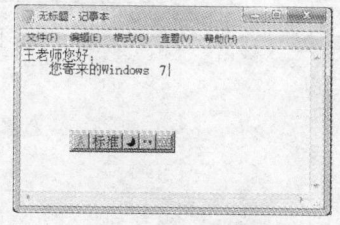
图 4-39 【记事本】窗口 2

提示：可按组合键【Shift＋空格键】快速切换为英文输入状态。

第三步：可按组合键【Shift＋空格键】快速切换回智能 ABC 输入法的中文输入状态接着输入汉字。为练习输入法的切换，可将后面的文字用搜狗拼音输入法输入。单击语言栏中的输入法图标，在弹出的输入法菜单中选择【搜狗拼音输入法】菜单项，依次输入汉字"学习资料我已经收到了，在此表示衷心感谢。"，并按回车键换行。

第四步：敲四下空格键空出两个汉字的位置并输入"祝工作顺利！"，按回车键换行后再输入"学生　李鹏",通过输入空格将"学生　李鹏"调整到适当位置,如图 4-40 所示。

第五步:单击【文件】→【保存】,将写好的信保存起来,如图 4-41 所示。

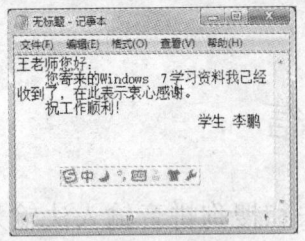

图 4-40　【记事本】窗口 3

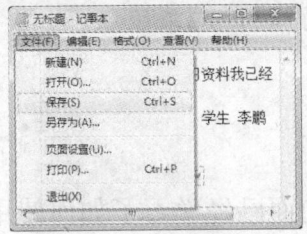

图 4-41　保存文件

第六步:在弹出的对话框中找到文件名文本框,输入要保存信件的名称,如输入"我的信"后,单击【保存】按钮就可将上述文件保存在"我的文档"文件夹中,如图 4-42 所示。

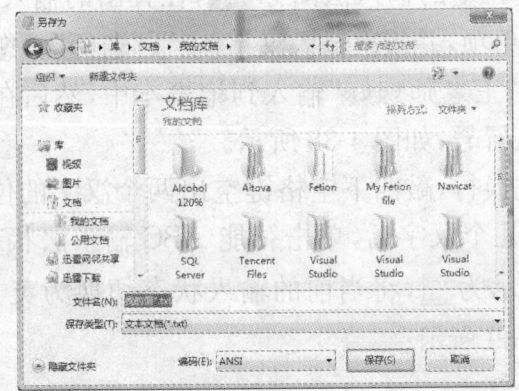

图 4-42　输入文件名

5 熟悉常用的应用软件

要想让电脑成为用户的得力助手,操作各种软件是必不可少的。中老年人使用电脑时,经常用到的操作包括听音乐、看电影、看照片、处理照片、制作自己的影视节目等。针对这些应用,本章将介绍几个常用的软件,如音乐播放软件千千静听、视频播放软件暴风影音、压缩和解压缩软件 WinRAR、看图软件 ACDSee、照片处理软件光影魔术手、视频处理软件会声会影的功能、特点和操作方法。

5.1 音乐播放软件

5.1.1 下载和安装千千静听

千千静听是一款免费的音乐播放软件,具有音乐播放、音乐格式转换、显示歌词等功能。千千静听支持几乎所有常见的音频格式,可以设置多种播放音效,而且体积小巧,操作简捷,深得用户喜爱,曾被网友评为中国十大优秀软件之一。

千千静听的官方网站地址为 http://qianqian.baidu.com/。进入该网站后,在页面中选择适合自己的版本,单击【立即下载】按钮,如图 5-1 所示,即可下载千千静听的安装文件。官方网站上还提供了大量的软件皮肤,用户可以根据自己的喜好为千千静听选择外观。

千千静听的安装非常简单。双击下载的安装文件,就会弹出如图 5-2 所示的

图 5-1 千千静听的下载页面

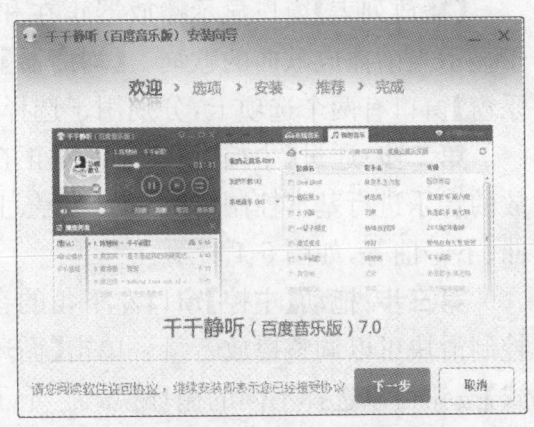

图 5-2 千千静听安装向导

安装向导窗口,然后按照安装向导的提示设置相关选项,依次单击【下一步】按钮即可完成安装。

安装完成后就可以运行千千静听欣赏音乐了。启动千千静听的常用方法有以下两种:

方法一:依次单击桌面左下角的【开始】→【所有程序】→【千千静听】→【千千静听】,即可启动千千静听。

方法二:双击桌面上的【千千静听】图标即可启动千千静听。

5.1.2 用千千静听欣赏音乐

使用千千静听欣赏音乐的操作方法如下:

第一步:启动千千静听后会出现如图 5-3 所示的界面,界面包括【主控】窗口、【播放列表】窗口、【歌词秀】窗口、【均衡器】窗口和【音乐窗】窗口等。用户可以根据需要打开或关闭主控窗口以外的任何窗口。

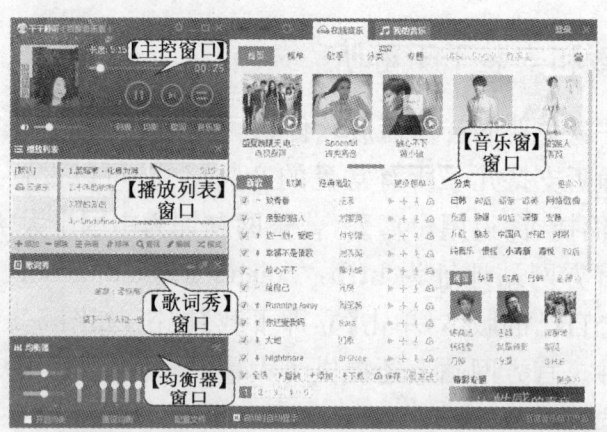

图 5-3　千千静听的界面

【播放列表】窗口显示播放器正在和将要播放的音乐文件。【歌词秀】窗口用于显示当前播放歌曲的歌词。【均衡器】窗口用于调节音乐播放的声音效果。【音乐窗】窗口有两个选项卡,分别用于选择在线音乐和本地音乐。

第二步:通过【主控】窗口可以对正在播放的音乐进行基本控制,如播放、暂停、上一曲、下一曲等,如图 5-4 所示。

第三步:拖动【主控】窗口左下角的音量控制滑块可以调整播放音量。单击【循环模式】按钮可以选择不同的循环模式。千千静听可供选择的循环模式有单曲播放、单曲循

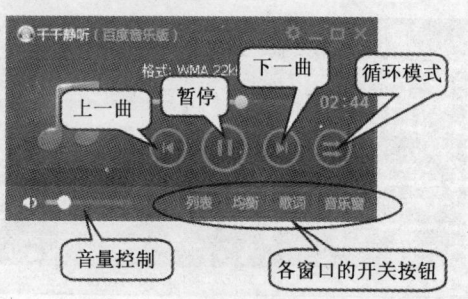

图 5-4　【主控】窗口的控制按钮

环、顺序播放、循环播放、随机播放等。【主控】窗口右下角还有各个窗口的开关按钮，单击可以分别打开或关闭【播放列表】窗口、【歌词秀】窗口、【均衡器】窗口和【音乐窗】窗口。

5.1.3 播放音乐时同步显示歌词

千千静听有完善的同步歌词功能，在播放歌曲的同时同步显示正在演唱的歌词。千千静听还有独具特色的歌词编辑功能，用户可以自己制作或修改同步歌词，还可以将自己制作的歌词上传到服务器实现与他人共享。

要想在播放歌曲的同时同步显示歌词，需要具备相应的歌词文件，歌词文件的后缀名为lrc。这些歌词文件存放在千千静听的安装路径下的歌词目录（例如C:\Program-Data\Baidu\TTPlayer\Lyrics\）中。如果在该目录中找不到对应的歌词文件，则千千静听就会自动连接歌词服务器进行搜索，并将相匹配的歌词下载到歌词目录，如图5-5所示。

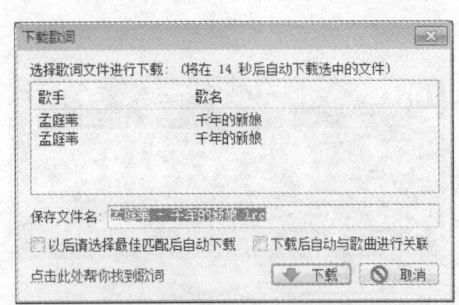

图5-5 【下载歌词】提示框

单击主控窗口右下方的【歌词】按钮，或者直接按【F2】键，同步歌词就会显示。歌词的显示方式有两种：窗口模式和桌面模式。两种模式之间可以进行任意切换。单击【歌词秀】窗口右上角的【显示桌面歌词】按钮，如图5-6所示，则可切换到桌面歌词模式。在桌面歌词模式下，将鼠标指针移动到歌词上方，就会显示出工具栏，单击其中的【返回窗口模式】按钮，如图5-7所示，回到窗口模式。

图5-6 【显示桌面歌词】按钮

图5-7 【返回窗口模式】按钮

5.1.4 如何设置优美的音效

在利用千千静听欣赏音乐时，可以利用千千静听提供的"均衡器"功能享受不同的音效，具体的操作方法如下：

第一步：如果【均衡器】窗口没有打开，则可单击【主控】窗口右下方的【均衡】按钮，或者直接按【F3】键，【均衡器】窗口就会显示，如图5-8所示。

第二步：勾选窗口左下角的【开启均衡】选项，如图 5-8 所示，就可以直接对均衡器中的各个波段进行调整。不同波段都有不同的效果，用户可以根据自己的需要进行调整。

第三步：单击窗口右下角的【配置文件】按钮，会弹出如图 5-9 所示的菜单。菜单里列出的是千千静听预置好的音效配置，用户可以从中选择自己喜好的配置，也可以从文件加载事先保存的音效配置。

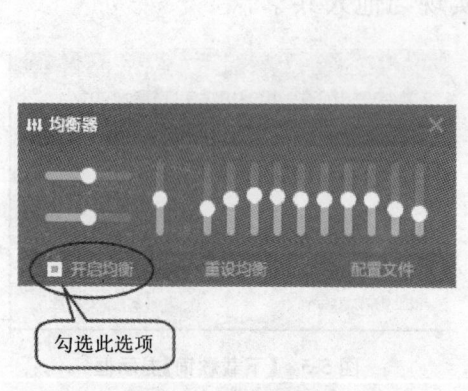

图 5-8 【均衡器】窗口

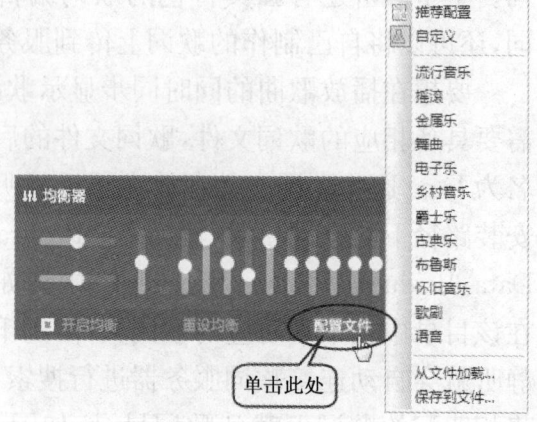

图 5-9 配置文件菜单

5.2 视频播放软件

5.2.1 下载和安装暴风影音

暴风影音是暴风网际公司推出的一款视频播放器，它支持绝大多数常见的影音文件格式。暴风影音采用标准的 Windows 安装程序，具有稳定灵活的安装、卸载、维护和修复功能，并对集成的解码器组合进行了尽可能的优化和兼容性调整，适合以多媒体欣赏或简单制作为主要使用需求的用户。

暴风影音是免费软件，其官方网站地址为 http://www.baofeng.com/。在 IE 浏览器的地址栏中输入网址，打开页面如图 5-10 所示，单击其中的【立即下载】按钮可以下载暴风影音的安装文件。

下载完成后，双击下载的安装文件，弹出【安装】提示框，如图 5-11 所示。单击【开始安装】按钮，然后按照安装向导的提示设置相关选项，依次单击【下一步】按钮即可完成安装。

用户也可以选择在线安装的方法安装暴风影音。在如图 5-10 所示的下载页面中单击【点此在线安装】，则不用下载安装文件就可以直接进入到安装向导，如

图 5-12 所示。单击【开始安装】按钮,然后按照安装向导的提示设置相关选项,依次单击【下一步】按钮即可完成安装。

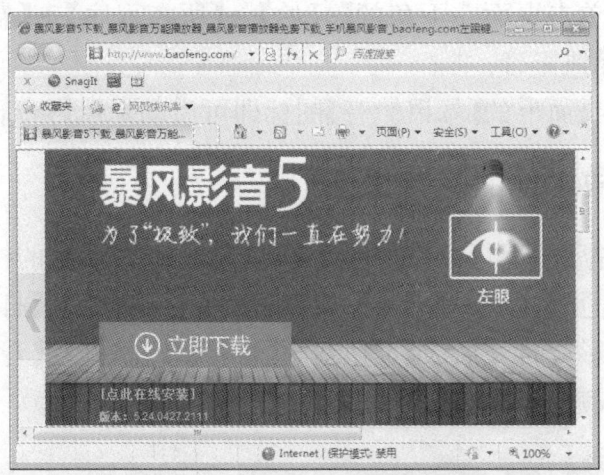

图 5-10 暴风影音官网下载页面

图 5-11 暴风影音安装向导

图 5-12 暴风影音在线安装向导

安装完成后就可以运行暴风影音欣赏视频节目了。启动暴风影音的常用方法有以下两种。

方法一：依次单击桌面左下角的【开始】→【所有程序】→【暴风软件】→【暴风影音】，即可启动暴风影音。

方法二：双击桌面上的【暴风影音】图标即可启动暴风影音。

5.2.2 播放本地的影音文件

启动暴风影音后的运行窗口如图 5-13 所示。窗口下排的按钮用于播放过程的控制，依次为【停止】、【上一个】、【播放（空格）】、【下一个】、【打开文件】、【音量调节】。当开始播放影音时，【播放】按钮变为【暂停】按钮，拖动【音量调节】按钮右侧的滑块可以增大或减小音量。

图 5-13　暴风影音的运行窗口

在暴风影音中打开想要播放的本地影音文件有以下三种方法。

方法一：单击暴风影音主界面中间的【打开文件】按钮，在弹出的【打开】对话框中选择影音文件，单击【打开】按钮。

方法二：单击暴风影音主界面左上角的【暴风影音】按钮，打开主菜单，如图 5-14 所示。选择【打开文件】命令，在弹出的【打开】对话框中选择影音文件，单击【打开】按钮。

方法三：如果需要打开的影音文件已经和暴风影音相关联，则直接双击该视频文件，系统就会自动运行暴风影音并播放该文件。

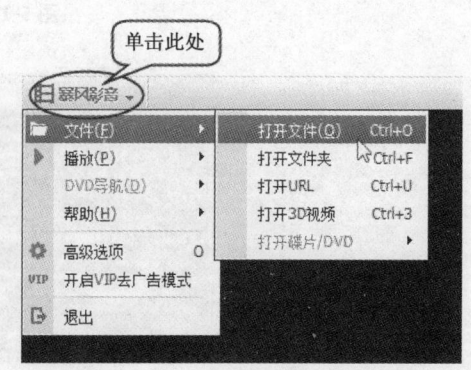

图 5-14　暴风影音的主菜单

5.2.3 收看在线影视节目

暴风影音为用户提供了庞大的在线视频

库，能够为用户提供包括新闻、电影、电视剧、综艺、体育等互联网视频的点播、直播服务。启动暴风影音后，在窗口的右侧会看到【在线视频】列表和【暴风盒子】窗口，如图5-15所示。

在列表中选择想要看的节目，单击该节目名称，右侧的【暴风盒子】窗口就会显示相关的简介。单击【播放】按钮或在列表中双击该节目名称，就开始在线播放。

5.2.4 抓取视频中的一幅画面

我们在欣赏影音节目时，可能会遇到非常好看的画面想将它截取下来进行保存。暴风影音可以轻松地解决这个问题。

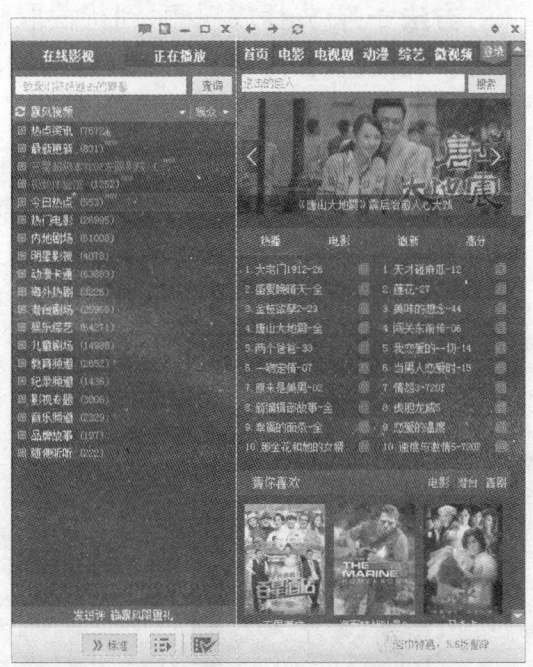

图5-15 【在线视频】列表和【暴风盒子】窗口

需要设置截图选项。单击暴风影音主窗口左上角的【暴风影音】按钮，打开主菜单，如图5-14所示。选择【高级选项】命令，打开【高级选项】对话框，如图5-16所示。在左侧【基本设置】列表中单击【截图设置】，在右侧可以设置截图的保存格式、保存路径、尺寸等。设置完成后单击【确定】按钮，关闭对话框。

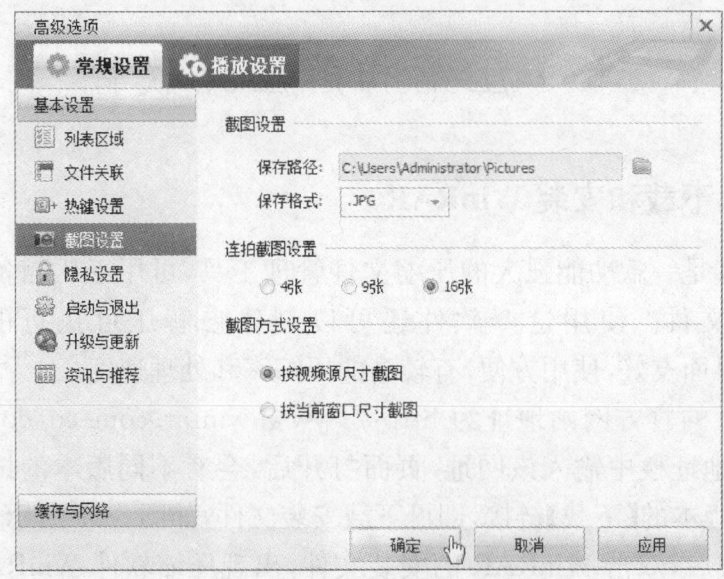

图5-16 【高级选项】对话框

方法一：首先播放视频，到待截取画面处暂停播放，单击播放窗口左下角的【工具箱】按钮，如图 5-17 所示，打开工具箱。单击其中的【截图】工具，当前图像就按照指定格式保存到指定的位置。

方法二：首先播放视频，在播放过程中单击播放窗口左下角的【工具箱】→【截图】。每单击一次，系统就保存一幅当前正在播放的画面。视频截图的结果如图 5-18 所示。

图 5-17　工具箱

图 5-18　视频截图的保存结果

5.3　压缩和解压缩软件

5.3.1　下载和安装 WinRAR

WinRAR 是一款功能强大的压缩文件管理工具，可用于压缩备份文件数据和还原压缩文件。使用这个软件还可以创建自解压可执行的压缩文件。WinRAR 的界面友好，使用方便，有较高的压缩率和处理速度。

WinRAR 的官方网站地址为 http：//www.winrar.com.cn/download.htm。在 IE 浏览器地址栏中输入该网址，页面打开后，会有不同版本的试用版可以下载，单击需要版本的【下载】链接，即可下载安装文件，如图 5-19 所示。

下载完成后，双击 WinRAR 的安装文件，出现压缩软件 WinRAR 安装向导窗口，如图 5-20 所示。单击【安装】按钮，然后根据提示完成安装即可。

5 熟悉常用的应用软件 83

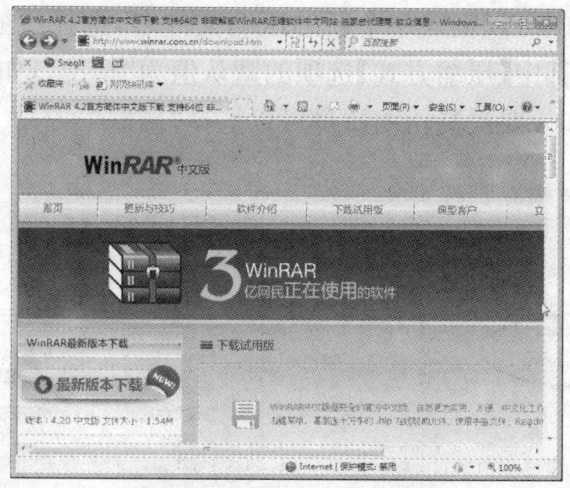

图 5-19　WinRAR 的下载页面

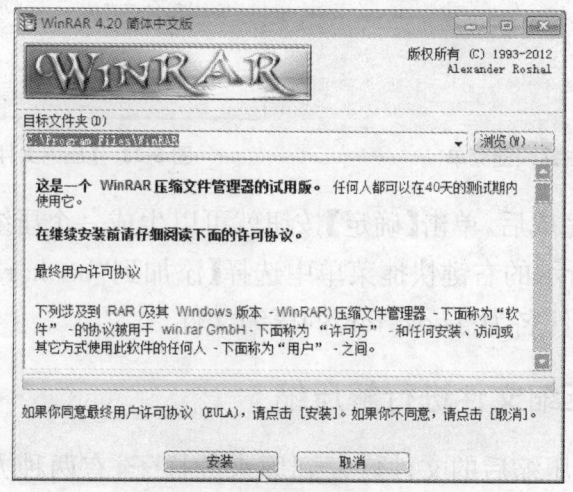

图 5-20　【WinRAR 安装向导】窗口

5.3.2　对文件(文件夹)进行压缩

利用压缩软件 WinRAR 给文件打包压缩,既可以缩小文件的大小,把多个文件放到文件夹里,又可以通过给文件夹打包,达到合成一个文件的目的,方便使用QQ、电子邮件等方式进行传送。使用压缩软件 WinRAR 进行压缩操作,一般习惯用右键快捷菜单来完成。以对文件夹"book"进行压缩为例,文件(文件夹)压缩操作方法如下:

第一步:右键单击要压缩的文件或文件夹,弹出一个快捷菜单,在上面可以看到【添加到压缩文件】、【添加到"book.rar"】等命令,如图 5-21 所示。

第二步:选择【添加到压缩文件】命令,可以打开【压缩文件名和参数】对话框,如图 5-22 所示。系统默认的压缩文件名与源文件或文件夹的名字相同,但扩展名不同。在对话框中可以输入一个新的压缩文件名,选择压缩文件格式,设置其他所需要的选项。其中【压缩方式】选项的默认值为"标准",如果要提高压缩速度可以选择"最快",如果要提高压缩质量可以选择"最好"。

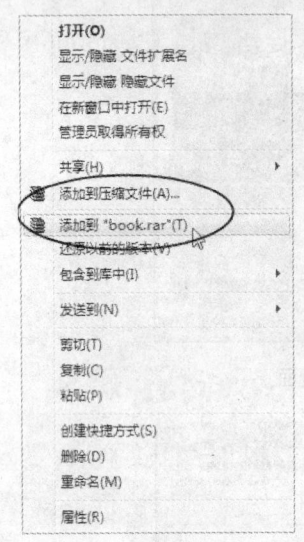
图 5-21 右键快捷菜单

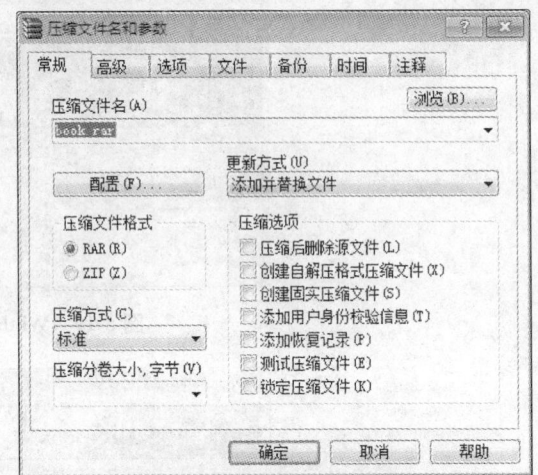
图 5-22 【压缩文件名和参数】对话框

第三步:设置完成后,单击【确定】按钮就可以生成一个压缩文件。

在如图 5-21 所示的右键快捷菜单中选择【添加到"book.rar"】命令,则在当前目录中直接生成文件名为"book.rar"的压缩文件。

5.3.3 对压缩文件进行解压缩

解压缩就是将压缩后的文件恢复到原来的样子,有两种方法,具体的操作方法如下:

方法一:右键法。

第一步:用右键单击需要解压的文件,以"book.rar"为例,会弹出一个包括有【解压文件】、【解压到当前文件夹】、【解压到 book\】等命令的快捷菜单,如图 5-23 所示。

第二步:选择【解压文件】命令,可以打开【解压路径和选项】对话框,如图 5-24 所示。设置好自己需要的参数,单击【确定】按钮即可进行解压。

在如图 5-23 所示的右键快捷菜单中选择【解压到当前文件夹】命令,表示直接将压缩包中的文件解压到当前文件夹。如果当前文件夹内容很多,则不建议用户选择该操作,因为如果压缩包的内容过多,往往会给当前的文件夹管理带来不便。在右键快捷菜单中选择【解压到 book\】命令,会在当前文件夹中自动创建"book"文件夹,并直接将压缩文件解压到"book"文件夹下。

方法二：双击法。

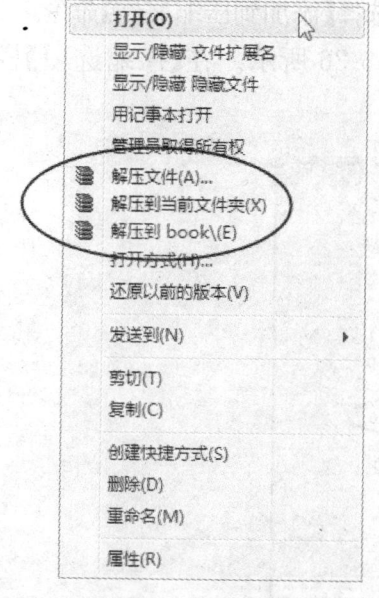

图 5-23　右键快捷菜单

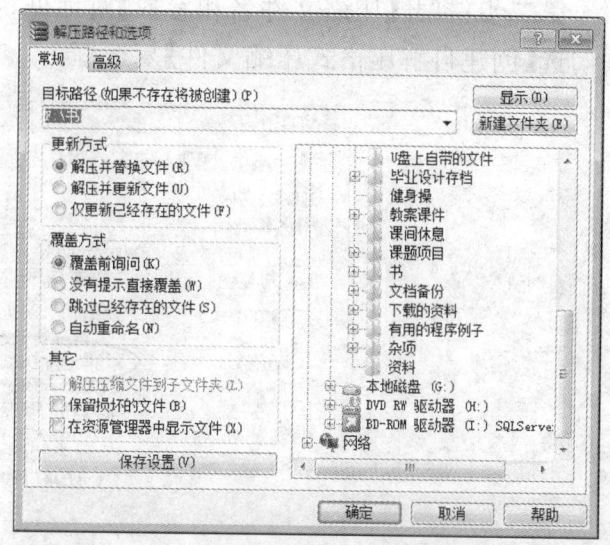

图 5-24　【解压路径和选项】对话框

第一步：双击需要解压的文件，以"book.rar"为例，打开显示该压缩文件内容的【WinRAR 文件解压】窗口，如图 5-25 所示。

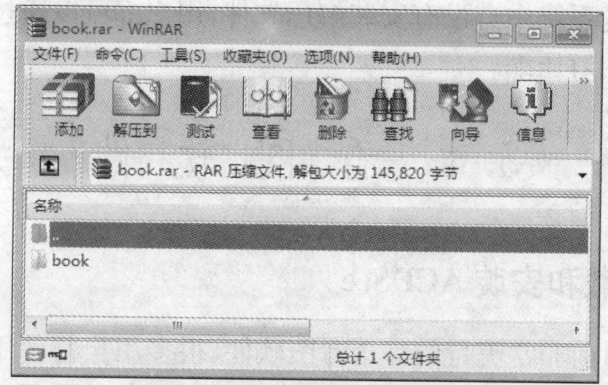

图 5-25　【WinRAR 文件解压】窗口

第二步：单击工具栏中的【解压到】按钮，可以打开【解压路径和选项】对话框，设置好自己需要的参数，单击【确定】按钮即可进行解压。如果使用缺省的解压路径，系统就会以压缩文件名为路径名，在当前文件夹下建立一个新的文件夹，所有解压缩出来的内容都将放在这个文件夹内。

5.3.4　制作自解压的压缩文件

使用 WinRAR 可以制作自解压文件，这样即使在没有安装解压软件的电脑上也能够将压缩文件解压缩。以对文件夹"book"进行压缩为例，制作自解压文件的操作方法如下：

第一步：右键单击该文件夹，在弹出的快捷菜单中选择【添加到压缩文件】命令。

第二步：打开【压缩文件名和参数】对话框，如图 5-26 所示。在【压缩选项】栏中勾选【创建自解压格式压缩文件】复选框。

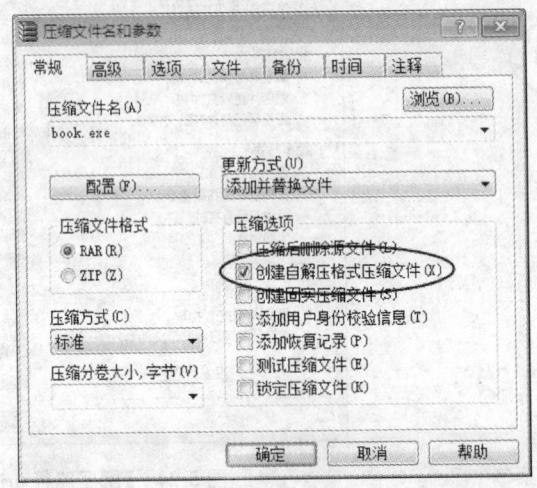

图 5-26 【压缩文件名和参数】对话框

第三步：单击【确定】按钮，则在指定目录中生成文件名为"book.exe"的自解压文件。以后无论系统中有没有安装解压软件，用户都可以通过双击这个自解压文件来完成文件的解压缩。

5.4 看图软件

5.4.1 下载和安装 ACDSee

ACDSee 是目前非常流行的一个看图软件，很多用户都使用它来浏览图片和照片。它能打开多种格式的图像，并且能够高品质地快速显示。使用 ACDSee 浏览图片时，既可以将图片放大缩小、全屏幕浏览、幻灯片方式浏览，还可以将正在观看的图片设成桌面背景。ACDSee 还提供了许多图像编辑功能，包括图像格式的转换、添加图像描述、简单的图像编辑、复制、旋转、剪切等。

ACDSee 的官方网站地址为 http://cn.acdsee.com/。在 IE 浏览器地址栏中输入该网址，页面打开后，会有不同版本的试用版可以下载。以"ACDSee14"为例，单击【立即免费下载】链接即可下载安装文件，如图 5-27 所示。

下载完成后，双击 ACDSee 的安装文件，系统会弹出【ACDSee 安装向导】对话框，如图 5-28 所示。单击【下一步】按钮，然后根据向导提示完成安装即可。

图 5-27　ACDSee 安装文件的下载页面

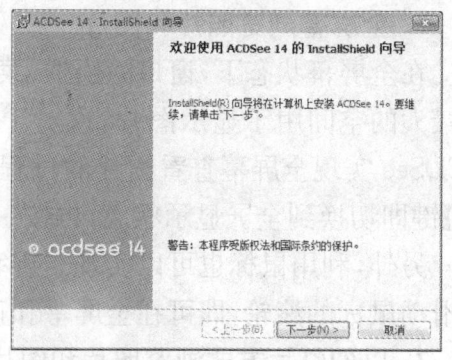

图 5-28　【ACDSee 安装向导】对话框

5.4.2　浏览照片和图片

1. 在窗口中浏览照片和图片

如果用户在安装 ACDSee 时选择了合适的文件类型关联,那么就可以直接采用双击图片文件的方法浏览照片和图片。具体操作方法如下:

第一步:在资源管理器中找到要浏览的图片文件,双击该文件即可打开【ACDSee 快速查看】窗口,如图 5-29 所示。

第二步:使用工具栏中的工具按钮可以调整浏览的状态,如图 5-30 所示。在工具栏中单击【放大】或【缩小】按钮,可以非常方便地对图片进行放大与缩小。单击【向左旋转】或【向右旋转】按钮可以旋转图片,多次单击可实现将图片左旋或右旋 90°、180°、270°。

第三步:单击【查看】按钮,可以打开【ACDSee 查看】窗口,如图 5-31 所示,进行更复杂的控制。

图 5-30　工具栏中的工具按钮

图 5-29　【ACDSee 快速查看】窗口

图 5-31　【ACDSee 查看】窗口

2. 全屏幕浏览照片和图片

在全屏幕状态下，窗口的边框、菜单栏、工具条、状态栏等均被隐藏起来，以腾出最大的空间用于显示图片，这对于查看较大的图片是十分重要的功能。使用ACDSee实现全屏幕查看图片的过程很简单，首先将图片置于查看状态，而后按【F】键即切换到全屏显示状态，再按一次【F】键即可恢复到正常显示状态。

另外，利用鼠标也可以实现全屏幕查看。先将光标置于查看窗口中，然后上下滑动鼠标的滚轮，即可在全屏幕和正常显示状态之间来回地切换。

3. 以幻灯片方式浏览照片和图片

在使用 ACDSee 浏览图片的时候，可以设置以幻灯片的方式连续播放图片。要以幻灯片方式播放时，首先必须切换到【ACDSee 查看】窗口，然后在菜单中选择【工具】→【幻灯放映】，如图 5-32 所示，就可以开启幻灯片自动播放文件夹中的图片。也可以从鼠标右键菜单中选择【幻灯放映】命令，启动幻灯片播放方式。

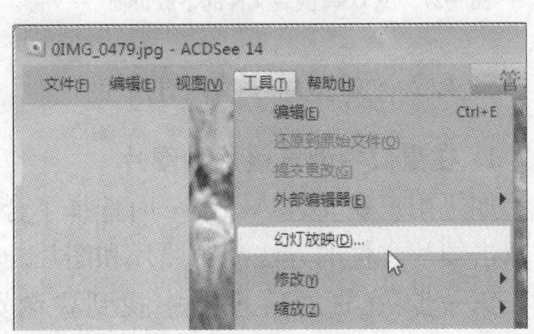

图 5-32 【工具】菜单

幻灯片以全屏方式播放，在播放过程中移动鼠标，屏幕中就会显示如图 5-33 所示的工具栏。使用该工具栏可以控制幻灯片播放的过程。单击【退出】按钮可以结束幻灯放映，回到【ACDSee 查看】窗口。

图 5-33 幻灯片播放的工具栏

5.4.3 管理照片文件

1. 文件的复制、移动和重命名

ACDSee 提供了简单的文件管理功能，用它可以进行文件的复制、移动和重命名等。使用时只需在【编辑】菜单中选择相应的命令，如图 5-34 所示，根据对话框的提示进行操作即可。

2. 文件批量更名

使用 ACDSee 可以一次修改多个文件的文件名，操作方法如下：

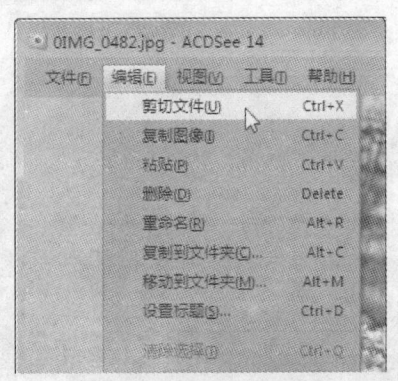

图 5-34 【编辑】菜单

5　熟悉常用的应用软件

第一步：切换到【ACDSee 管理】窗口，选中窗口内需要批量更名的所有文件。

第二步：在菜单中依次选择【工具】→【批量】→【重命名】，如图 5-35 所示。或直接单击工具栏中【批量】→【重命名】，如图 5-36 所示。

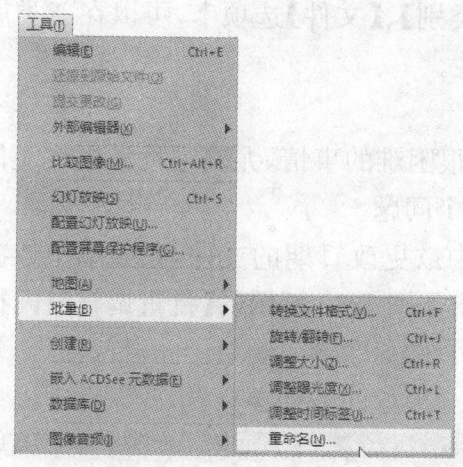

图 5-35　【工具】菜单

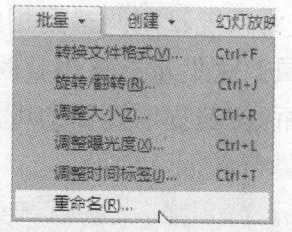

图 5-36　【批量】工具按钮

第三步：弹出【批量重命名】对话框，如图 5-37 所示。在【模板】文本框内按照"前缀_♯♯♯♯"的格式输入文件名模板，其中通配符♯的个数由数字序号的位数决定。

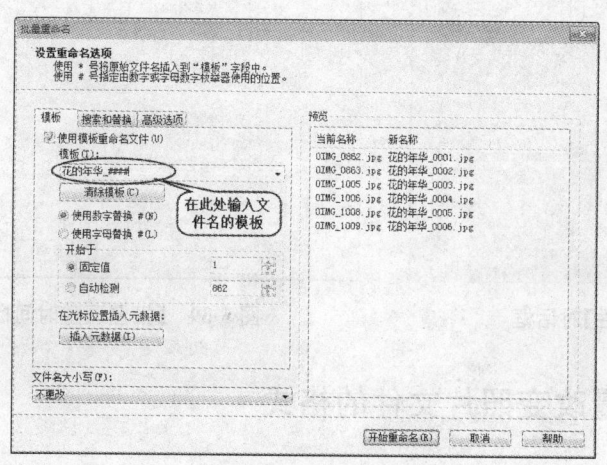

图 5-37　【批量重命名】对话框

第四步：在【开始于】数值框内选择起始序号，单击【开始重命名】按钮，所选文件的名称就全部被更改为模板指定的形式。

3. 为图片添加注释

当电脑里存放了大量图片时很不易于用户的管理，给图片添加注释信息可以提高管理效率，操作方法如下：

第一步：选中一个图片文件，然后单击鼠标右键，选择【属性】命令，打开如图 5-38 所示的对话框，在对话框中相应位置输入注释的内容和关键字，用户以后就可以通过 ACDSee 的查询功能快速地找到所需要的图片了。

第二步：单击对话框下方的【元数据】、【类别】、【文件】选项卡，可以在三类属性的选项卡间切换，分别设置图片的各种属性。

4. 批量更改文件日期/时间

在 Windows 下更改文件的日期/时间是很困难的事情，尤其是批量更改文件的日期/时间，用 ACDSee 软件就能够解决这个问题。

首先将系统日期调整到相应的值，再选中欲更改日期的文件，在菜单中依次选择【工具】→【批量】→【调整时间标签】，弹出如图 5-39 所示的【批量调整时间标签】对话框，按照提示操作即可。

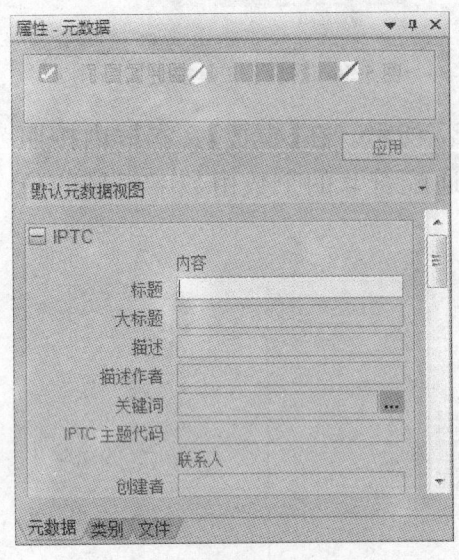

图 5-38 【属性】对话框

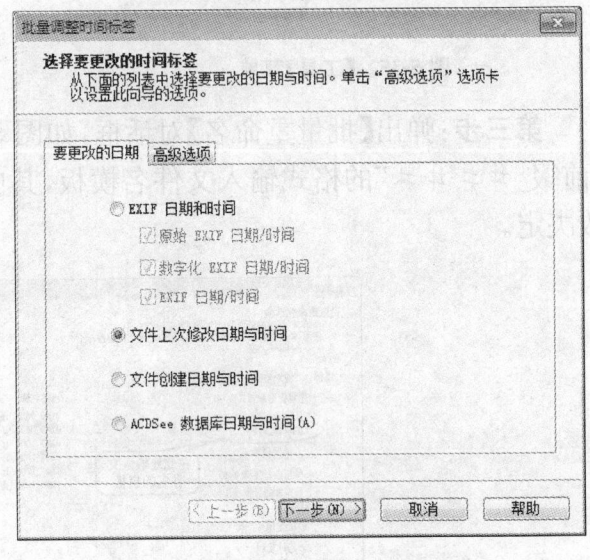

图 5-39 【批量调整时间标签】对话框

5.4.4 批量改变照片文件的格式

ACDSee 可以成批转换图片格式，转换方法如下：

第一步：单击窗口右上角的【管理】按钮，切换到【ACDSee 管理】窗口，选中窗口内需要转换格式的所有文件。

第二步：单击工具栏中【批量】→【转换文件格式】，如图 5-40 所示。或在菜单中依次选择【工具】→【批量】→【转换文件格式】。

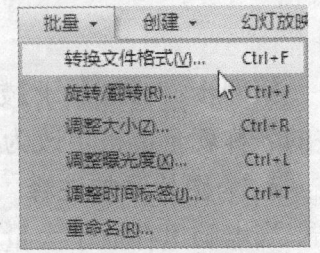

图 5-40 【转换文件格式】命令

第三步：弹出如图 5-41 所示的【批量转换文件格式】对话框。在【格式】列表内选中一个要转换的图片格式，对于 JPG 等格式，还可以通过单击【格式设置】按钮来设置压缩率等参数。

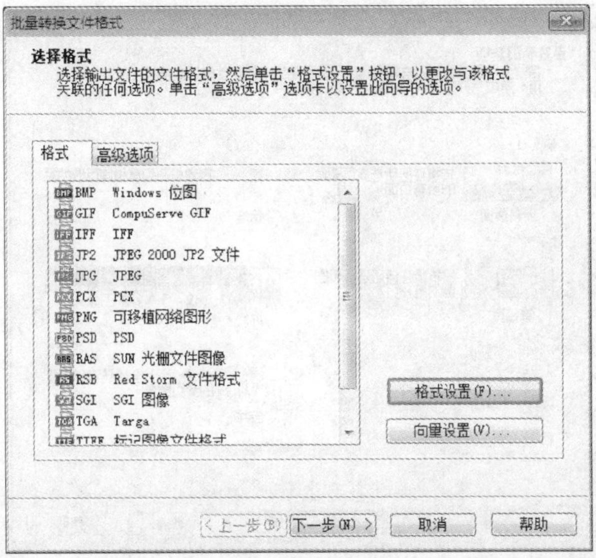

图 5-41 【批量转换文件格式】对话框(一)

第四步：单击【下一步】按钮，弹出如图 5-42 所示的对话框。在【目标位置】选项区设置转换后的图片保存位置，可以通过单击【浏览】按钮选择其他文件夹。【覆盖现有的文件】下拉列表用来设定当目标文件夹中有同名文件时的覆盖方式，有"询问"、"忽略"、"替换"、"重替换"四种方式可供选择，按照提示操作即可。

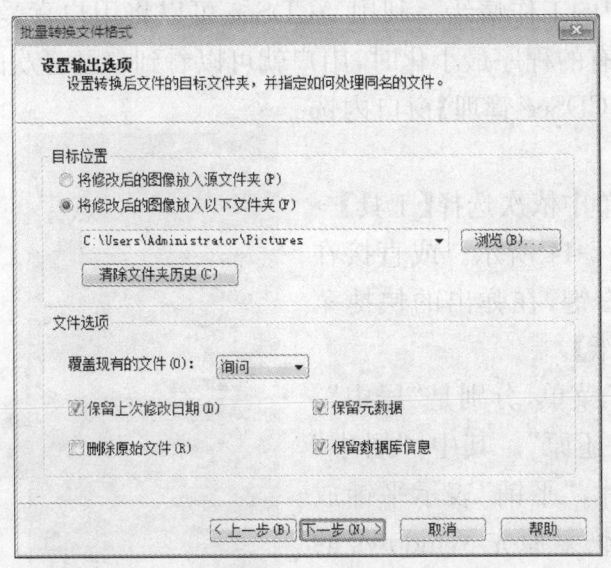

图 5-42 【批量转换文件格式】对话框(二)

第五步：单击【下一步】按钮，弹出如图 5-43 所示的对话框，设置多页选项。设置完成后，单击【开始转换】按钮，指定的文件就开始进行格式转换并存储到指定位置。

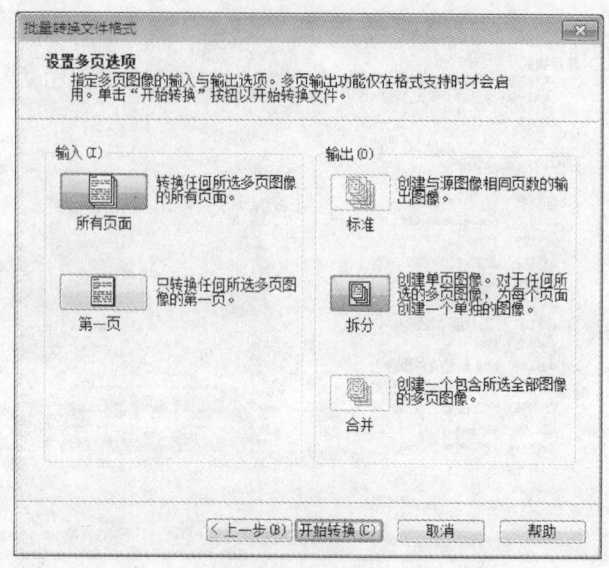

图 5-43 【批量转换文件格式】对话框(三)

5.4.5 制作桌面墙纸和屏幕保护程序

1. 制作桌面墙纸

在 Windows 操作系统下工作，首先映入眼帘的就是桌面，因此桌面的图像将会直接影响到用户的工作情绪。利用 ACDSee 可以将用户喜爱的图片设为桌面的墙纸，这样当所有的程序最小化时，用户就可以看到自己喜欢的图片了。

第一步：在【ACDSee 管理】窗口内选择一个图片文件。

第二步：在菜单中依次选择【工具】→【设置墙纸】，如图 5-44 所示。或直接在图片上单击鼠标右键，在弹出的快捷菜单中选择【设置墙纸】。

此时会弹出子菜单，分别是"居中"、"平铺"、"拉伸"、"还原"。其中，"居中"表示正中放置图片，"平铺"表示平铺放置图片，"还原"为恢复原先 Windows 的墙纸设置。

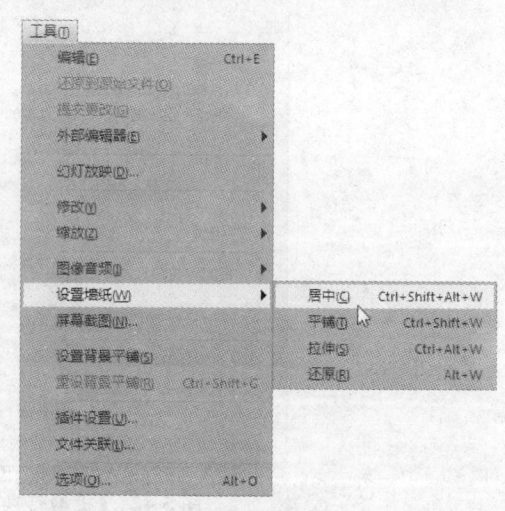

图 5-44 【设置墙纸】菜单命令

5 熟悉常用的应用软件　93

第三步：选择一种图片放置方式，即完成了桌面墙纸的设置。

2. 制作屏幕保护程序

很多用户在电脑里存放了不少自己喜欢的图片，想要将它们制作成一个漂亮的屏幕保护程序，这时巧妙地利用 ACDSee 就可以达到这个目的。

第一步：单击窗口右上角的【管理】按钮，切换到【ACDSee 管理】窗口。

第二步：在菜单中依次选择【工具】→【配置屏幕保护程序】，如图 5-45 所示。

第三步：弹出【ACDSee 屏幕保护程序】对话框，如图 5-46 所示。

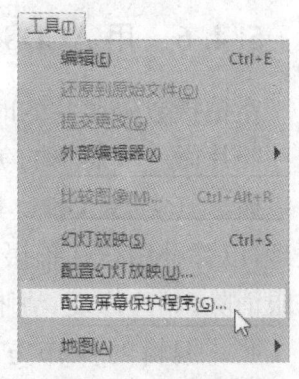

图 5-45　【工具】菜单

图 5-46　【ACDSee 屏幕保护程序】对话框

第四步：单击【配置】按钮，弹出"选项设置"对话框，如图 5-47 所示。可以控制屏保的播放过程。

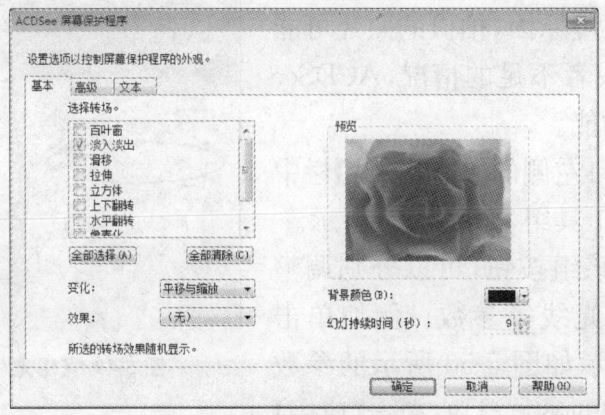

图 5-47　"选项设置"对话框

中老年人学电脑·基础篇

第五步：依次单击【确定】按钮，关闭对话框，自制的屏保程序就生效了。

5.4.6 用 ACDSee 图像增强器美化照片

在拍摄数码照片的时候，总会有一些照片拍得不尽如人意，经常需要用户将这些照片做一些简单的美化或处理。一般的图像处理软件使用起来非常复杂，不易掌握。其实 ACDSee 本身就带有简单的图像增强功能，可以对照片进行简单的处理，以弥补用户在拍摄时的一些缺憾。ACDSee 提供了曝光、阴影/高光、色彩、红眼消除、相片修复、清晰度等基本的编辑功能。

照片编辑的操作方法非常简单，单击窗口右上角的【编辑】按钮，切换到【ACDSee 编辑】窗口，如图 5-48 所示。然后选择左侧的编辑功能，即可在窗口中对照片进行编辑，很多编辑操作只需拖动滑块即可完成。如果用户对编辑后的效果不满意，只要单击【重设】按钮，即可自动恢复到照片没有被编辑前的状态。

图 5-48 【ACDSee 编辑】窗口

下面介绍几个常用的图像增强操作。

1. 调整照片光线

有时候因为环境原因，拍摄的照片可能会出现曝光过度或者不足的情况，ACDSee 提供了曝光修复功能。

第一步：在窗口左侧的【编辑工具】栏中找到【曝光/光线】工具组，如图 5-49 所示。

第二步：单击该组按钮，可以分别调整曝光、色阶、色调、光线等参数。例如单击【曝光】按钮，则显示如图 5-50 所示的参数面板。调整面板中的参数滑块，单击【应用】

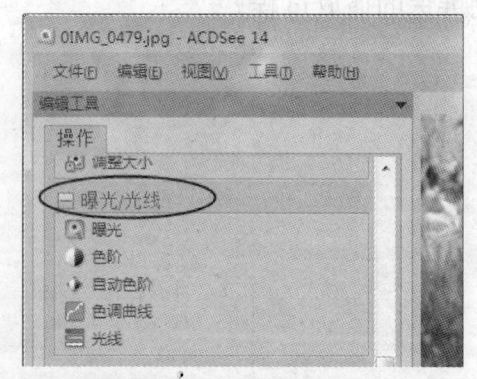

图 5-49 【曝光/光线】工具组

或【完成】按钮,就可以完成照片的修复。

如果用户觉得这种方法下的参数不直观,很难达到理想效果,则可以选用【自动色阶】命令,其参数面板如图 5-51 所示。这时系统会根据画面的内容自动调整色调参数,以达到最好的视觉效果。

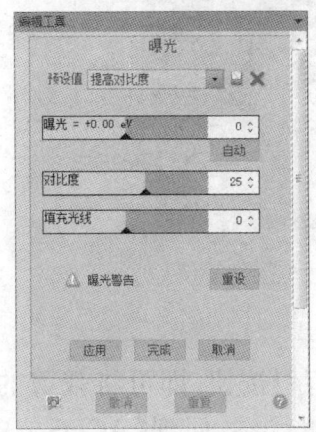

图 5-50　曝光参数面板

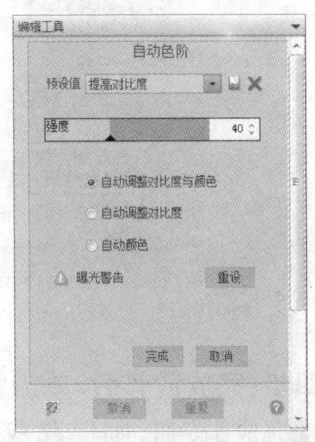

图 5-51　自动色阶参数面板

2. 裁剪照片

裁剪的具体操作方法如下:

第一步:在窗口左侧的【编辑工具】栏中找到【几何形状】→【裁剪】,如图 5-52 所示。

第二步:在原始图像中即出现一个矩形区域,如图 5-53 所示。区域内部是裁剪后保留的部分,区域的边框上有八个控制点,用鼠标拖动这些控制点可以改变裁剪区域的范围。在区域内部拖动鼠标,还可以移动矩形区域的位置。

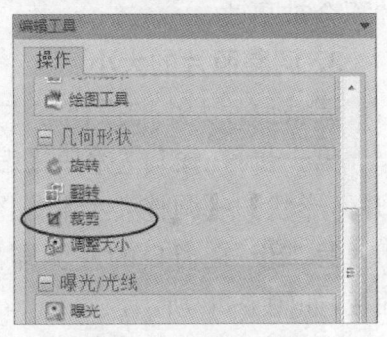

图 5-52　【裁剪】工具

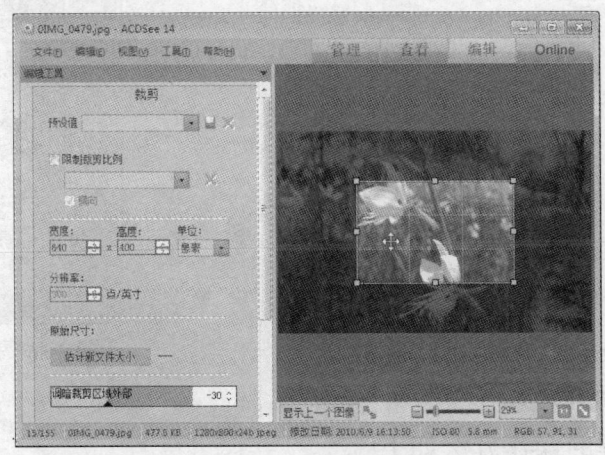

图 5-53　裁剪区域

第三步:在已经选择好的区域内部双击鼠标,完成裁剪操作,如图 5-54 所示。

图 5-54 裁剪的结果

第四步:完成裁剪后,单击窗口左下角的【保存】按钮,即可将裁剪的结果保存;单击【完成】按钮,则保存裁剪结果并退出编辑状态,回到【ACDSee 查看】窗口;单击【取消】按钮,则取消裁剪并退出编辑状态,回到【ACDSee 查看】窗口,图片不会被更改。

3. 调整照片的大小

调整照片大小的操作方法如下:

第一步:在窗口左侧的【编辑工具】栏中找到【几何形状】→【调整大小】,如图 5-55 所示。

第二步:在窗口的左侧即出现调整大小参数面板,如图 5-56 所示。

第三步:在数值框中输入百分比或重新指定照片的大小即可。

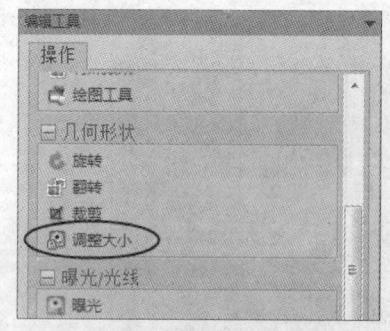

图 5-55 【调整大小】工具

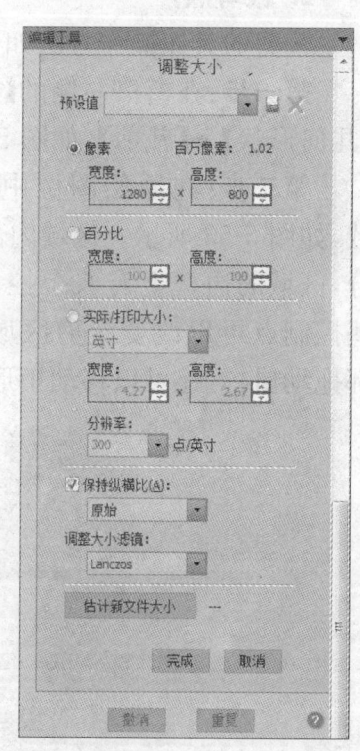

图 5-56 调整大小参数面板

4. 特殊效果处理

特殊效果处理的操作方法如下:

5 熟悉常用的应用软件   97

第一步：用户如果想要对照片进行特别处理,可在窗口左侧的【编辑工具】栏中找到【添加】工具组,如图5-57所示。

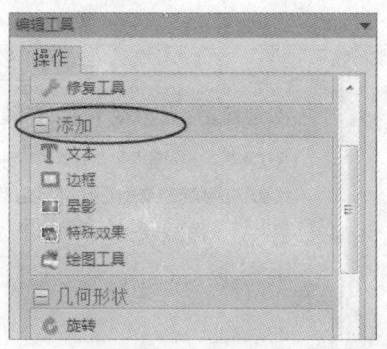

图 5-57 【添加】工具组

第二步：单击工具组中的【特殊效果】按钮,在面板中选择合适的工具按钮,即可对照片进行艺术效果的处理,如照片的"底片"、"浮雕"、"油画"、"铅笔画"等特效。

第三步：单击工具组中的【文本】按钮,可以在照片中加入文字,并可以设置文字的显示效果。

5.5 照片处理软件

5.5.1 下载和安装光影魔术手

光影魔术手是一个对数码照片的画质进行改善及效果处理的免费软件。光影魔术手操作简单,不需要任何专业的图像技术,每个人都能制作出精美相框、艺术照、专业胶片摄影的色彩效果。光影魔术手是摄影作品后期处理、图片快速美容、数码照片冲印整理时必备的图像处理软件,其操作方法如下:

第一步：光影魔术手的官方下载地址是：http://www.neoimaging.cn/,在IE浏览器的地址栏中输入网址即可打开下载页面,单击需要版本的【立即下载】,即可下载安装文件,如图5-58所示。

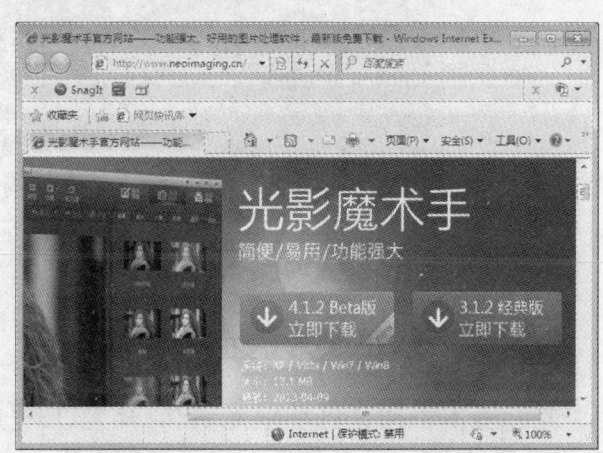

图 5-58 光影魔术手下载页面

第二步：下载完成后，双击安装文件。弹出【光影魔术手安装向导】对话框，如图 5-59 所示。单击【下一步】按钮，然后根据向导提示完成安装即可。

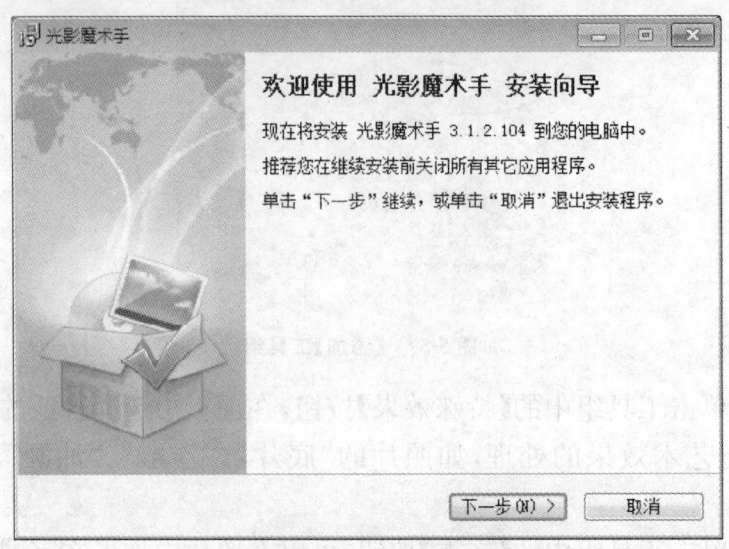

图 5-59 【光影魔术手安装向导】对话框

第三步：安装完成后，运行光影魔术手，打开一个图像文件，其运行窗口如图 5-60 所示。

图 5-60 光影魔术手的运行窗口

5.5.2 修正照片的色彩和瑕疵

光影魔术手拥有自动曝光、数码补光、白平衡、亮度/对比度、饱和度、色阶、曲线、色彩平衡等一系列非常丰富的调图参数。

1. 调整照片的色调

在日常生活中,经常因为光线的原因,拍出来的照片很暗、看不清楚,这时就希望可以通过软件的调整使光线变明亮。光影魔术手有五种方式可以改变色调,它们分别是:色阶、曲线、亮度/对比度/Gamma 调整、RGB 色调、色相饱和度。以下以"曲线"工具为例介绍如何调整照片色调,使照片看起来更加明亮的操作方法。

第一步:在右侧工具栏中选择【基本调整】→【高级调整】→【曲线】,如图 5-61 所示。

第二步:打开【曲线调整】对话框,如图 5-62 所示。对话框中显示有四个通道的曲线,其中 RGB 代表整幅照片的综合色调。

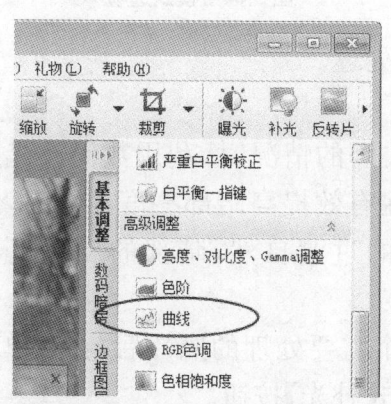

图 5-61 【曲线】工具

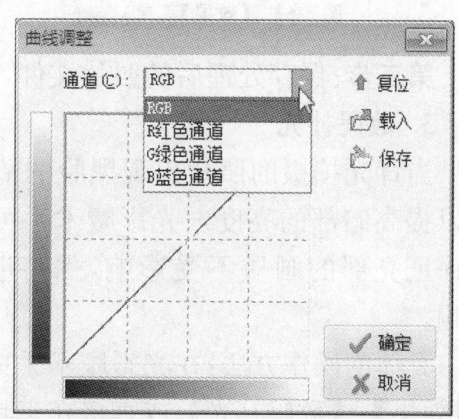

图 5-62 【曲线调整】对话框

第三步:在曲线上选择一个或多个点,把曲线向上拉动,就会看到整个照片的颜色变亮了;相反,把曲线往下拉动,整个照片的色调就变暗了。

R 红色通道的曲线按如上方法调整后,变化的不是照片综合的明亮,而是照片的红色和蓝绿色发生变化。如果在处理人像照片时将此通道的曲线向上调整,就可以使皮肤看起来更红润漂亮。G 绿色通道和 B 蓝色通道的调整方法与之类似。

2. 使用"反转片效果"调整照片的色调

反转片效果是光影魔术手最重要的功能之一,处理后的照片,其反差更鲜明,色彩更亮丽。光影魔术手的暗部增补算法保证了处理后的照片的暗部细节得到最大程度的保留,高光部分无溢出,红色还原十分准确,色彩过渡自然。软件还提供了多种模式供用户选择,其中人像模式对亚洲人的肤色进行了优化,不会出现肤色偏黄现象。

第一步:运行光影魔术手,打开一个需要处理的照片。

第二步：单击菜单中的【效果】→【反转片效果】，如图 5-63 所示。或直接在工具栏中单击【反转片】按钮。

单击工具栏中【反转片】按钮右侧的下拉按钮，弹出如图 5-64 所示的模式选项。选择不同的模式可以得到不同的反转片效果。

图 5-63 【效果】菜单

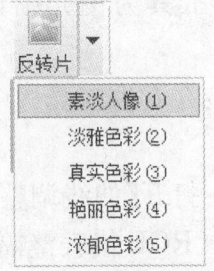

图 5-64 模式选项

第三步：保存处理后的照片文件，即可完成处理。

3. 数码补光

当背光拍摄的照片出现黑脸的情况或者欠曝的情况时，利用数码补光功能可以提高暗部的亮度。光影魔术手可以做到在有效提高暗部亮度的同时，还可以保证亮部的画质不受影响，保持明暗之间的过渡自然，暗部的反差也不受影响。

具体的操作方法：在光影魔术手中打开一个需要处理的照片后，在菜单中选择【效果】→【数码补光】，或直接在工具栏中单击【补光】按钮。

5.5.3　在自己的照片上加盖一个水印

当把自己的摄影作品发布在网上时，可以在照片的角落盖上一个水印，这样既可以保护作品的版权，又可以彰显作者的个性。使用光影魔术手可以方便地为自己的照片加盖水印，操作方法如下：

第一步：运行光影魔术手，打开一个需要加盖水印的照片。

第二步：在菜单中选择【工具】→【水印】，或直接在工具栏中单击【水印】按钮。

第三步：弹出【水印】对话框，如图 5-65 所示。在【水印图片】栏中选择用于水印的照片文件。

第四步：依据需要或自己的爱好调整"透明度"、"位置"、"边距"等参数，单击【确定】按钮，水印就加盖好了。

第五步：保存加盖了水印的照片文件。

5 熟悉常用的应用软件 101

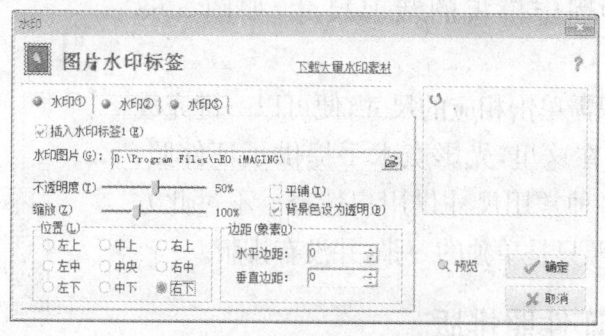

图 5-65 【水印】对话框

5.5.4 为照片加一个漂亮边框

使用光影魔术手可以方便地给照片加上各种精美的边框。除了软件精选自带的边框外,用户还可以在线下载各种边框。

第一步:直接在工具栏中单击【边框】按钮右边的下拉按钮,如图 5-66 所示。在下拉列表中选择一种边框,或在【工具】下拉菜单中选择一种边框。

第二步:以"花样边框"为例,弹出如图 5-67 所示的对话框。对话框的左侧显示原图,中间是加了边框后的效果图,右侧列出了各种边框样式,可以单击选择。

第三步:选好合适的边框后,单击预览图下部的【确定】按钮,回到编辑窗口,保存添加了边框的照片文件即可。

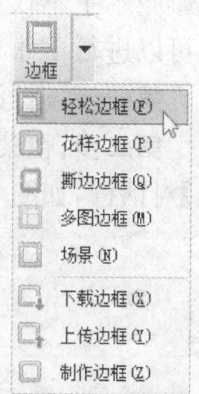

图 5-66 【边框】按钮下拉列表

图 5-67 【边框设置】对话框

5.5.5 剪裁照片

第一步:运行光影魔术手,打开需要剪裁的照片。
第二步:在窗口上部的工具栏中找到【裁剪】工具按钮,单击其旁边的下拉按钮,便会出现多种固定模板的裁剪尺寸,如图 5-68 所示。

第三步:用户只需单击相应的尺寸,便可以一键完成各种大小的裁剪。在这里,光影魔术手提供了证件照、MSN/QQ 头像等多种常用尺寸供用户选择。不过此方法剪裁出来的证件照只是单独的一张,并没有排版。

5.5.6 为证件照排版

使用光影魔术手可以很方便地进行证件照排版,在一张 5 寸或者 6 寸相纸上排多张 1 寸或者 2 寸照。光影魔术手不仅支持身份证照、护照照片排版,而且还可以进行 1 寸 2 寸混排、多人混排。

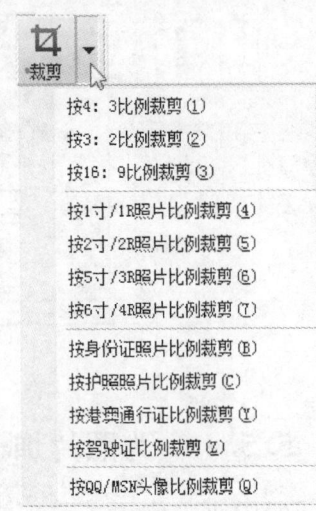

图 5-68 【裁剪】按钮下拉列表

第一步:运行光影魔术手,打开需要排版的照片。

第二步:在菜单中选择【工具】→【证件照片冲印排版】,弹出【证件照片冲印排版】对话框,如图 5-69 所示。

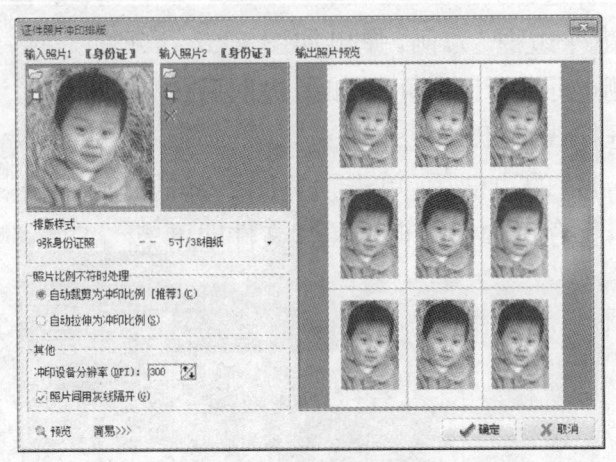

图 5-69 【证件照片冲印排版】对话框

在这个排版功能中,支持两张不同照片的排版。一般第一张照片是默认的已打开照片,用户可以在旁边的第二个小窗口中单击【打开】按钮,选择添加另一张照片。

将"照片比例不符实处理"选项设置为"自动剪裁为冲印比例",这样可以防止照片的比例变形。

第四步:光影魔术手提供了多种模板,照片尺寸也从 1 寸到 2 寸多张不等。单击【排版样式】栏中的下拉按钮,可以选择排版样式,如图 5-70 所示。

第五步:设置完成后,单击【确定】按钮,回到编辑窗口,保存排好版的照片文件即可。

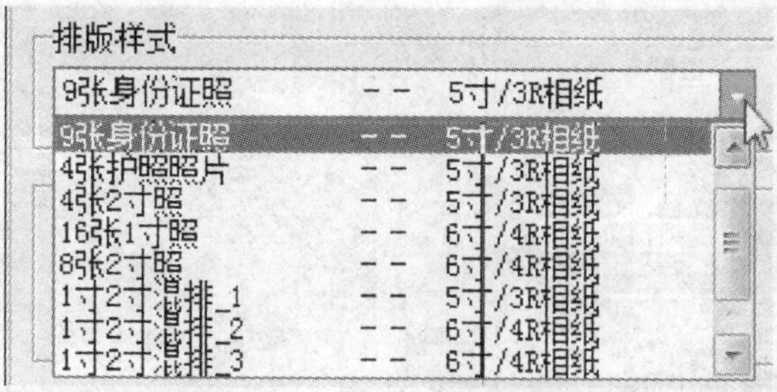

5 熟悉常用的应用软件 103

[图片：排版样式下拉列表]

图 5-70 选择排版样式

5.6 视频处理软件

5.6.1 下载和安装会声会影

随着时代的发展，数码产品已经进入了我们的生活，数码相机、数码摄像机等逐步成为家庭中的常见用品，制作家庭电影的工具也应运而生。在众多视频制作软件中，会声会影软件因其简单易学、功能完备、界面亲和而受到了大家的喜爱。用户通过会声会影可以把自己的照片制作成带音乐和解说的电子相册，直接在电视或电脑上播放。对于有数码摄像机的用户，还可以利用会声会影进行影视创作，制作自己的视频节目。

会声会影的试用版可以到其官方网站下载，地址是：http://www.corel.com/corel/，下载后按照安装向导提示安装即可。由于视频制作过程中数据的处理量很大，对电脑配置的要求也比较高，所以建议用户尽量使用配置较高的电脑。

安装好会声会影后，在桌面上就会出现一个会声会影的图标，如图 5-71 所示。用鼠标左键双击这个图标，就可以运行软件。第一次运行软件的时候会出现注册的提示，按照提示进行注册，单击【继续】按钮即可。

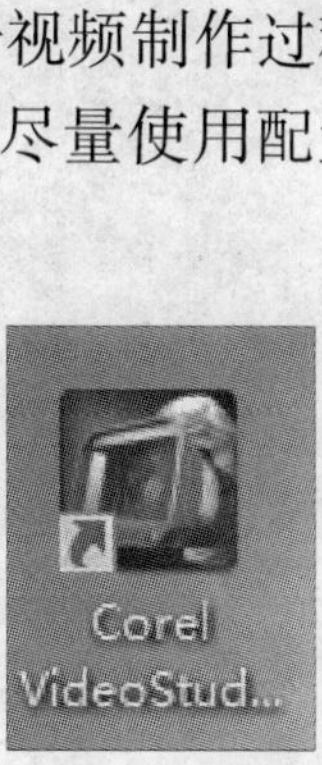

会声会影的运行界面如图 5-72 所示。界面的最上部是菜单栏，左上部是视频预览窗口，右上部是素材区，下部为素材编辑区。素材编辑区有两种视图模式，分别是"故事版视图"和"时间轴视图"。时间轴视图模式下，用户可以编辑各种类型的素材，编辑工作的大部分都是在这种模式中进行的。

图 5-71 会声会影的桌面图标

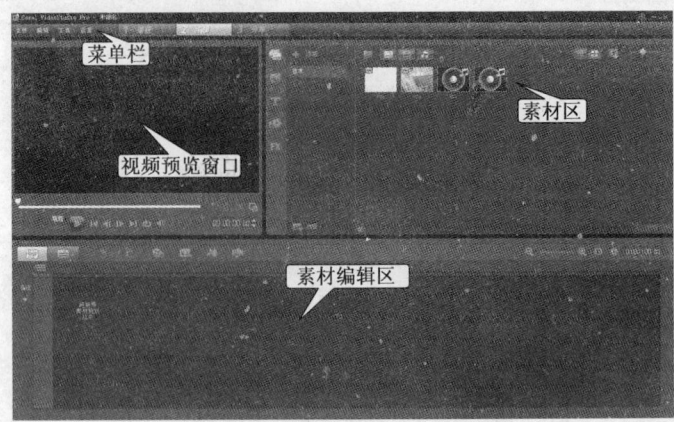

图 5-72 会声会影的运行界面

5.6.2 制作电子相册

当用户处理好一批照片后,就可以用这些照片来制作电子相册了。

第一步:导入照片。运行会声会影软件,在菜单中选择【文件】→【将媒体文件插入到时间轴】→【插入照片】,如图 5-73 所示。

弹出如图 5-74 所示【浏览照片】对话框,找到电脑中放照片的文件夹,选中要导入的照片,单击【打开】按钮。

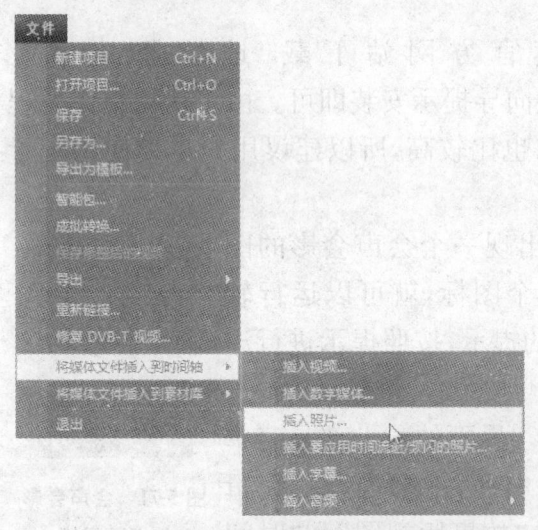

图 5-73 【插入照片】菜单命令　　　　图 5-74 【浏览照片】对话框

第二步:在素材编辑区的时间轴上可以看到导入的照片,如图 5-75 所示。照片插入到项目中以后,用户可以调整其在电子相册中的播放位置。在素材编辑区的时间轴上找到需要调整的照片,选中后按住鼠标左键不放,然后拖动到目标位置后松开鼠标左键,这样照片的播放顺序就被调整了。

5 熟悉常用的应用软件　　105

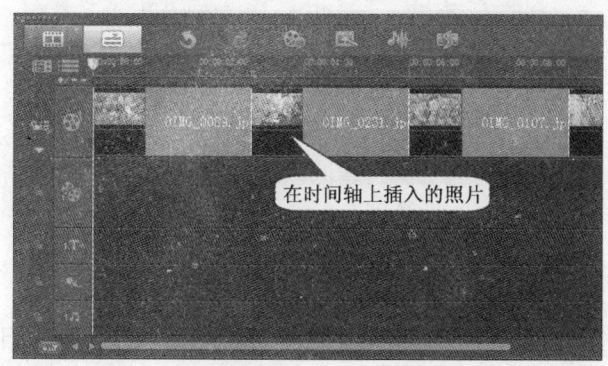

图 5-75　时间轴上的照片

　　第三步：转场的调整和更换。转场是在两张图片变换时设置的一个变换效果，没有转场的图片变换就像放幻灯片一样，显得非常单调；加入转场后画面切换变得丰富多彩，具有更专业的效果。在会声会影中有上百种不同的转场，用户可以根据自己的需要加入转场效果、重新选择或替换转场效果、删除转场效果。单击【转场】图标，如图 5-76 所示。

　　在右边的素材区中选择需要的转场效果图标，按住鼠标左键不放，拖动转场效果图标到时间轴上需要更换的转场位置后松开鼠标左键，转场就变成了新的效果。

　　在右边的素材区上方，单击下拉按钮，会出现各种分类的转场滤镜，如图 5-77 所示。选择一个分类后，素材区中就会显示出该类转场的各种效果图标，以供用户选择。

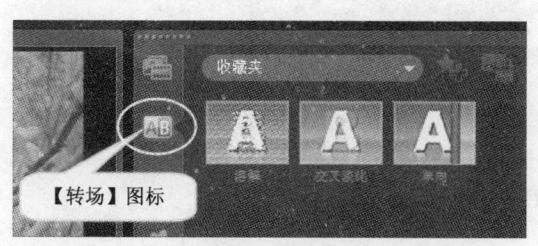

图 5-76　【转场】图标

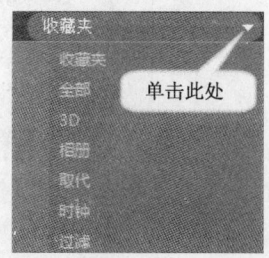

图 5-77　各种分类的转场滤镜

　　第四步：有时候用户需要对某个照片的播放时间进行调整。例如，如果在开始时加入片头文字和相关的文字，而且需要同一个照片做背景，那么这时候就要根据需要改变照片的显示时间。

　　在时间轴上选中照片，照片缩略图周围出现虚线框，如图 5-78 所示。将鼠标指针放到虚线框的端头，这时鼠标变成一个黑箭头，按住鼠标左键并左右拖动虚线框就可以改变该照片的播放时间。

　　第五步：删除不需要的照片。如果导入的照片不再需要，那么用户就可以在

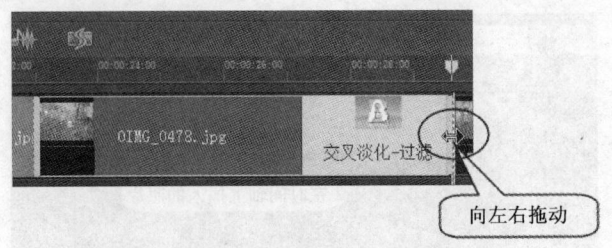

图 5-78　调整某个照片的播放时间

时间轴上选中该照片,然后按【Delete】键进行删除。也可以选中照片后单击鼠标右键,在弹出的快捷菜单中选择【删除】命令。

第六步:保存项目文件。制作完成后,用户需要将编辑的内容保存成项目文件,方便以后继续编辑。项目文件保存的方法:在菜单中选择【文件】→【保存】,弹出如图 5-79 所示的对话框。给文件起一个名字,然后单击【保存】按钮。

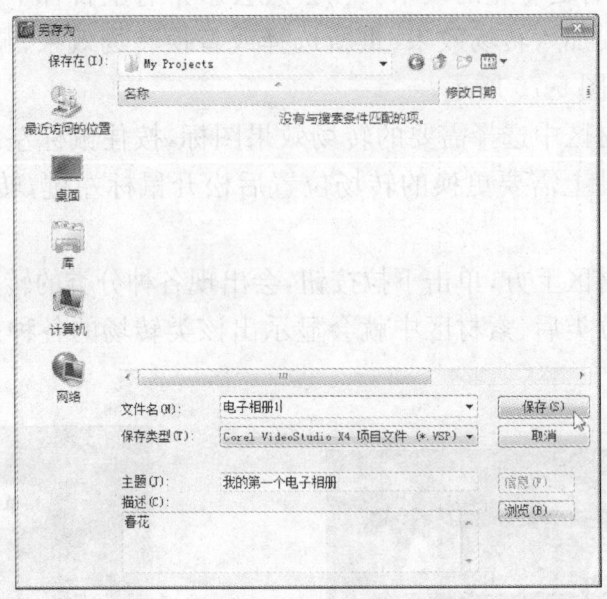

图 5-79　【另存为】对话框

需要说明的是,项目文件的扩展名是 VSP,不是视频文件,它只是指在会声会影中进行编辑用的文件。其特点是把各个素材用路径进行连接,而不是真正调入到项目文件中。如果在其他电脑中打开项目文件,由于文件路径的改变,有可能就看不到素材了。

5.6.3　剪辑影片

需要将视频素材准备好。

第一步:导入视频素材文件。视频素材文件的导入方法与照片文件类似。首

5 熟悉常用的应用软件　　107

先运行会声会影软件，在菜单中选择【文件】→【将媒体文件插入到时间轴】→【插入视频】，弹出【打开视频文件】对话框，找到需要的视频素材文件后单击【打开】按钮。在素材编辑区的时间轴上可以看到导入的视频，如图 5-80 所示。

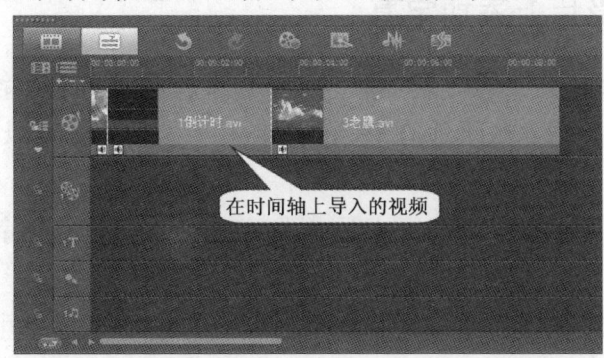

图 5-80　时间轴上导入的视频

如果同时导入几个视频文件，视频顺序的调整方法与制作电子相册时调整照片顺序的方法完全一样，在时间轴上直接拖动即可。

第二步：分割视频。在编辑的过程中，有时需要去掉中间的一段内容；有时需要调整一些场景的次序，把后面的部分放到前面；有时需要在视频中加入其他照片或视频文件，这些操作都需要把原来完整的一段视频素材分割成几段。

视频的分割方法：用鼠标点一下时间轴上的指针，将其拖动到需要处理的地方的开头，确定视频的分割点，如图 5-81 所示。

在菜单中选择【编辑】→【分割素材】，如图 5-82 所示。或单击视频预览窗口右下角的【剪刀】按钮，如图 5-83 所示。剪切以后，视频就变成

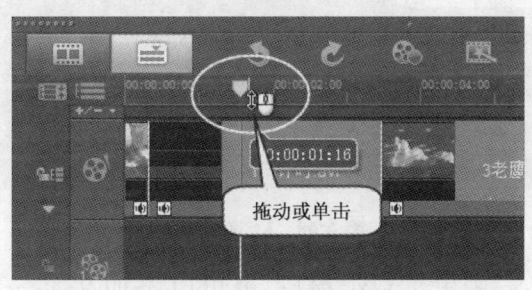

图 5-81　确定视频的分割点

了两段，用户可以把剪断的视频调整到需要的位置，也可以把不需要的视频段删除。

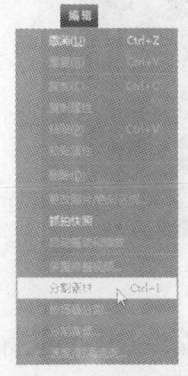

图 5-82　【编辑】菜单

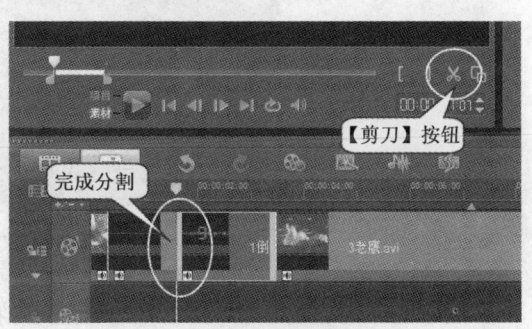

图 5-83　分割视频

第三步：保存项目文件。制作完成后，用户需要将编辑的内容保存成项目文件，方法与制作电子相册完全相同。

5.6.4 在影片上添加字幕

用户在制作家庭电视的时候，除了图片和录像等素材外，字幕说明也必不可少。使用会声会影可以方便地在视频中加入字幕，并且可以使文字产生各种效果。

第一步：在时间轴的白色尺度上用鼠标单击定位，确定文字所在的位置。单击【标题】图标，如图 5-84 所示。

第二步：单击【标题】图标后，预览窗口就会出现"双击这里可以添加标题。"的提示，如图 5-85 所示。

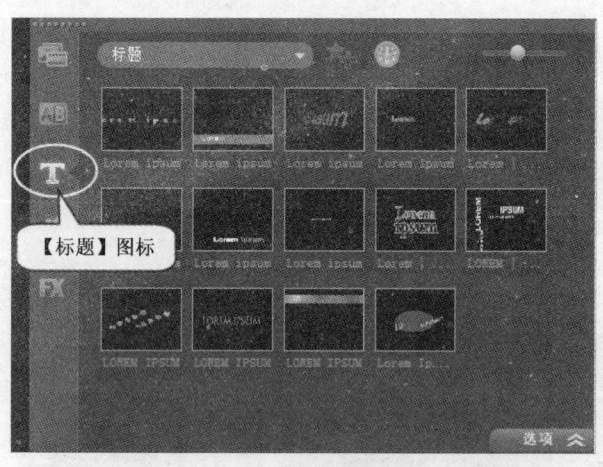

图 5-84 【标题】图标

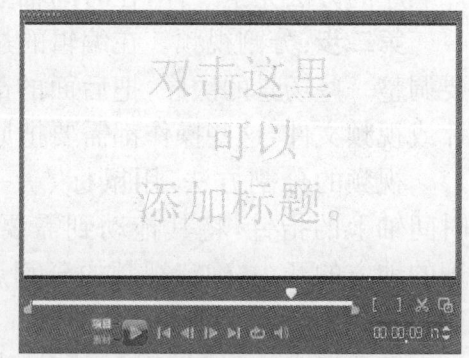

图 5-85 添加标题文字的提示

用鼠标双击窗口，就可以添加文字。窗口的右侧会显示文字属性设置页，如图 5-86 所示。在这里，用户可以调整文字的对齐方式、字体、颜色、阴影等属性。

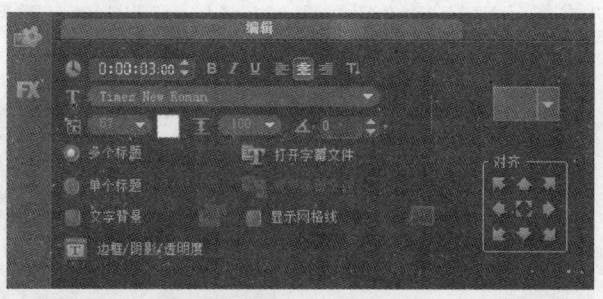

图 5-86 文字属性设置页

第三步：调整文字的时间。在时间轴上找到文字缩略图，把鼠标指针放到文字图标端头，出现箭头后按住鼠标左键向左右拖动，就可以改变显示时间，如图

5-87所示。

第四步：调整文字的大小和位置。写好的文字上面会出现12个控制点，如图5-88所示。将鼠标指针放置到文字上面，按住鼠标左键后进行拖动，可以移动文字的位置；用鼠标拖动黄色的方块可以改变文字的大小；拖动红色的圆点可以旋转文字。

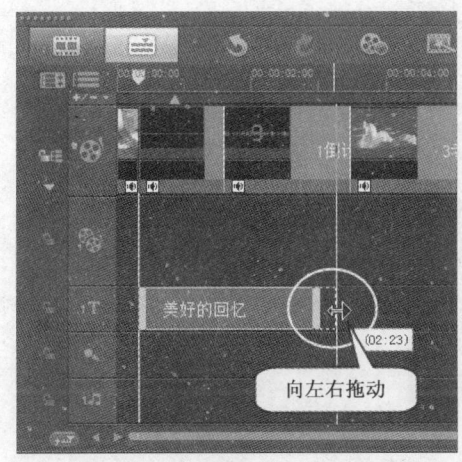

图 5-87　调整文字的时间

图 5-88　调整文字的大小和位置

第五步：单击预览窗口的【播放】按钮可以观看文字的播放效果。

5.6.5　输出自己的视频作品

用户做完全部的编辑工作以后，一部自己制作的视频节目就诞生了。但是如果想要让大家来欣赏自己的作品，还需要将其输出为视频文件。输出方法如下：

第一步：单击窗口上侧的【分享】，如图5-89所示。

图 5-89　创建视频文件

第二步：单击窗口素材区下方的【创建视频文件】，弹出如图 5-90 所示的下拉列表。列表中列出了会声会影支持的各种视频文件格式。

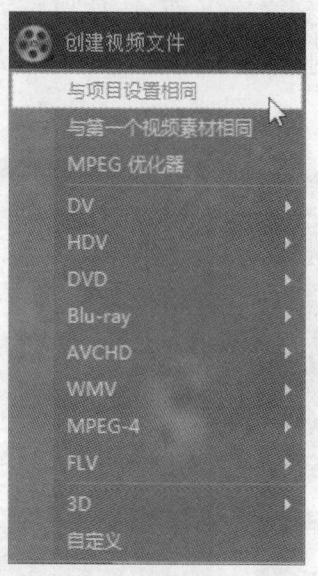

图 5-90　选择视频格式

第三步：选择一种视频文件格式。例如，选择【DVD】→【DVD 视频（4∶3）】，则弹出【创建视频文件】对话框。设置保存视频文件的文件夹，给视频文件起一个名字，然后单击【保存】按钮，软件就开始进行渲染，生成视频文件后保存在电脑上，用户将来就可以直接播放这个视频文件了。

6 漫游网络新世界

随着科技的发展，时代的进步，上网已成为人们生活不可缺少的部分。上网并不是年轻人的专利，中老年人同样能跟上信息化时代的步伐。本章主要介绍了如何连接 Internet，如何使用 IE 浏览器，如何使用百度搜索引擎。通过学习本章，读者可以对宽带连接的设置有一个清晰的认识，很好地掌握 IE 浏览器的使用方法，能够利用百度提供的各项服务方便地访问各种网络资源。

6.1 连接 Internet 的方式

6.1.1 ADSL 方式

ADSL 是目前最普及的一种上网方式，大多数家庭都是采用这种方式上网的。ADSL 采用异步传输模式。在电信服务提供商端，需要将每条开通 ADSL 业务的电话线路连接在数字用户线路访问多路复用器上。而在用户端，用户只需要使用一个 ADSL 终端来连接电话线路。通常的 ADSL 终端有一个电话 Line-In，一个以太网口，有些终端集成了 ADSL 信号分离器，还提供一个连接的 Phone 接口。

6.1.2 WiFi 无线方式

WiFi 全称 Wireless Fidelity，是当今使用最广的一种无线网络传输技术。实际上就是把有线网络信号转换成无线信号，供支持其技术的相关电脑、手机、PDA 等接收。

6.1.3 光纤宽带方式

光纤宽带就是把要传送的数据由电信号转换为光信号进行通信。在光纤的两端分别都装有"光猫"进行信号转换。光纤是宽带网络的多种传输媒介中最理想的一种，它的特点是传输容量大，传输质量好，损耗小，中继距离长等。

6.2 通过 ADSL 连接到互联网

使用 ADSL 上网同其他上网方式一样,也需要进行相应的软硬件设置。硬件设置在安装网络时由网络公司安装,下面介绍连接到互联网的软件设置。

6.2.1 Window 7 的网络设置

在 Window 7 中连接互联网,首先要建立连接。其操作方法如下:

第一步:单击【开始】菜单,找到【控制面板】选项,如图 6-1 所示。

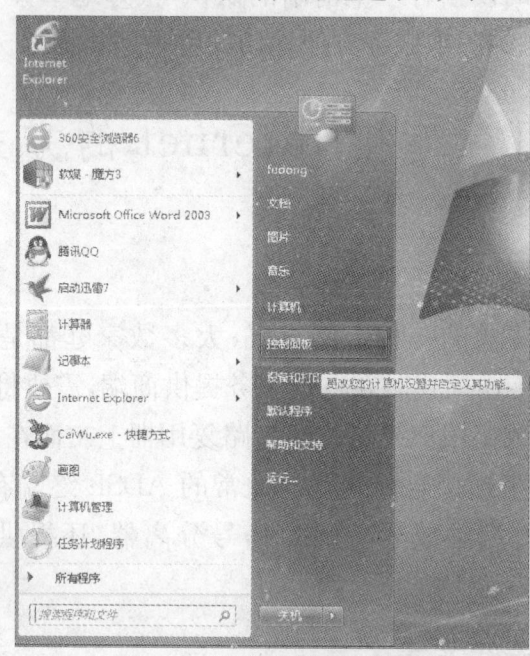

图 6-1 选择【控制面板】选项

第二步:单击打开【控制面板】,选择【网络和共享中心】,如图 6-2 所示。

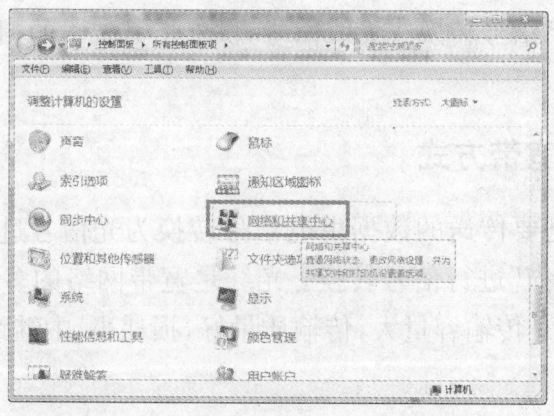

图 6-2 选择【网络和共享中心】选项

6 漫游网络新世界   113

第三步：单击打开【网络和共享中心】可以看到 Window 7 对网络进行设置的界面，如图 6-3 所示。

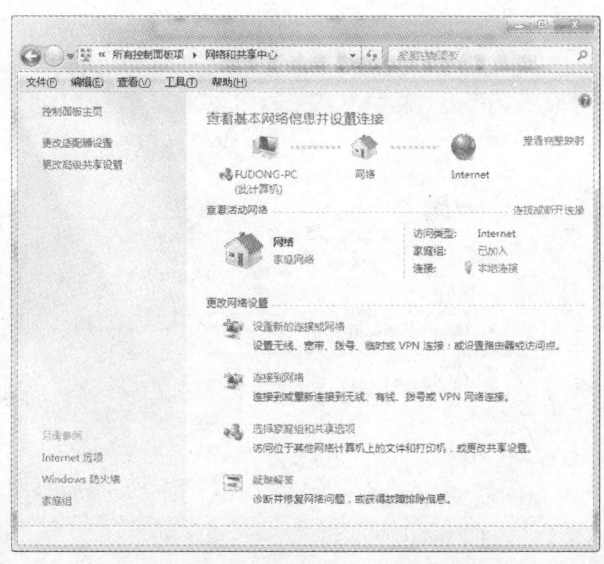

图 6-3　选择【网络和共享中心】界面

6.2.2　建立网络链接

Windows 7 的安装会自动将网络协议等配置妥当，基本不需要手工介入，因此一般情况下用户只要把网线插对接口即可，至多就是多一个拨号验证身份的步骤。

第一步：选择【设置新的连接或网络】选项，打开【设置连接或网络】界面，如图 6-4 所示。

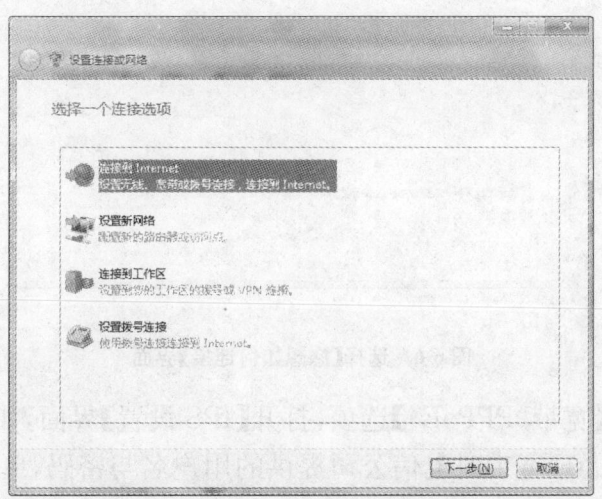

图 6-4　选择【设置连接或网络】界面

第二步：选中【连接到 Internet】选项，单击【下一步】按钮，打开【连接到 Internet】界面，如图 6-5 所示。

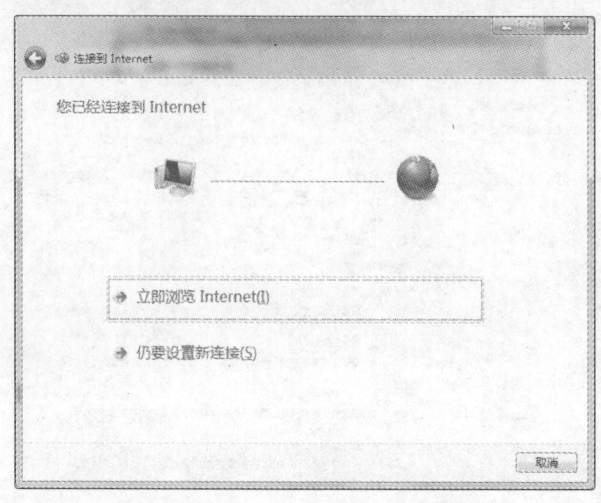

图 6-5　选择【连接到 Internet】界面

第三步：单击【仍要设置新连接】选项，打开【您想如何连接】界面，如图 6-6 所示。

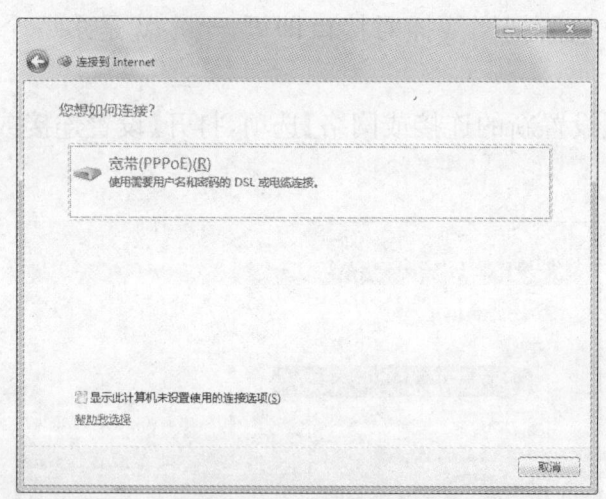

图 6-6　选择【您想如何连接】界面

第四步：单击【宽带（PPPoE）】选项，打开【IPS 设置】界面，如图 6-7 所示。

第五步：输入办理宽带时电信公司提供的用户名与密码，单击【连接】按钮，这样计算机就连接上 Internet 了。

6 漫游网络新世界 115

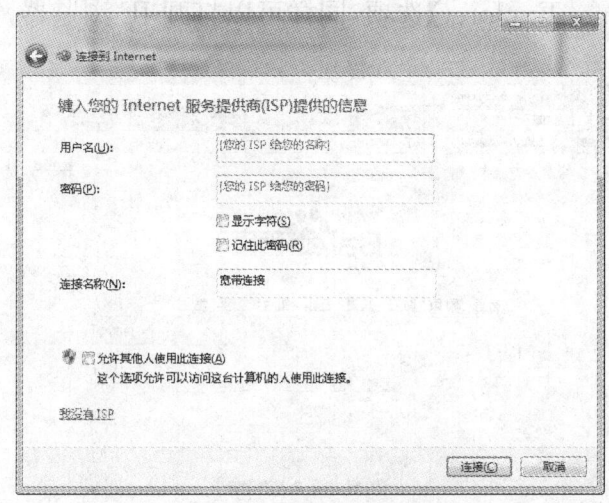

图 6-7 选择【IPS 设置】界面

6.3 Internet Explorer 浏览器

Internet Explorer 简称 IE，是全世界所广泛使用的浏览器，它集成了更多个性化、智能化、隐私保护的新功能，为用户的网络生活注入了新体验。Windows 7 中默认安装的是 IE9，下面就为读者介绍一下 IE9 的使用。

6.3.1 启动 Internet Explorer

启动的具体操作方法如下：

方法一： 在计算机的桌面上找到 IE 的图标，如图 6-8 所示。双击 IE 图标即可打开 IE 浏览器。

图 6-8 IE 图标

方法二：

①用户还可以通过单击【开始】菜单，选择【所有程序】选项，找到【Internet Explorer】选项，如图 6-9 所示。

图 6-9 【所有程序】选项界面

②单击【Internet Explorer】选项，同样可以打开 IE 浏览器，如图 6-10 所示。

图 6-10　IE 浏览器界面

6.3.2　浏览网页

在 IE 的地址栏中输入想要访问的网址，如"http://www.sina.com.cn"，按【Enter】键，即可打开新浪的首页，如图 6-11 所示。

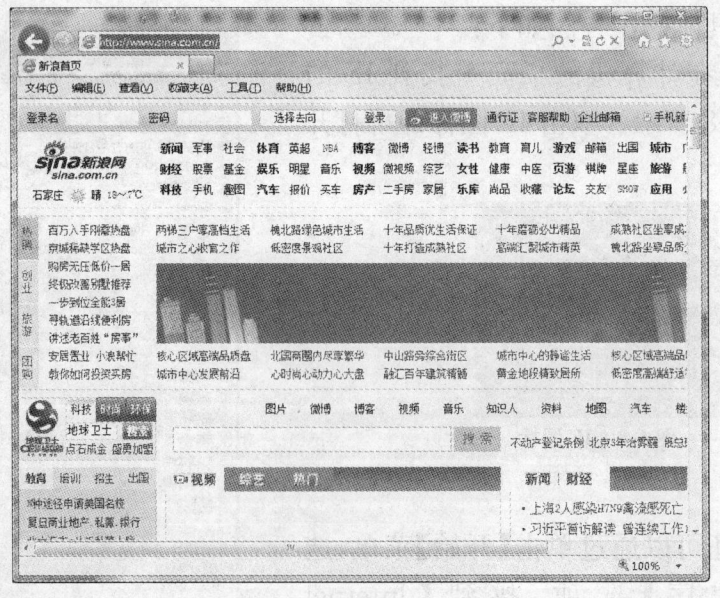

图 6-11　新浪的首页

单击页面上感兴趣的链接,如"新闻",就可以打开相应的页面进行网页浏览。

6.3.3 使用收藏夹

收藏夹是浏览器提供的一个使用工具,用户在上网的时候可以方便地记录自己喜欢的、常用的网站。把它放到一个文件夹里,想用的时候可以直接打开。

用户在上网浏览的时候如果发现了感兴趣的页面想保存下来,以便下次快速找到该页面,就可以单击 IE 的【收藏夹】菜单,如图 6-12 所示。

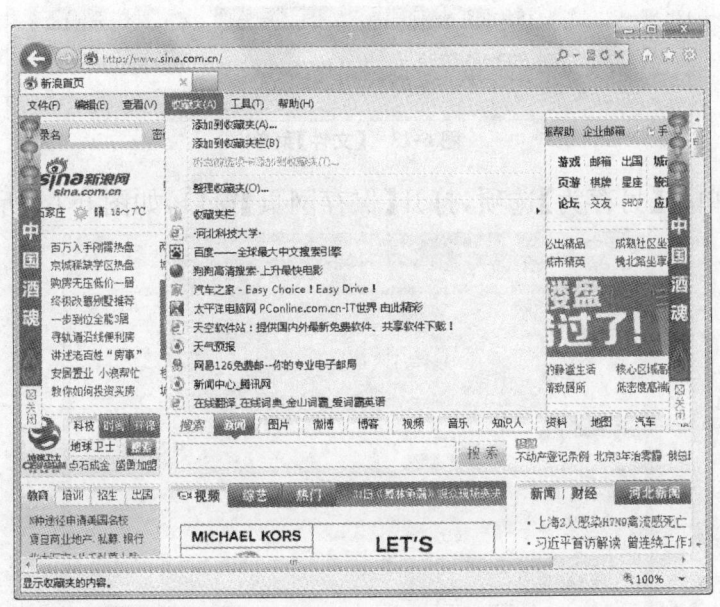

图 6-12 【收藏夹】菜单

单击【添加到收藏夹】选项,当前访问的页面就会被保存在收藏夹中。用户如果想要访问以前保存在收藏夹中的网址,就可以在打开 IE 浏览器后,单击【收藏夹】菜单,选择想要访问的网址,如"太平洋电脑网",即可打开该网站。

6.3.4 保存网页上的资料

如果用户需要保存网页中的信息,操作方法如下:

第一步:单击【文件】菜单,如图 6-13 所示。

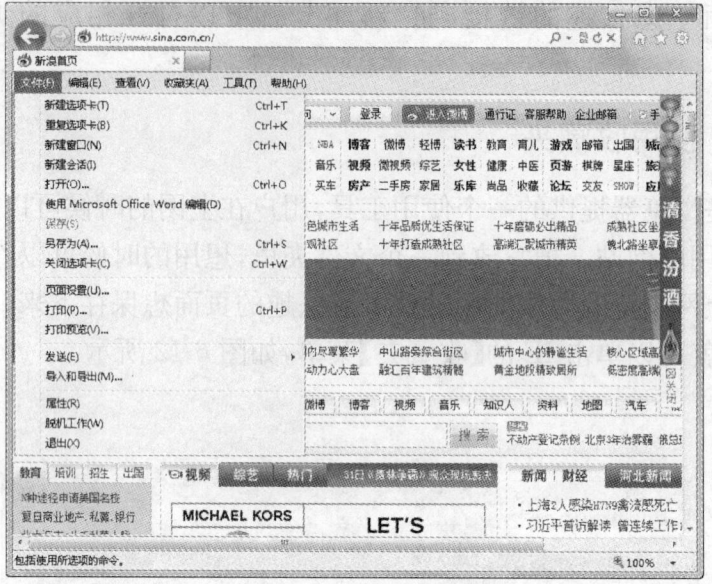

图 6-13 【文件】菜单

第二步：单击【另存为】选项，打开【保存网页】窗口，如图 6-14 所示。

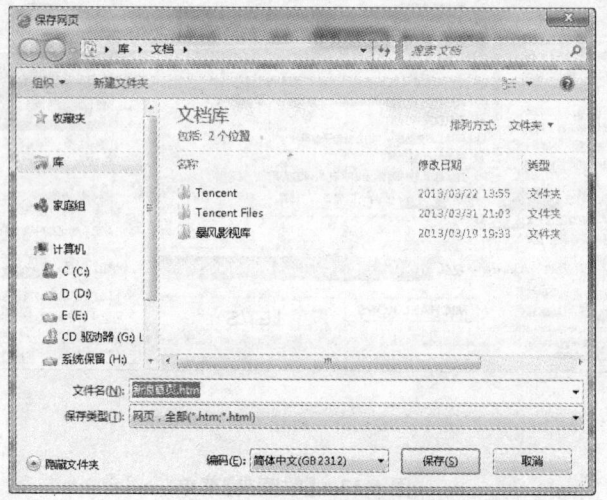

图 6-14 【保存网页】窗口

第三步：选择适当的位置，单击【保存】按钮即可将当前网页保存到计算机的硬盘上。

6.4 搜索引擎

6.4.1 搜索引擎简介

搜索引擎是根据一定的策略、运用特定的计算机程序从互联网上搜集信息，在对信息进行组织和处理后,为用户提供检索服务,将与用户检索相关的信息展示给用户的系统。

搜索引擎包括全文索引、目录索引、元搜索引擎、垂直搜索引擎、集合式搜索引擎、门户搜索引擎与免费链接列表等。百度和谷歌等是搜索引擎的代表。

6.4.2 常见搜索引擎

1. 百度

百度是全球最大的中文搜索引擎,2000年1月由李彦宏、徐勇两人创立于北京中关村,致力于向人们提供"简单,可依赖"的信息获取方式。"百度"二字源于中国宋朝词人辛弃疾的《青玉案·元夕》词句"众里寻他千百度",象征着百度对中文信息检索技术的执着追求。

2. 搜狗

搜狗是搜狐公司的旗下子公司,于2004年8月3日推出,目的是增强搜狐网的搜索技能,主要经营搜狐公司的搜索业务。在搜索业务的同时,也推出了搜狗输入法、免费邮箱、企业邮箱等业务。

3. 360综合搜索

360综合搜索属于元搜索引擎,是搜索引擎的一种,是通过一个统一的用户界面帮助用户在多个搜索引擎中选择和利用合适的(甚至是同时利用若干个)搜索引擎来实现检索操作,是对分布于网络的多种检索工具的全局控制机制。而360搜索+属于全文搜索引擎,是奇虎360公司开发的基于机器学习技术的第三代搜索引擎,具备"自学习、自进化"和发现用户最需要的搜索结果的能力。

4. 搜搜

搜搜是腾讯旗下的搜索网站,是腾讯主要的业务单元之一。网站于2006年3月正式发布并开始运营。搜搜目前已成为中国网民首选的三大搜索引擎之一,主要为网民提供实用便捷的搜索服务,同时承担腾讯全部搜索业务,是腾讯整体在线生活战略中重要的组成部分之一。

5. 中国雅虎

中国雅虎是雅虎于1999年9月在中国开通的门户搜索网站。中国雅虎开创性地将全球领先的互联网技术与中国本地运营相结合,并一直致力于以创新、人性、全面的网络应用为亿万中文用户带来最大价值的生活体验,成为中国互联网的"生活引擎"。

6. 谷歌

Google公司于1998年9月7日以私营公司的形式创立,设计并管理一个互联网搜索引擎"Google搜索"。Google目前被公认为是全球规模最大的搜索引擎,它提供了简单易用的免费服务。

6.5 百度的使用

6.5.1 搜索信息

利用百度可以方便地查找感兴趣的信息,操作方法如下:

第一步:打开 IE 浏览器,在地址栏中输入"http://www.baidu.com",按【Enter】键,即可打开百度的首页,如图 6-15 所示。

图 6-15 百度首页

第二步:默认打开【网页】选项,即通过搜索引擎查询的结果是网页上的文字信息。在文本框中输入想要检索的信息,如"电视机",单击【百度一下】按钮会显示检索结果,如图 6-16 所示。

第三步:单击检索结果中的链接,可以打开相应的网页,从而浏览相关信息。

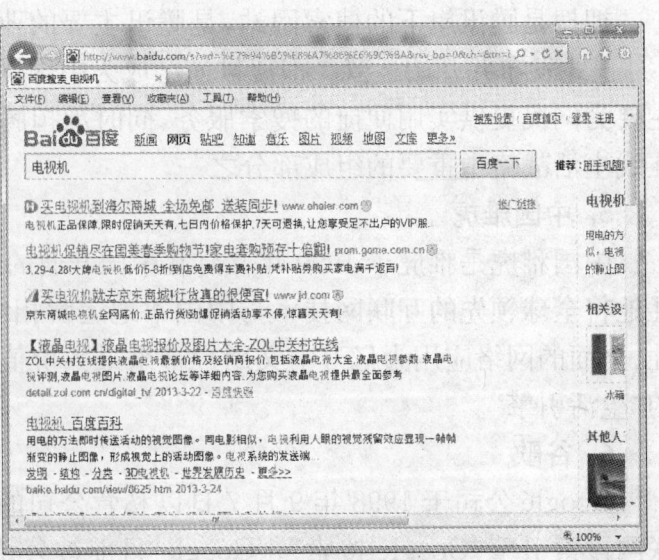

图 6-16 百度搜索结果页面

6.5.2 百度新闻

百度新闻是目前世界上最大的中文新闻搜索平台，每天发布多条新闻，新闻源包括500多个权威网站。热点新闻由新闻源网站和媒体每天"民主投票"选出，不含任何人工编辑成分，真实反映每时每刻的新闻热点。百度新闻保留自建立以来所有日期的新闻，更有助于用户掌握整个新闻事件的发展脉络。

第一步：打开百度首页，选择【新闻】选项，百度新闻会将当天的热点新闻展示在页面上，如图6-17所示。

图 6-17　百度新闻页面

第二步：在文本框中输入关心的新闻内容，如"足球"，单击【百度一下】按钮会显示检索结果，如图6-18所示。

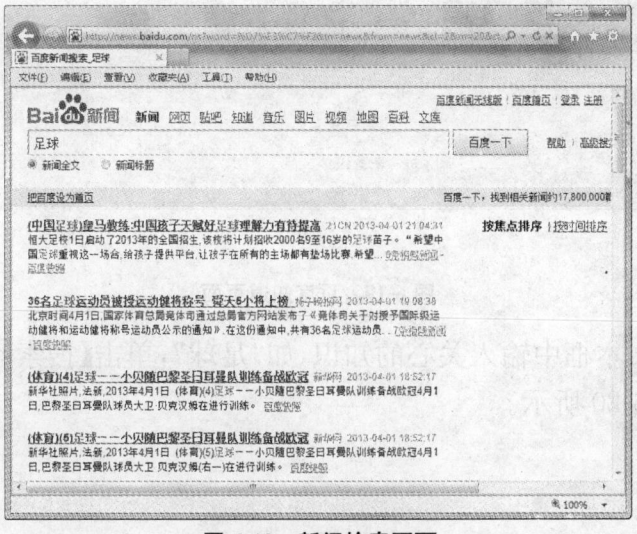

图 6-18　新闻检索页面

第三步：单击检索结果中的相关链接，即可浏览相应新闻内容。

6.5.3 百度知道

百度知道是用户自己有针对性地提出问题，通过积分奖励机制发动其他用户来解决该问题的搜索模式。同时，这些问题的答案又会进一步作为搜索结果提供给其他有类似疑问的用户，以达到分享知识的效果。

百度知道的最大特点就在于和搜索引擎的完美结合，让用户所拥有的隐性知识转化成显性知识。用户既是百度知道内容的使用者，同时又是百度知道的创造者，在这里累积的知识数据都可以反映到搜索结果中，通过用户和搜索引擎的相互作用实现搜索引擎的社区化。

第一步：打开百度首页，选择【知道】选项，百度知道会将当天的热门信息展示在页面上，如图 6-19 所示。

图 6-19　百度知道页面

第二步：在文本框中输入关心的知识，如"足球"，单击【搜索答案】按钮会显示检索结果，如图 6-20 所示。

6 漫游网络新世界 123

图 6-20 百度知道检索页面

第三步：单击检索结果中的相关链接，即可浏览其他网友的问题及解答的答案。

6.5.4 百度音乐

百度音乐是中国第一大音乐门户，它为用户提供免费下载、在线播放等音乐服务，以"透过技术与艺术并重的服务，使听众随时随性享受音乐，让音乐人找到知音且取得商业成功"为使命，为音乐产业的建立共赢生态链，影响中国数字音乐产业的发展。

第一步：打开百度首页，选择【音乐】选项，会打开百度音乐的首页，如图6-21所示。

图 6-21 百度音乐页面

该页面上展示了热门歌曲、热门歌手以及各种排行信息,如图 6-22 所示。

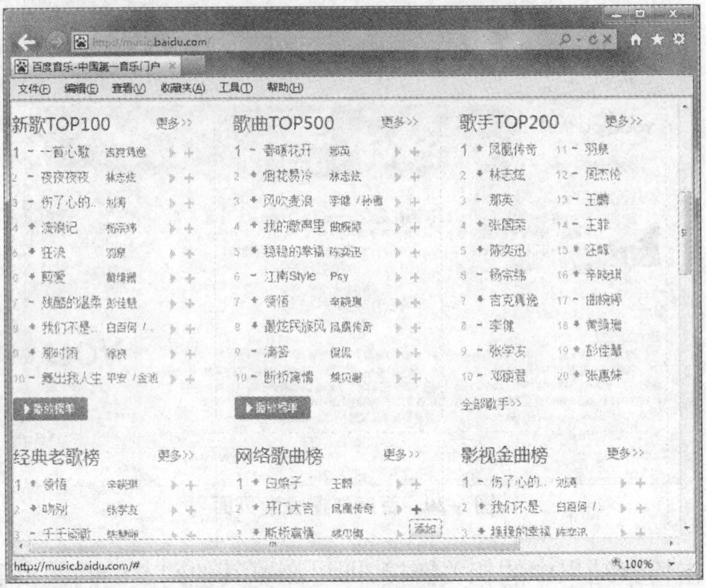

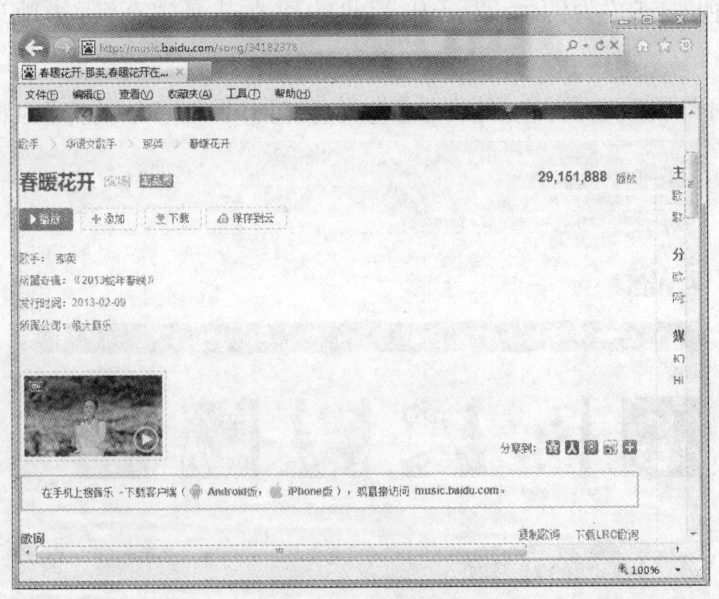

图 6-22　百度音乐排行

第二步:单击感兴趣的歌曲,如"春暖花开"链接,会打开具体的歌曲页面,如图 6-23 所示。该页面介绍了歌曲的基本信息,列出了歌曲的歌词,还链接了歌曲的 MV 等等,总之在这个页面中可以了解"春暖花开"的各项信息。

图 6-23　歌曲页面

第三步:单击【播放】按钮,会打开百度音乐盒页面,如图 6-24 所示。百度音乐盒是一款在线播放器,用户不用下载,直接在页面上就可以播放歌曲。百度音乐盒提供了一般播放器的全部功能，方便、简洁、易于上手。

图 6-24 百度音乐盒页面

第四步：单击【下载】按钮，会打开下载页面，如图 6-25 所示。用户可以根据自己的权限下载不同品质的歌曲。

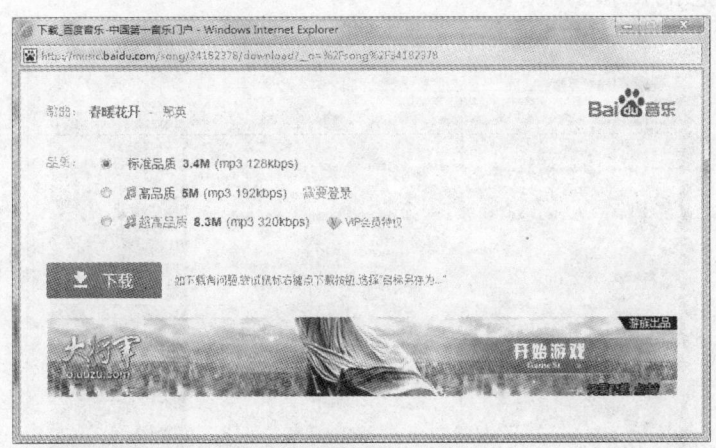

图 6-25 下载页面

6.5.5 百度视频

百度视频是百度汇集互联网众多在线视频播放资源而建立的庞大视频库。百度视频拥有最多的中文视频资源，为用户提供最完美的观看体验。

打开百度首页，选择【视频】选项，会打开百度视频的首页，如图 6-26 所示。

图 6-26 百度视频首页

百度视频提供了多种分类和多个排行信息,用户可以方便地找到自己感兴趣的视频信息。利用百度视频看电影、看电视、看娱乐节目,是一个很好的网上娱乐方式。例如,单击"罕见 H7N9 流感来袭"链接会打开视频播放页面,如图 6-27 所示。该页面可以播放被选中的视频信息,同时还列出了各种与 H7N9 流感有关的视频和其他信息的链接。

图 6-27 视频播放页面

6.5.6 百度地图

百度地图是百度提供的一项网络地图搜索服务,它覆盖了国内近 400 个城市、数千个区县。在百度地图里,用户可以查询街道、商场、楼盘的地理位置,也可以找到距离最近的所有餐馆、学校、银行、公园等。

第一步:打开百度首页,选择【地图】选项,会打开百度地图的首页。百度地图会检测出用户所在的城市并打开该城市的地图页面,如图6-28所示。

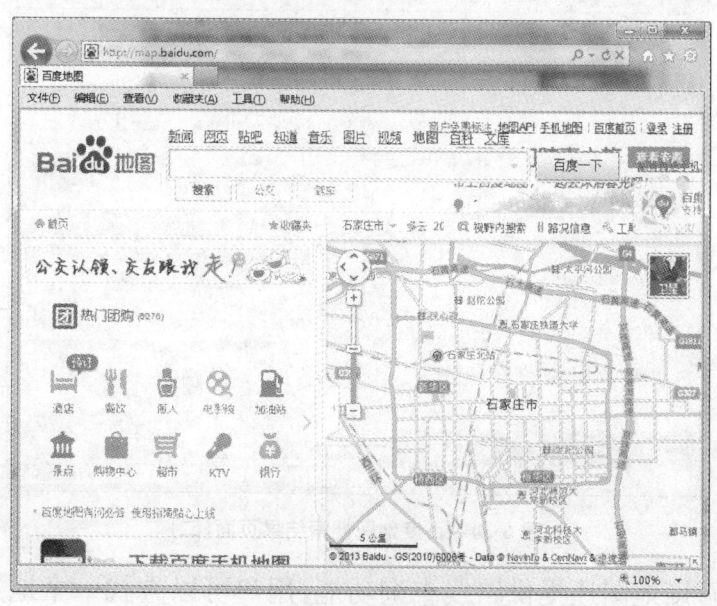

图6-28 百度地图页面

第二步:在文本框中输入要查找的地名,如"火车站",单击【百度一下】按钮,会打开地图搜索结果页面。页面上用红色小图标标注了具体的查询地点,如图6-29所示。

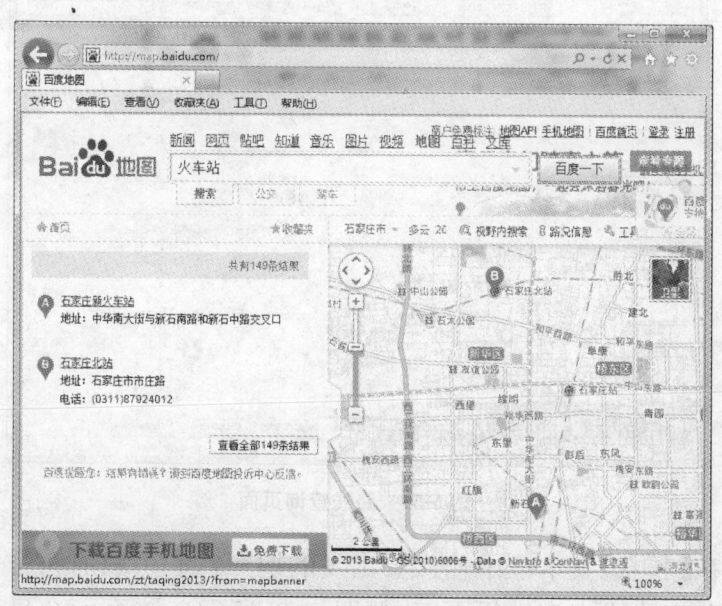

图6-29 百度地图搜索结果页面(一)

第三步：单击地图上的红色小图标，系统会自动调整地图的比例并显示出该地点的详细信息，如图 6-30 所示。

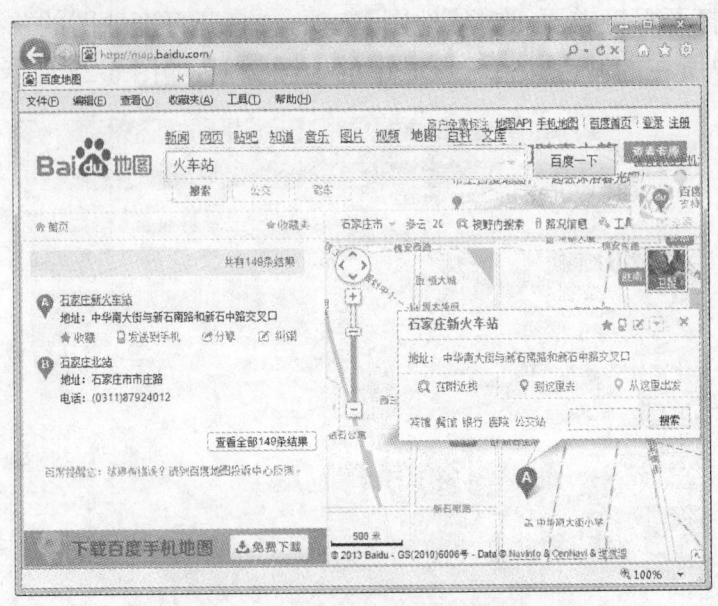

图 6-30　百度地图搜索结果页面(二)

第四步：百度地图还提供路线查询功能，用户可以查找一个地点到另一个地点的交通路线。例如，单击【到这里去】链接，打开路线查询页面，如图 6-31 所示。

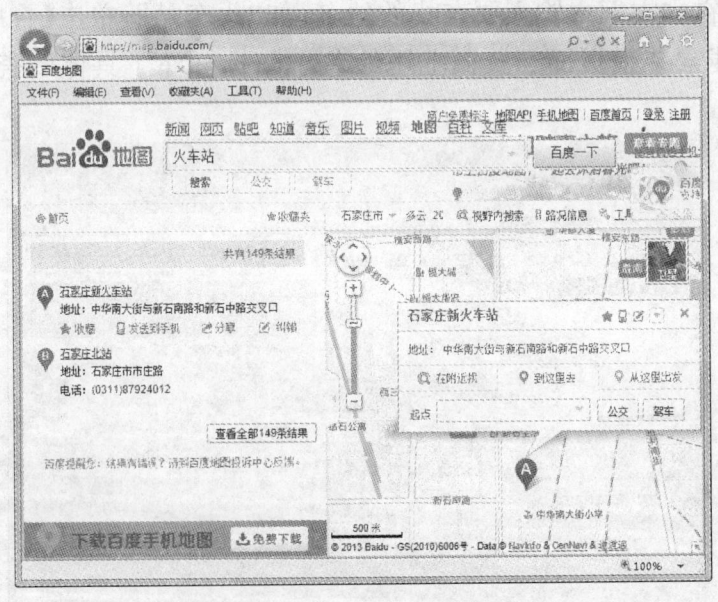

图 6-31　路线查询页面

第五步：在【起点】文本框中输入要出发的地点，如"市政府宿舍"，单击【公交】按钮，会打开公交路线查询结果页面，如图 6-32 所示。该页面会显示出从起点到终点的公交线路、所需时间、如何走等各种信息。

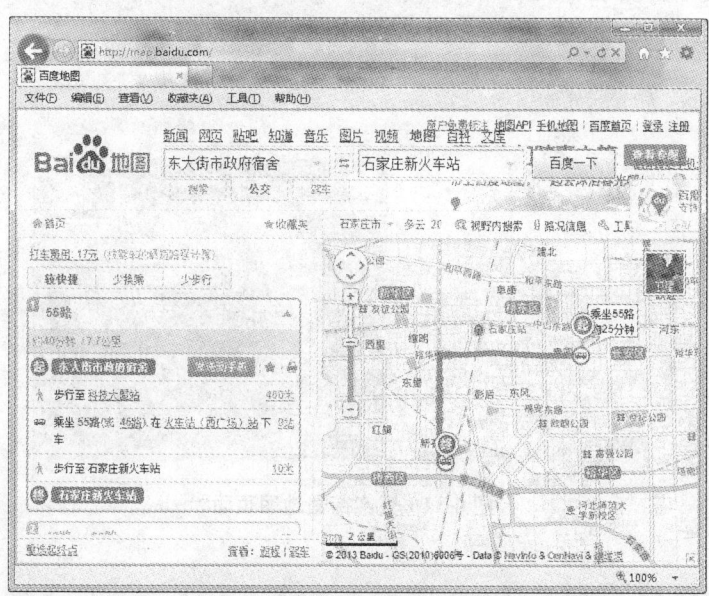

图 6-32 公交路线查询结果页面

第六步：如果单击【驾车】按钮，则会打开驾车路线查询结果页面，如图 6-33 所示。该页面会显示出从起点到终点所经过的各个路段的驾车信息。

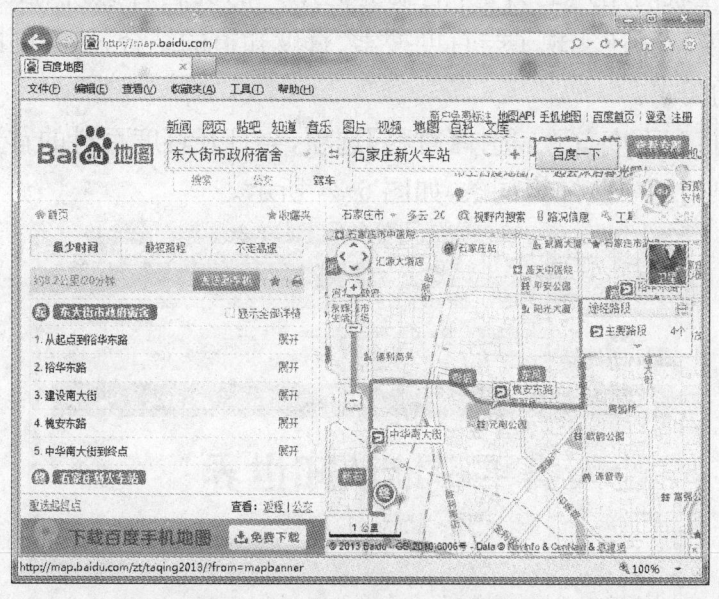

图 6-33 驾车路线查询结果页面

第七步：单击【卫星】图标可以打开真实的街景地图，用户可以通过鼠标的滚轮调整地图的放缩，如图 6-34 所示。

图 6-34　真实街景地图页面

6.5.7　百度百科

百度百科是百度公司推出的一部内容开放、自由的网络百科全书，旨在创造一个涵盖各领域知识的中文信息收集平台。百度百科强调用户的参与和奉献精神，充分调动互联网用户的力量，汇聚上亿用户的头脑智慧，积极进行交流和分享。同时，百度百科还实现了与百度搜索、百度知道的结合，从不同的层次上满足用户对信息的需求。

第一步：打开百度首页，选择【百科】选项，会打开百度百科的首页。该页面列出了当前最热门的一些知识词条，如图 6-35 所示。

图 6-35　百度百科首页

第二步：在文本框中输入要查找的知识，如"卫星"，单击【进入词条】按钮，会打开"卫星"词条的百科页面，如图 6-36 所示。

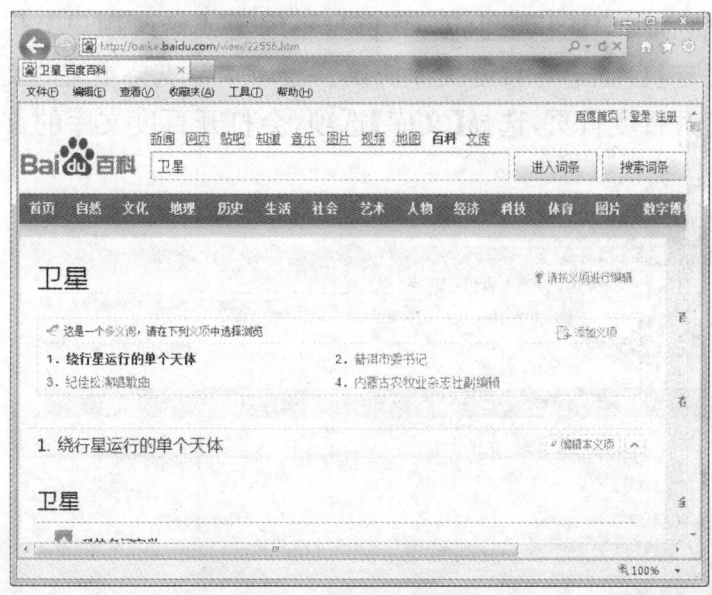

图 6-36 "卫星"词条页面

第三步：向下拖曳页面可以看到关于"卫星"的各种知识和图片，如图 6-37 所示。

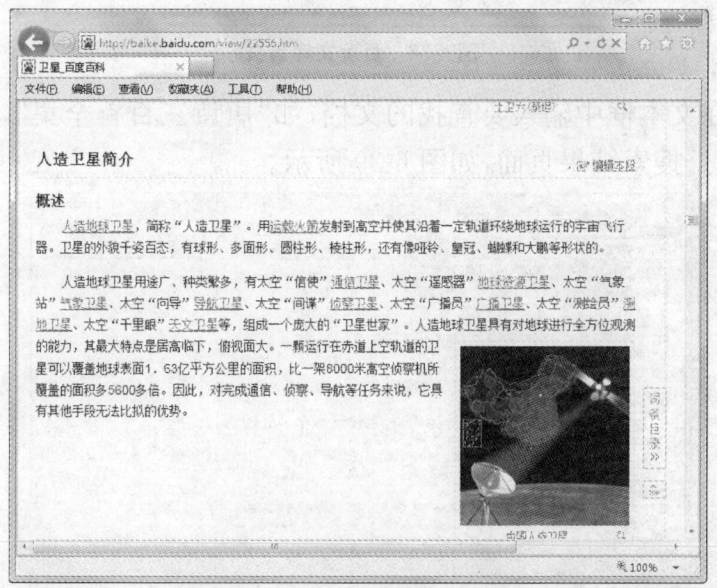

图 6-37 "卫星"具体信息页面

6.5.8 百度文库

百度文库是百度为用户提供的信息存储空间，是供用户在线分享文档的开放平台。在这里,用户可以在线阅读和下载包括课件、习题、论文报告、专业资料、各类公文模板以及法律法规、政策文件等多个领域的资料。百度文库平台上所累积的文档均来自热心用户的积极上传,其自身不编辑或修改用户上传的文档内容。百度文库的用户应自觉遵守百度文库协议。当前平台支持主流的文件格式。

第一步:打开百度首页,选择【文库】选项,会打开百度文库的首页,如图6-38所示。

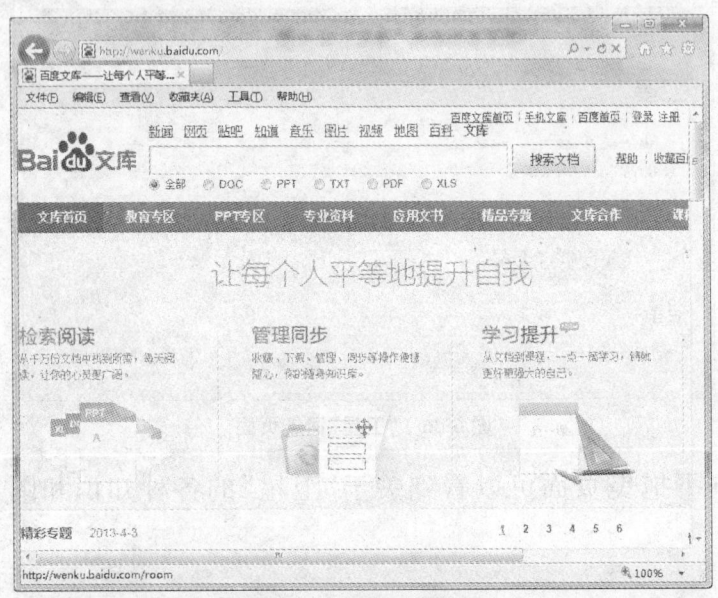

图6-38　百度文库首页

第二步:在文本框中输入要查找的文档,如"唐诗三百首全集",单击【搜索文档】按钮,会打开搜索结果页面,如图6-39所示。

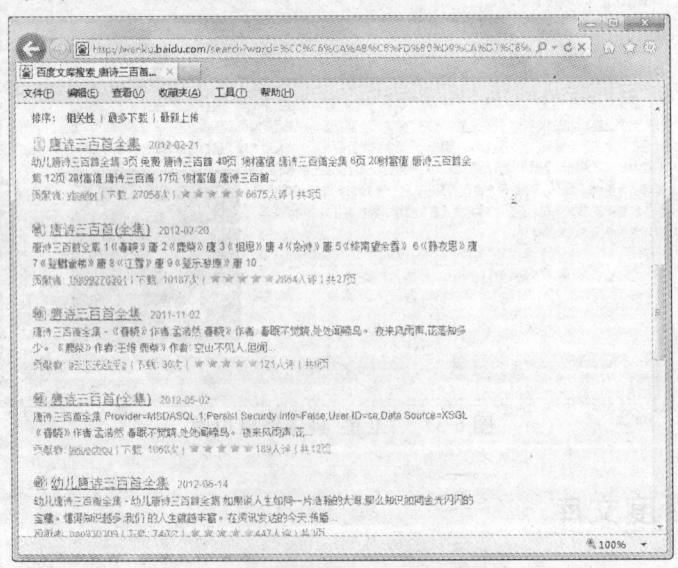

图6-39　百度文库搜索结果页面

6 漫游网络新世界

第三步：单击一条链接会打开相应的文档，如图 6-40 所示。用户可以查看文档内容，还可以下载文档到自己的计算机上。

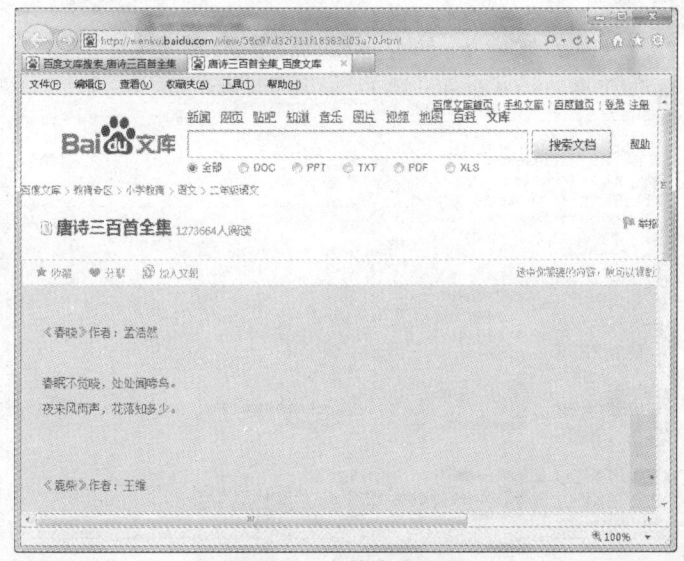

图 6-40　文档内容页面

百度不仅提供了很多功能强大的工具，而且还不断地推出新的功能，这些功能有待用户去探索和体验。

6.6　网上资源的下载

6.6.1　用 IE 下载网上资源

使用 IE 可以下载网页上的各种资源。例如，要下载 QQ2013，其操作方法如下：

第一步：打开 IE 浏览器，打开百度首页，在文本框中输入"QQ"，单击【百度一下】按钮，会打开搜索结果页面，如图 6-41 所示。

第二步：在【官方下载】按钮上右击鼠标，会弹出快捷菜单，如图 6-42 所示。

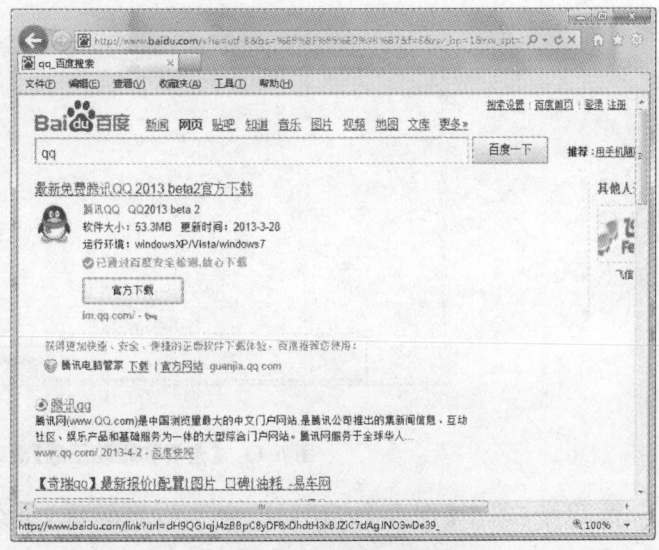

图 6-41　QQ 搜索结果页面

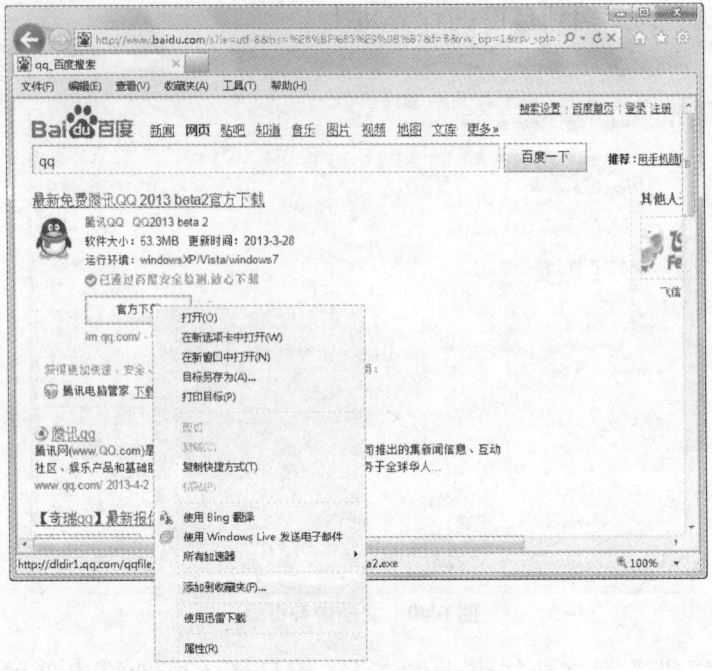

图 6-42 右击菜单界面

第三步：单击【目标另存为】选项，会打开【查看和跟踪下载】窗口，如图 6-43 所示。

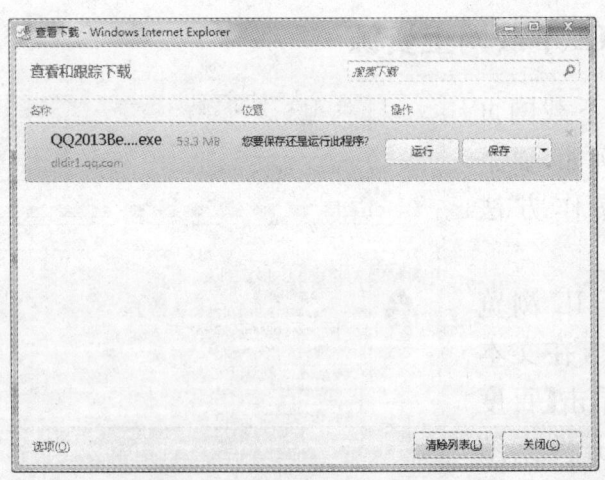

图 6-43 【查看和跟踪下载】窗口

第四步：单击【保存】按钮，IE 会下载该软件，下载完成界面如图 6-44 所示。

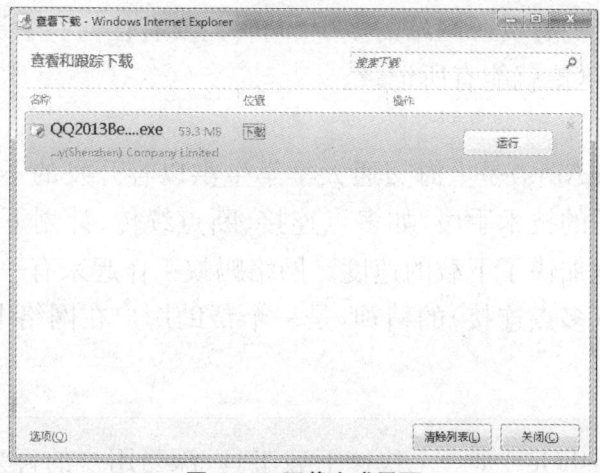

图 6-44 下载完成界面

第五步：单击【运行】按钮，会运行 QQ 的安装程序。单击【下载】链接会打开 IE 的下载文件夹，如图 6-45 所示。

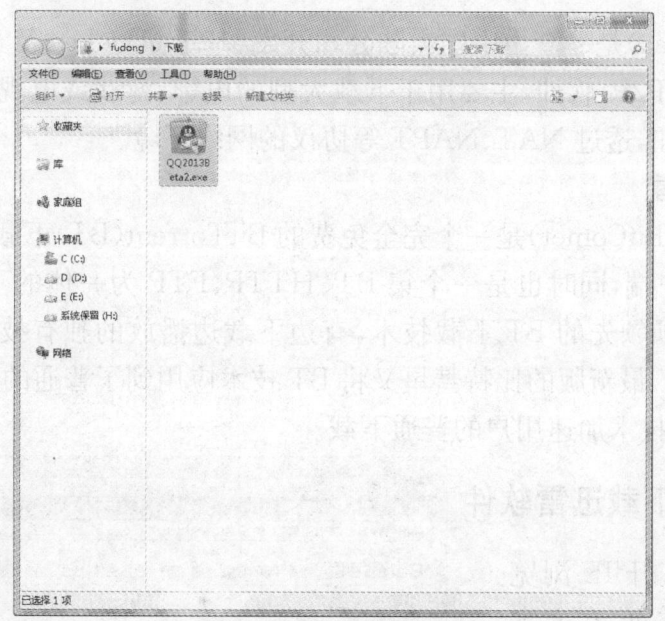

图 6-45 IE 的下载文件夹

下载歌曲、电影或者其他文件的方法与之类似。

6.6.2 常用下载软件

下载软件是利用网络通过 HTTP、FTP 等协议下载电影、软件、图片等资源到电脑上的软件。

1. 迅雷

迅雷本身并不支持上传资源，它只是一个提供下载和自主上传的工具软件。

迅雷的资源取决于拥有资源网站的多少,同时只要有任何一个迅雷用户使用迅雷下载过相关资源,迅雷就能有所记录。

2. 网络蚂蚁

网络蚂蚁(NetAnts)是上海交通大学学生洪以容开发的下载工具软件,它利用了一切可以利用的技术手段,如多点连接、断点续传、计划下载等,使用户在现有的条件下大大地加快了下载的速度。网络蚂蚁工作起来有一股锲而不舍(断点续传)和团结一致(多点连接)的精神,是一个帮助用户在网络上下载资料的勤奋的蚂蚁工人。

3. 网际快车

网际快车(FlashGet)是一个快速下载工具,深受用户的喜爱,其性能好,功能多,下载速度快。网际快车具有全球首创的"插件扫描"功能,在下载过程中能自动识别文件中可能含有的间谍程序及捆绑插件,并对用户进行有效提示。

4. 哇嘎

哇嘎(VaGaa)是一套由中国大陆公司开发、基于 eDonkey 及 BitTorrent 网络协议的点对点(P2P)软件,主要用于下载大型的电影、游戏或电视剧,其网络环境比较复杂。例如,透过 NAT、NAPT 等协议的网络环境。

5. 比特彗星

比特彗星(BitComet)是一个完全免费的 BitTorrent(BT)下载管理软件,也称为 BT 下载客户端,同时也是一个集 BT、HTTP、FTP 为一体的下载管理器。比特彗星拥有多项领先的 BT 下载技术,有边下载边播放的独有技术,也有方便自然地使用界面。最新版的比特彗星又将 BT 技术应用到了普通的 HTTP、FTP 下载中,通过 BT 技术加速用户的普通下载。

6.6.3 下载迅雷软件

第一步:打开 IE 浏览器,打开百度首页,在文本框中输入"迅雷",单击【百度一下】按钮,打开搜索结果页面,如图 6-46 所示。

第二步:单击【迅雷软件中心】链接,会打开迅雷产品中心页面,如图 6-47 所示。

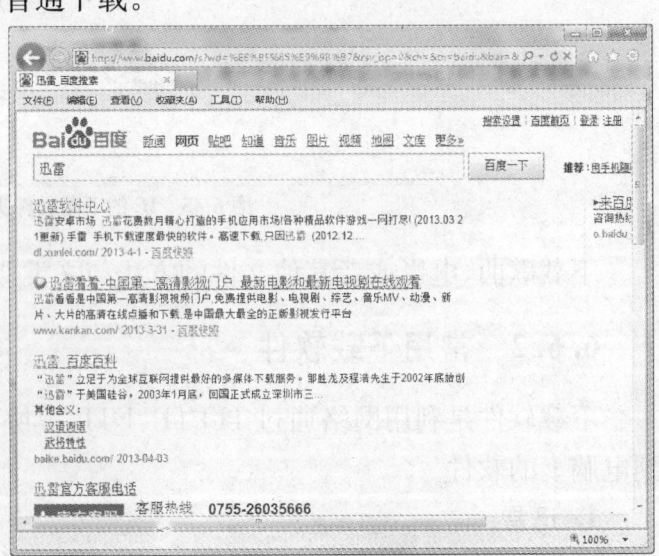

图 6-46　迅雷搜索结果页面

6 漫游网络新世界 137

图 6-47 迅雷产品中心页面

第三步：在迅雷 7 后面的【下载】按钮上右击鼠标，会弹出快捷菜单，如图 6-48 所示。

图 6-48 右键快捷菜单界面

第四步：单击【目标另存为】选项，下载迅雷软件。

6.6.4 安装迅雷软件

第一步：打开迅雷软件下载的文件，如图 6-49 所示。

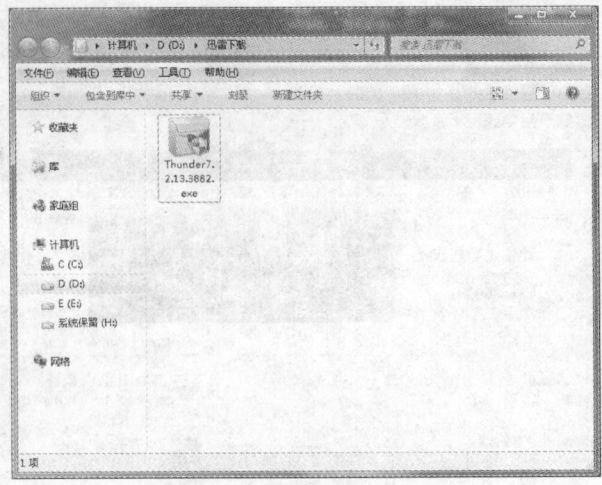

图 6-49　迅雷保存的文件夹

第二步:双击【迅雷安装程序】图标,打开安装程序,如图 6-50 所示。

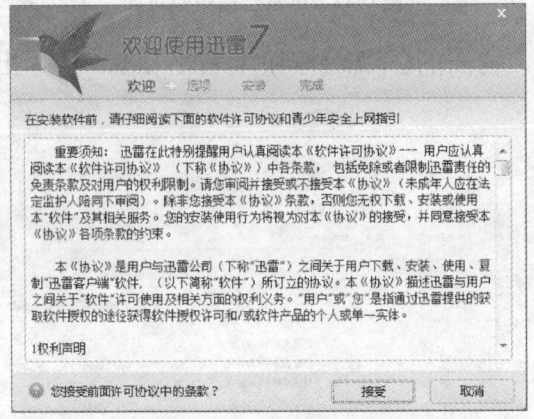

图 6-50　迅雷安装欢迎界面

第三步:阅读完许可协议后单击【接受】按钮,打开选择安装目录界面,如图 6-51所示。

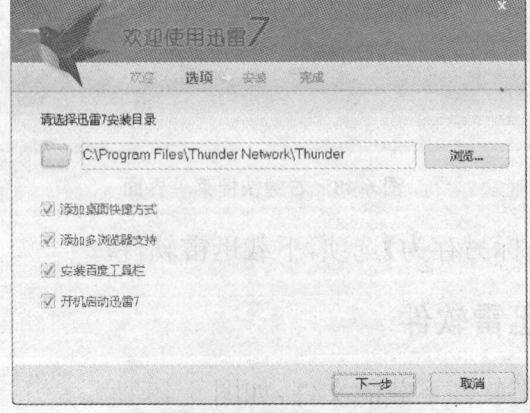

图 6-51　选择安装目录界面

第四步:用户可以更改安装软件的目录,设置一些安装选项。单击【下一步】按钮,打开安装进度界面,如图 6-52 所示。

第五步:软件安装完成后会打开安装完成界面,如图 6-53 所示。

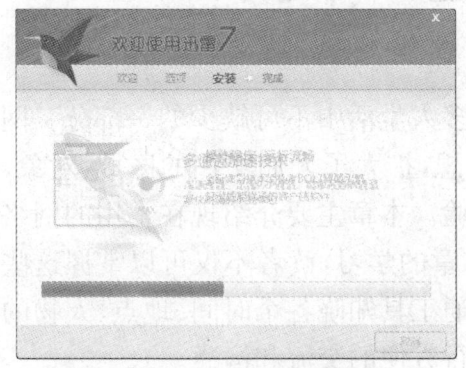 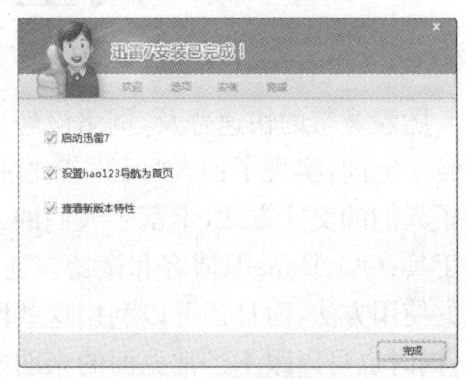

图 6-52 安装进度界面   图 6-53 安装完成界面

第六步:单击【完成】按钮即可完成安装过程。

6.6.5 通过迅雷快速下载资源

迅雷安装好后,在 IE 的右击菜单中会添加【使用迅雷下载】菜单选项,右击要下载的资源,会弹出快捷菜单,如图 6-48 所示。

第一步:单击【使用迅雷下载】选项,会打开迅雷下载界面,如图 6-54 所示。

图 6-54 迅雷下载界面

第二步:单击【立即下载】按钮,会打开迅雷程序,下载选定资源,如图 6-55 所示。

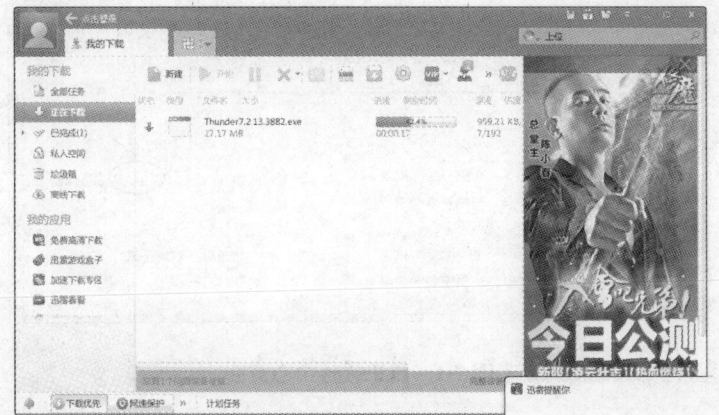

图 6-55 迅雷界面

下载完成后,用户就可以到迅雷的下载文件夹中找到下载的资源文件。

7 网上沟通无极限

随着宽带的快速普及,网络已经成为很多人生活中不可缺少的一部分。网络超越了空间,实现了古人"天涯若比邻"的梦想,扩大了人们交往的区域、对象,改变了人们的交往方式,丰富了人们的人生经验。本章主要介绍现在常用的网络沟通工具:QQ、E-mail、博客和微博。通过对本章的学习,读者不仅可以掌握这些工具的使用方法,而且还可以利用这些网络沟通工具知晓各个时间、地点、人物的事情,同时也可以跟不经常见面的亲朋好友进行方便的交流和沟通。

7.1 QQ 的使用

腾讯 QQ 是由深圳市腾讯计算机系统有限公司开发的一款基于 Internet 的即时通信软件。QQ 的功能比较完善,用户可以通过它与好友进行在线交流。此外,QQ 还具有视频电话、点对点断点续传文件、共享文件、QQ 邮箱等功能。到目前为止,拥有过亿用户的 QQ 已经成为国内网上最常用的聊天软件。

7.1.1 QQ 的下载及安装

要使用 QQ 聊天,首先需要到腾讯官方网站软件中心下载 QQ 程序。

在浏览器地址栏中输入 http://pc.qq.com 进入腾讯软件中心页面,如图 7-1 所示。

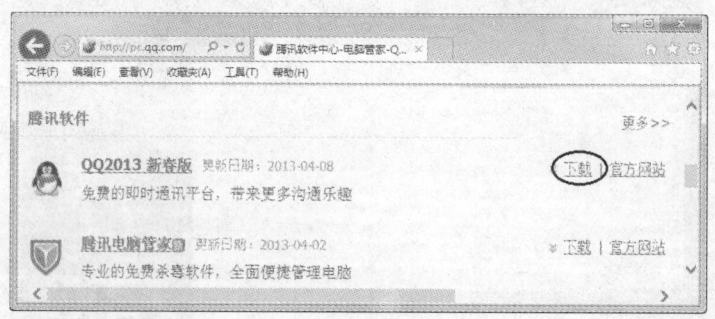

图 7-1 腾讯软件中心页面

第一步:单击右侧的【下载】按钮,将 QQ 安装程序下载到电脑上。
第二步:下载完成后,双击【QQ 安装程序】图标,打开安装向导,然后按如图

7-2 至图 7-6 所示的步骤完成 QQ 软件的安装。

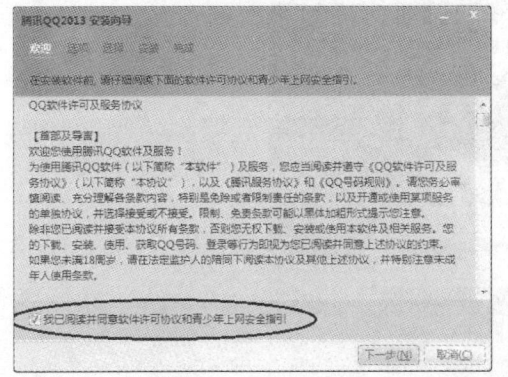

图 7-2　欢迎界面

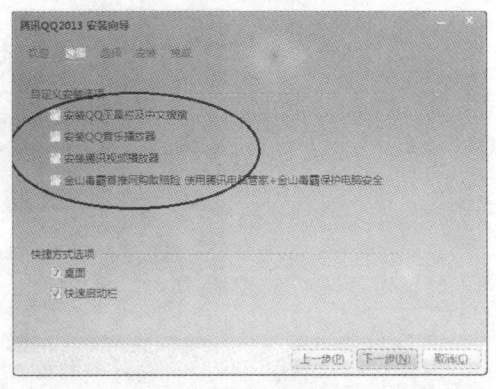

图 7-3　选项界面

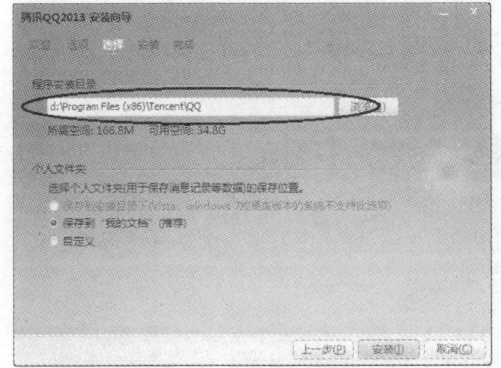

图 7-4　选择界面

图 7-5　安装界面

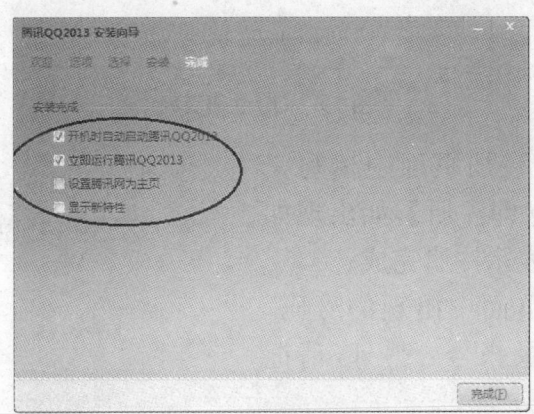

图 7-6　完成界面

7.1.2　免费申请 QQ 号码

使用 QQ 前必须先注册，申请一个 QQ 号码。

第一步：在电脑桌面上找到 QQ 图标，双击打开登录窗口，如图 7-7 所示。

图 7-7 【登录】窗口

第二步：单击【注册帐号】，进入 QQ 注册页面。如图 7-8 所示。

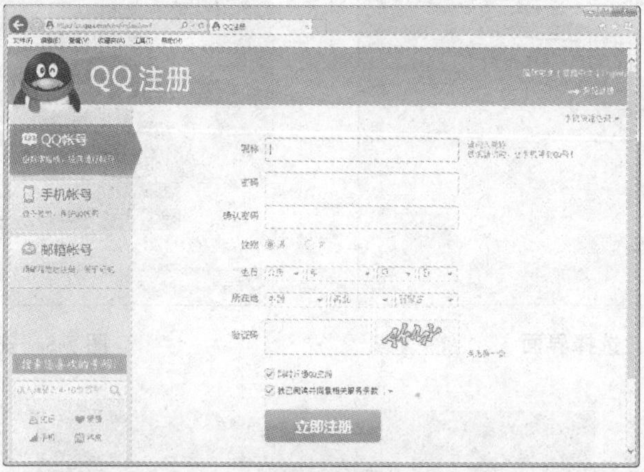

图 7-8 QQ 注册页面

第三步：在 QQ 注册页面中填写完有关信息后，单击【立即注册】，如出现如图 7-9 所示的页面，表示注册完成。

记住完成注册页面中出现的号码，该号码为 QQ 的登录帐号。另外，请记住注册时填入的密码。

7.1.3 登录 QQ

在电脑桌面上找到 QQ 图标，双击打开 QQ 登录窗口。在登录窗口中输入 QQ 号和密码，选择适当的登录模式（头

图 7-9 完成注册页面

像右下角的小图标),如图 7-10 所示。

单击【登录】,登录成功后打开 QQ 主面板。如图 7-11 所示。

图 7-10 【登录】窗口

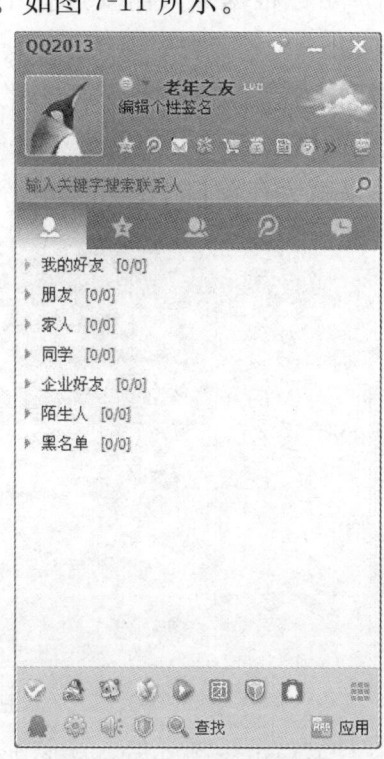

图 7-11 QQ 主面板

7.1.4 添加好友

用户申请 QQ 号码后初次登录时,好友名单是空的,要和其他人联系,必须先要添加好友。操作方法如下:

第一步:在 QQ 主面板中单击【查找】,打开【查找联系人】窗口,如图 7-12 所示。

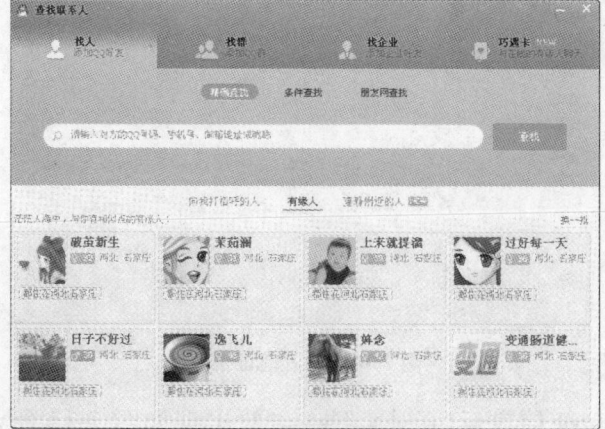

图 7-12 【查找联系人】

第二步：QQ 提供了多种方式查找好友：精确查找、条件查找、朋友网查找。QQ 用户可以根据个人需要选择不同的查找方式。下面以"精确查找"为例来添加好友。

精确查找需要用户输入对方的 QQ 号码、辅助帐号或昵称。在【查找联系人】窗口中，在精确查找下面的文本框中输入好友的 QQ 号码，单击右侧的【查找】，查找的结果就会在窗口中显示，如图 7-13 所示。

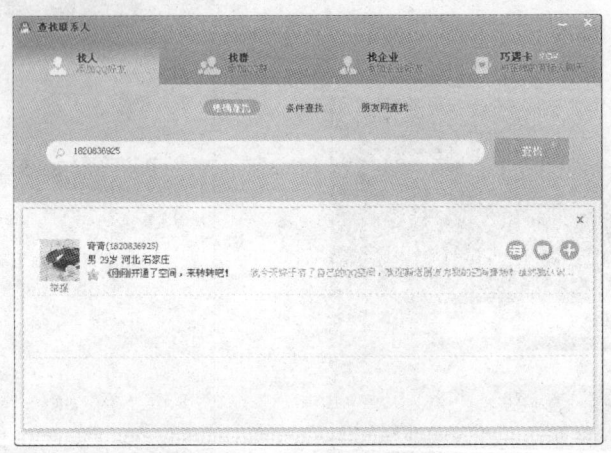

图 7-13 查找成功

窗口中列出了查找到的 QQ 好友。在找到的 QQ 好友右侧有三个按钮，第一个是查看好友的资料，第二个是和好友打招呼，第三个是添加好友。

第三步：单击第三个按钮，如果好友需要身份验证，则会出现如图 7-14 所示的窗口。

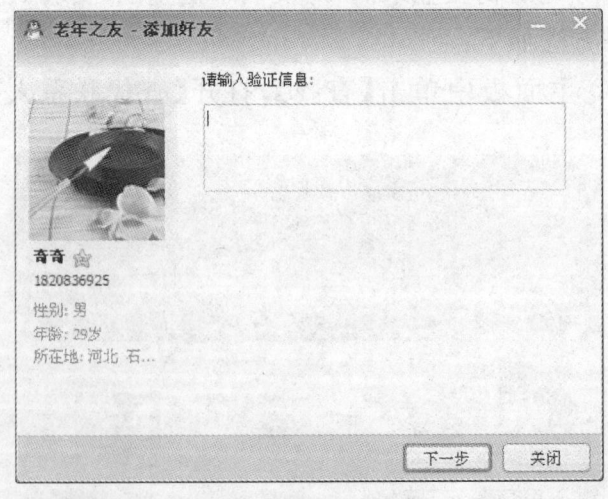

图 7-14 输入验证信息

第四步：输入验证信息后，单击【下一步】，出现如图 7-15 所示的窗口。

7 网上沟通无极限　　145

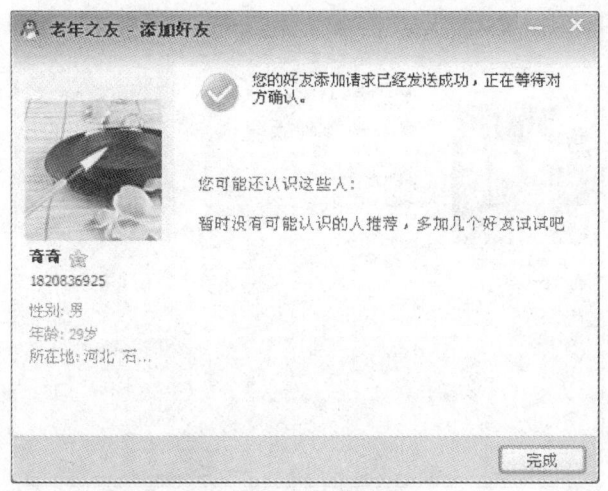

图 7-15　等待对方确认

第五步：当对方同意之后，电脑屏幕右下角会出现闪动的小喇叭，单击之后出现如图 7-16 所示的窗口。

第六步：单击【完成】添加好友成功。然后在 QQ 主面板中单击"我的好友"会看到刚才添加的好友，如图 7-17 所示。

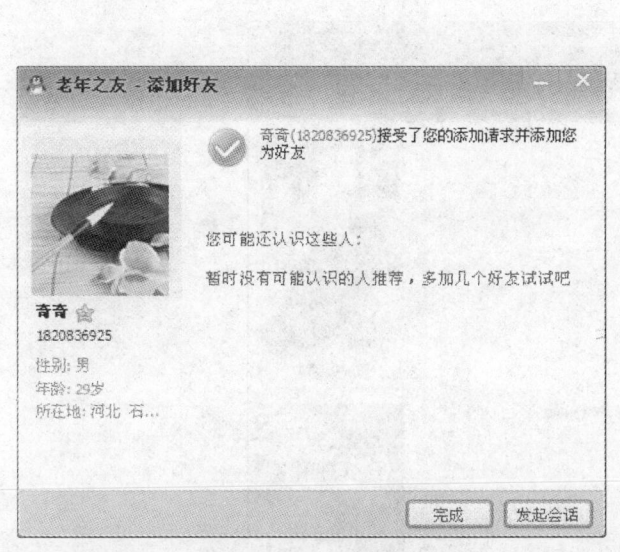

图 7-16　添加好友成功

图 7-17　添加好友后的 QQ 主面板

第七步：如果好友无需身份验证，那么在图 7-13 所示的窗口中单击第三个按钮，会出现如图 7-18 所示的窗口。

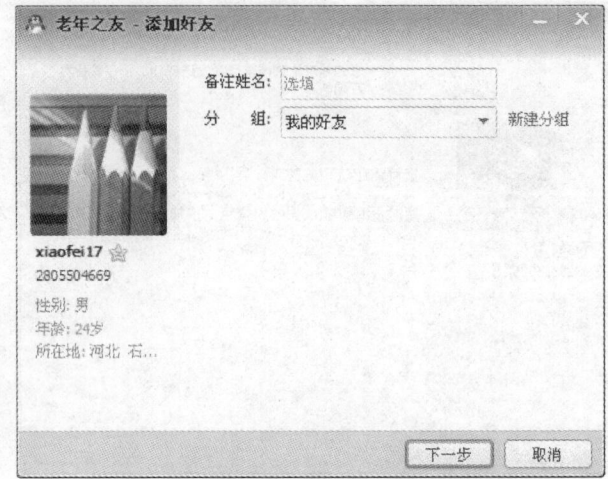

图 7-18　添加好友备注

第八步：可在"备注姓名"后面的文本框中输入对方的真实姓名或者其它易记的名字。可从"分组"后面的下拉列表框中选择某一分类，根据好友的类型将其加入不同分组。然后单击【下一步】，即可将对方加为自己的 QQ 好友。

7.1.5　文字聊天

第一步：从 QQ 好友列表中选中某一 QQ 好友，双击该好友头像，弹出的聊天窗口如图 7-19 所示。

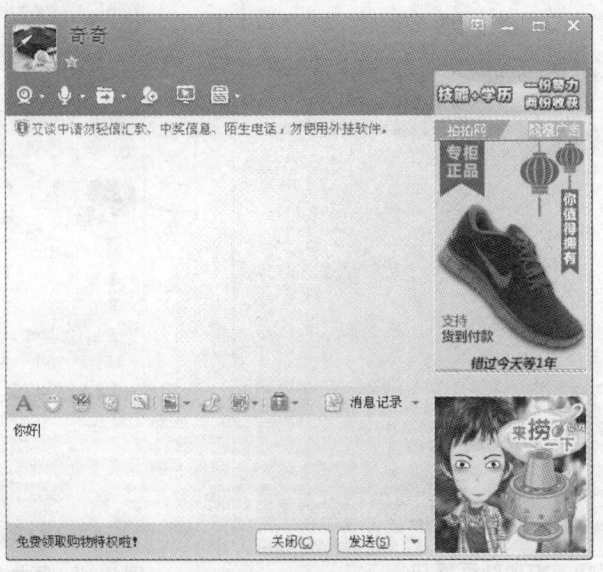

图 7-19　【聊天】窗口

第二步：在聊天窗口中输入消息，单击【发送】，即可向好友发送即时消息。同时还可以加入表情、图片和音乐等。

7.1.6 发送图片

QQ 支持在聊天过程中发送图片,让聊天图文并茂。

第一步:单击聊天窗口中的【发送图片】,如图 7-20 所示。

图 7-20 发送图片

第二步:然后从本地磁盘选取精美的图片发送给好友,如图 7-21 所示。

图 7-21 发送成功

7.1.7 语音聊天

如果用户想和好友进行语音聊天,则需要双方电脑上都配有麦克风。单击聊天窗口上方的【麦克风】按钮,如图 7-22 所示。等对方接受邀请后,即可开始语音聊天。

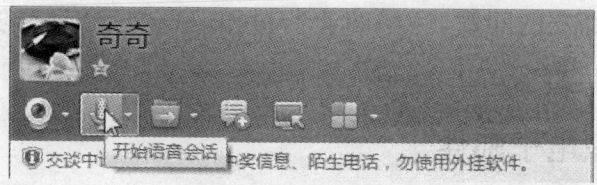

图 7-22 开始语音会话

7.1.8 视频聊天

如果用户想和好友进行视频聊天,则需要双方电脑上都配有摄像头。如果用户的电脑上没有安装摄像头,则对方将看不到用户。如果对方的电脑上没有安装摄像头,那么则看不到对方。

点击聊天窗口上方的摄像头按钮,如图 7-23 所示。等对方接受邀请后,即可开始视频聊天。

图 7-23 开始视频会话

7.1.9 传送文件

单击聊天窗口上的【传送文件】按钮,若对方在线(头像明亮),则单击【发送文件】;若对方不在线,则单击【发送离线文件】,如图 7-24 所示。在弹出的对话框中选择需要传送的文件,然后单击【发送】按钮,即可完成文件传送。

图 7-24 传送文件

7.2 在线收发电子邮件

电子邮件的英文缩写是"E-mail"。收发电子邮件是广大网络用户最常进行的网上活动之一。电子邮件在人们的日常生活、工作中正发挥着越来越重要的作用,无论是对亲朋好友的问候,还是商业资料和信息的互传,都随着一封封电子邮件在网络中传送。

7.2.1 认识电子邮件

如同平常收信、发信需要有目的地址一样,电子邮件也需要有地址。E-mail

地址格式均为：用户邮箱帐号@电子邮件服务器域名，如 ComputerUser@163.com。其中，用户邮箱帐号是用于鉴别用户身份的字符，这个帐号必须是唯一的。在确定用户名时，用户不妨起一个自己好记但不易被别人猜出、也不易与他人重名的名字。@可以读作英文单词 AT，它是标识电子邮件地址的标识符。电子邮件服务器域名是电子邮件邮箱所在电子邮件服务器的域名，国内常用的有 163.com、126.com、sohu.com、sina.com 等，在邮件地址中不分大小写。整个 Email 地址的含义是"在某电子邮件服务器上的某人"。

目前在网络中，许多网站都提供了免费电子邮箱服务。此外也有安全性更高、容量更大的收费电子邮箱服务。一般而言，除非是商业的用途，大多用户都是使用免费的电子邮箱。下面以"163 免费电子邮箱"为例来介绍邮箱的申请和使用。

7.2.2 申请电子邮箱

第一步：在浏览器地址栏中输入"http://mail.163.com"，进入 163 邮箱首页，如图 7-25 所示。

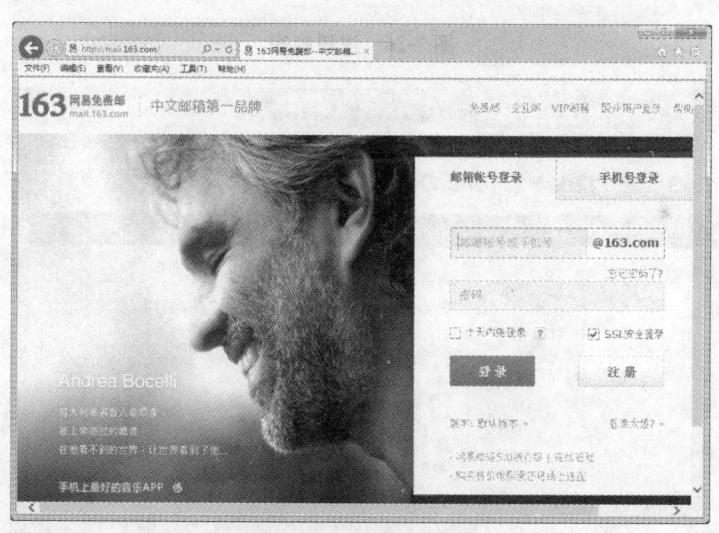

图 7-25　163 邮箱首页

第二步：单击【注册】，进入邮箱注册页面，如图 7-26 所示。

第三步：填写相关信息。邮箱名采用字母和数字的组合，这样不容易出现被占用现象。填好后单击【立即注册】，注册成功后进入如图 7-27 所示的页面。

手机验证是为了保护帐号，用户可以选择验证或跳过这一步。

现在已经完成了免费邮箱的申请工作，用户要记住自己的邮箱地址及密码，以后就可以用它来收发邮件了。

中老年人学电脑·基础篇

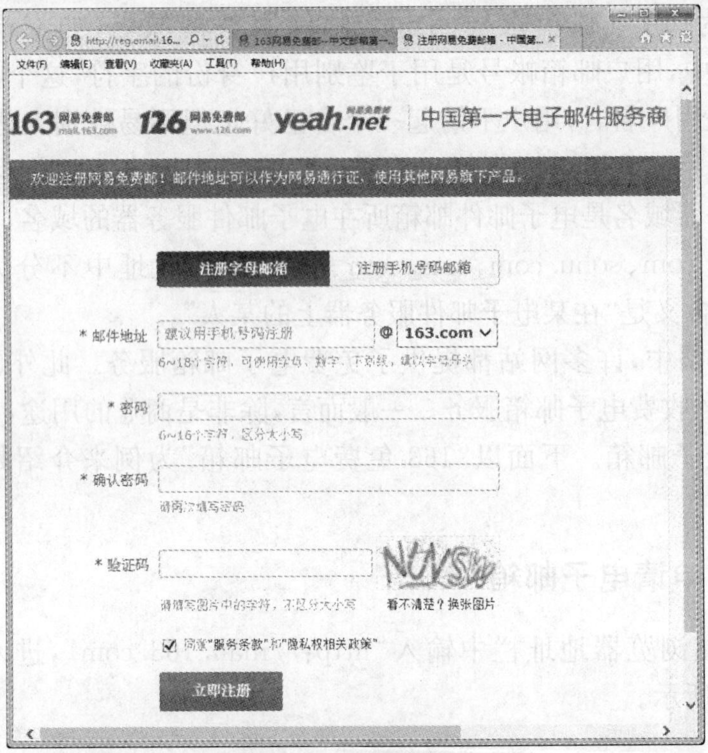

图 7-26 注册邮箱

图 7-27 注册成功

7.2.3 登录电子邮箱

当用户申请了电子邮箱后,就可以登录自己的邮箱查阅或发送邮件了。在

7 网上沟通无极限 151

163邮箱首页（图7-25）中输入邮箱帐号和密码，单击【登录】进入个人邮箱页面，如图7-28所示。

图7-28 邮箱主页

7.2.4 编写并发送邮件

第一步：单击【写信】进入编写邮件页面，如图7-29所示。

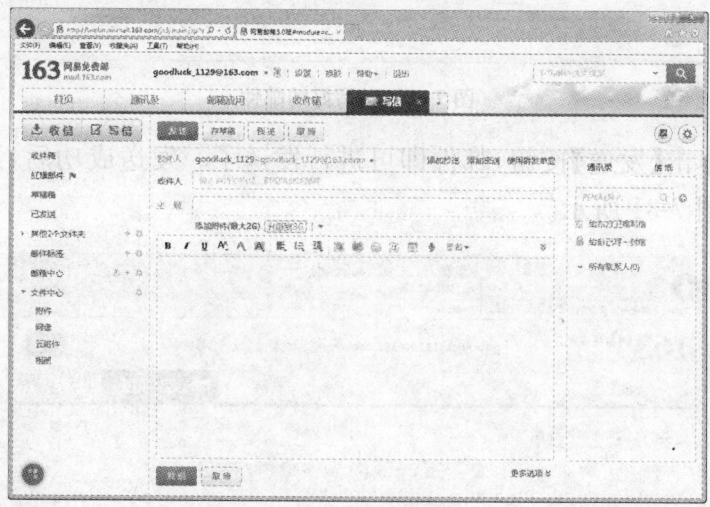

图7-29 编写邮件

第二步：在收件人一栏中填写收件人的电子邮件地址。将邮件同时发送给多个人时，可直接在文本框中输入多个收件人地址，地址之间采用分号隔开。

第三步：填写"主题"。主题很重要，切勿随意填入几个字母或者干脆不写。因为随着邮件的增多，要在数十上百封电子邮件中查找某一封邮件，没有主题的帮助是非常困难的。虽然很多邮箱都提供了邮件检索功能，但如果没有记住确切的关键字也是难以找到所需邮件的。

第四步：输入正文。正文中可以改变文字的颜色、字体，增加表情或图片，添加信纸背景等。

第五步：添加附件。在邮件中可以以附件形式发送 Word 文件、压缩文件、图片等。单击【添加附件】，选择要添加的文件。发送的附件一般都有字节数的限制，但同时更应该注意收件方所能接收的容量。另外，如果对方邮箱空间不足，那么一个 2M 大的附件也有可能被拒。这步操作并不是发送邮件的必要步骤，如果发送的邮件不需要添加附件，则跳过此操作。编写好的邮件如图 7-30 所示。

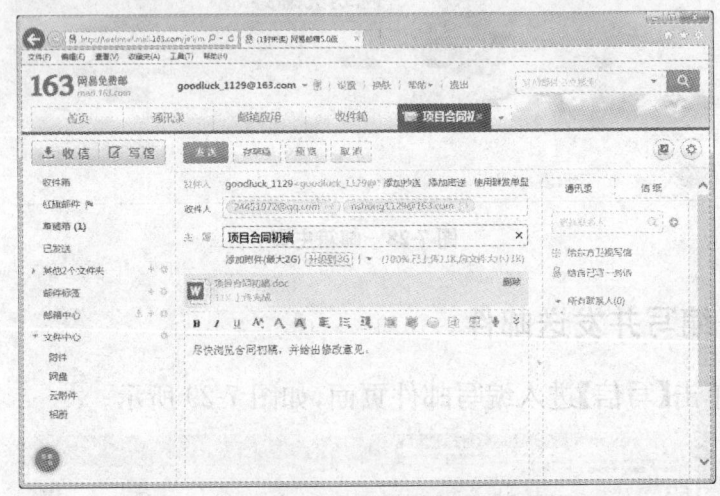

图 7-30　编写好的邮件

第六步：单击【发送】按钮，邮件即可进行发送了。发送成功后，系统会给出相应的提示，如图 7-31 所示。

图 7-31　发送成功

7.2.5 查看和回复新邮件

第一步：登录邮箱后，单击左侧的【收件箱】就可以查看收取的邮件，如图 7-32 所示。

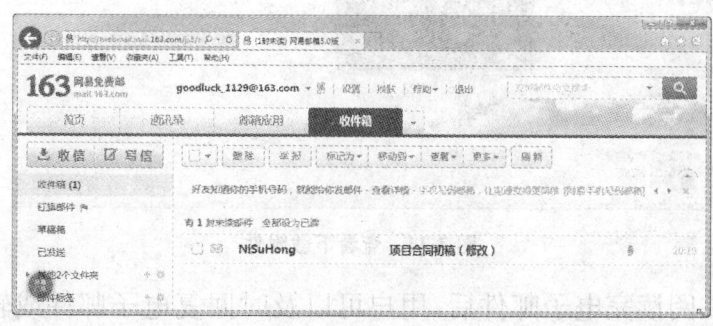

图 7-32 查看邮件

第二步：所有已收到的邮件，包括未读邮件和已读邮件都将显示在右侧。然后单击要浏览的邮件就可以打开邮件正文了，如图 7-33 所示。

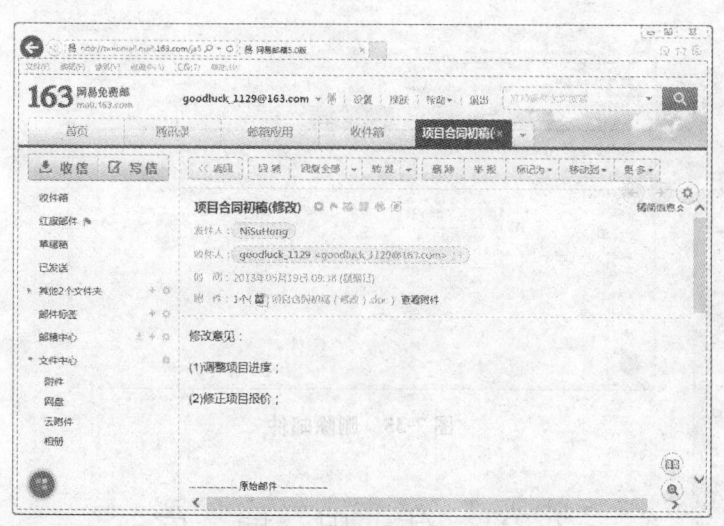

图 7-33 阅读邮件

第三步：如果收到的邮件包含附件，则单击【查看附件】并将鼠标指针停到附件上，单击【下载】就可以将附件下载到电脑上进行查阅，如图 7-34 所示。

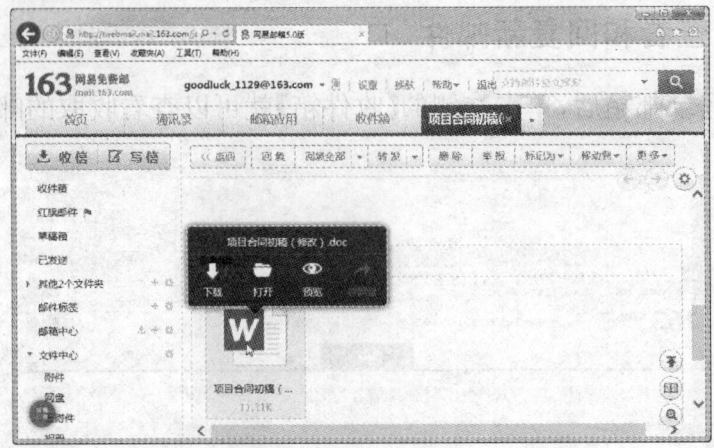

图 7-34 查看下载附件

第四步：在阅读完电子邮件后，用户可以及时回复电子邮件或转发电子邮件等。单击【回复】可以进入邮件编写页面，编写回复邮件。

7.2.6 删除邮件

邮箱内邮件过多会占用邮箱空间，必要时可以把不用的邮件删除。在收件箱页面选中需要删除的邮件，单击【删除】即可，如图 7-35 所示。

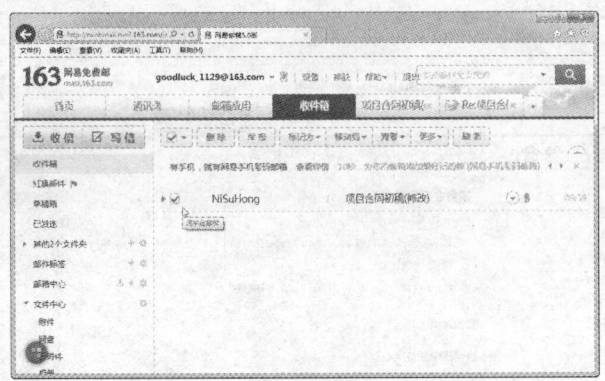

图 7-35 删除邮件

7.3 使用博客

博客又叫日志（Weblog），是互联网上一种个人书写和人际交流的工具。用户可以通过博客记录下工作、学习、生活和娱乐的点滴，甚至观点和评论，从而在网上建立一个完全属于自己的个人天地。博客是一个开放和共享的世界，有助于用户和别人更好地交流。

7 网上沟通无极限  155

下面以"新浪博客"为例来介绍博客的使用。

7.3.1 开通博客

第一步：在浏览器地址栏中输入"http://blog.sina.com.cn",进入新浪博客首页,如图 7-36 所示。

图 7-36 新浪博客首页

第二步：单击导航栏中的【开通新博客】,进入注册页面,如图 7-37 所示。

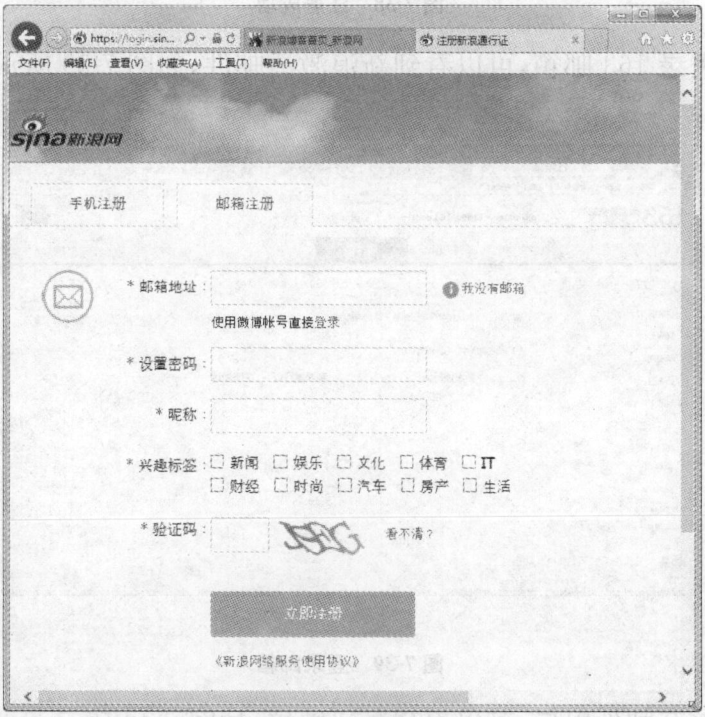

图 7-37 邮箱注册

第三步:选择邮箱注册,填写好相关信息,单击【立即注册】即可注册一个新浪通行证,如图 7-38 所示。

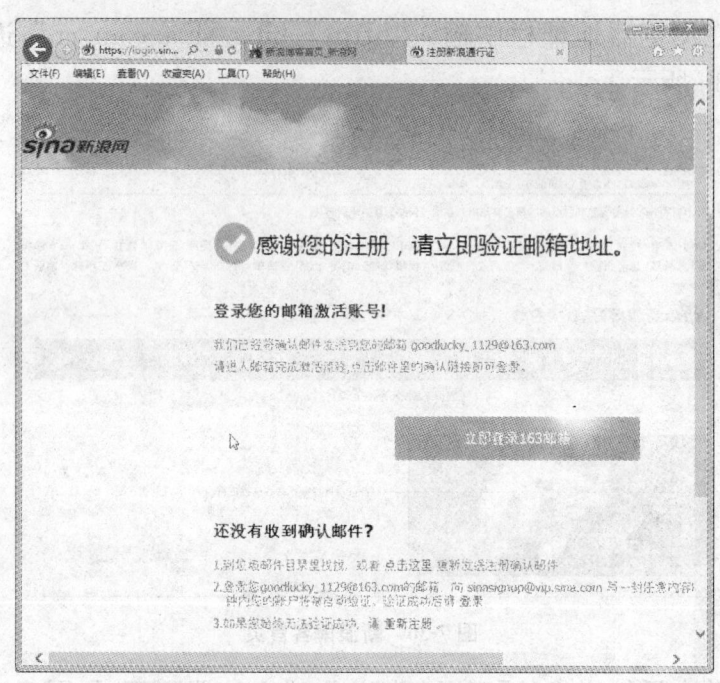

图 7-38　注册成功

第四步:登录 163 邮箱,可以看到新浪激活邮件,如图 7-39 所示。

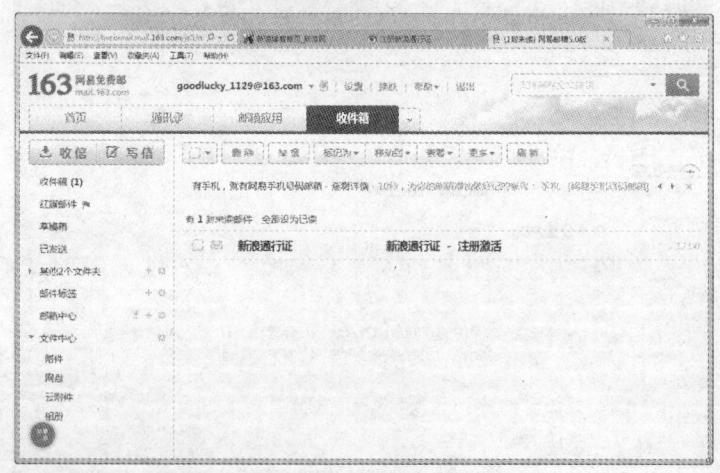

图 7-39　登录邮箱

第五步:打开邮件以后,可以看到激活链接,如图 7-40 所示。

7 网上沟通无极限 157

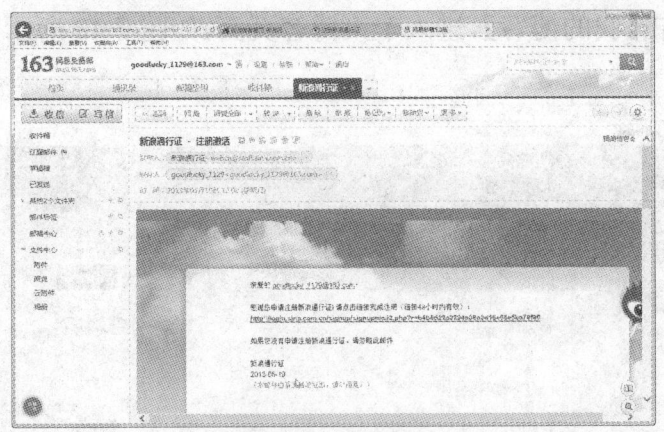

图 7-40　打开邮件

第六步： 单击激活链接以后，成功开通新浪博客，如图 7-41 所示。

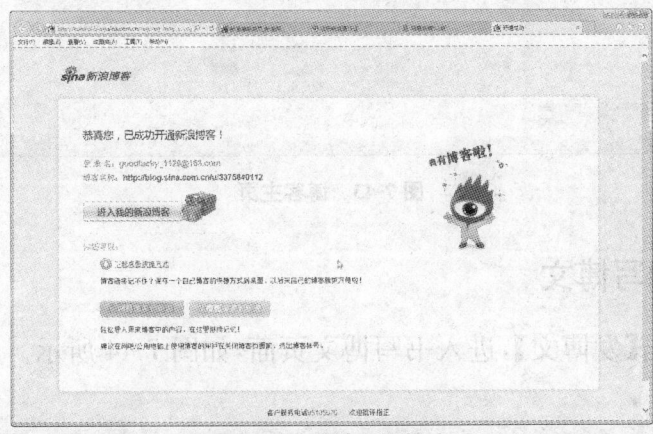

图 7-41　成功开通博客

7.3.2　登录博客

第一步： 在新浪博客首页输入帐号和密码，单击【登录】，如图 7-42 所示。

图 7-42　登录新浪

第二步:单击【我的博客】,进入个人博客页面,如图 7-43 所示。

图 7-43 博客主页

7.3.3 撰写博文

第一步:单击【发博文】,进入书写博文页面,如图 7-44 所示。

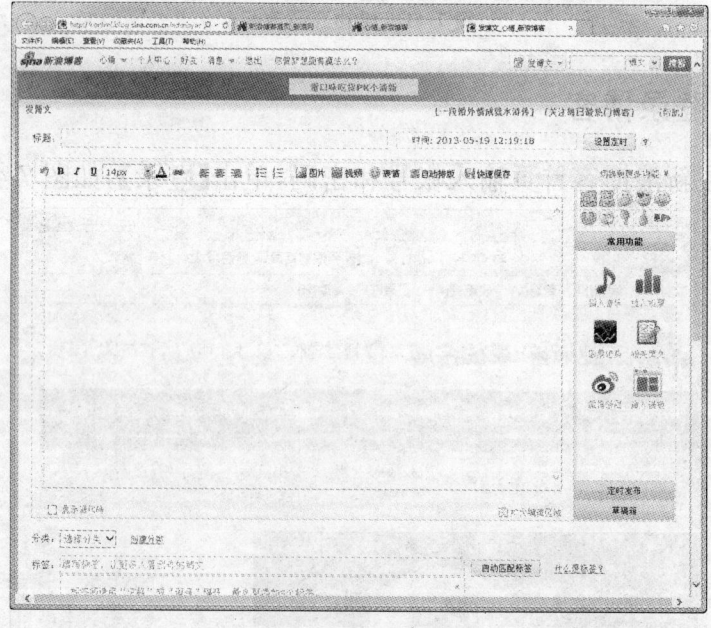

图 7-44 书写博文页面

第二步:写好相关内容后单击页面中最下面的【发博文】即可。

7.3.4 上传照片

第一步:单击导航栏中【发博文】下面的【发照片】,如图7-45所示。

图7-45 发照片

第二步:进入上传图片页面,如图7-46所示。

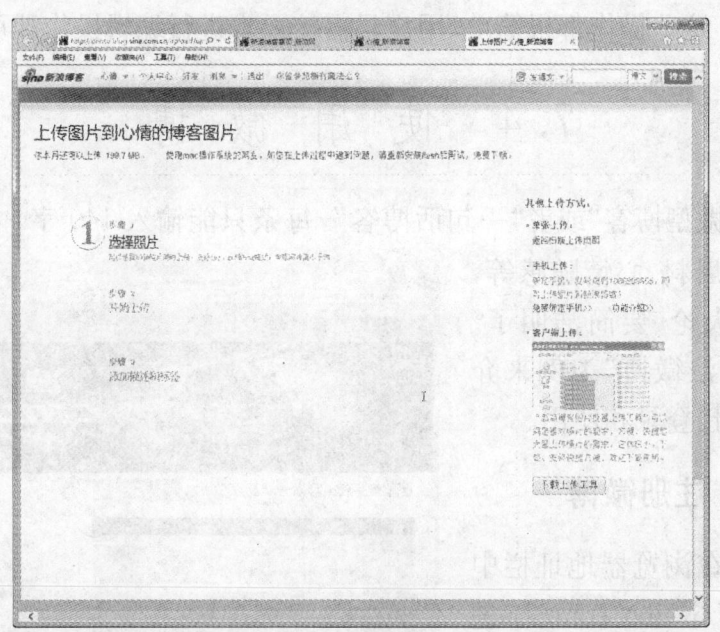

图7-46 上传图片

第三步:按照提示选好需要上传的图片文件,开始上传,为文件添加描述,完成后如图7-47所示。

图 7-47　博客图片

上传视频和上传照片过程类似,在此不再赘述。

博客网站的编辑操作还有很多,如消息管理、好友管理、日志管理、留言管理、评论管理等。这些操作都很简单,用户只需按要求进行编辑操作即可。

7.4　使用微博

微博即"微型博客"或者"一句话博客",每条只能输入 140 字,内容可以是现场记录、独家爆料、心情随感等,不需要长篇大论,要简洁明了。下面就以"新浪微博"为例来介绍微博的注册、登录和使用。

7.4.1　注册微博

第一步:在浏览器地址栏中输入"http://weibo.com/",进入新浪微博首页,如图 7-48 所示。

第二步:用户如果还没有新浪帐号,可单击【立即注册】申请

图 7-48　新浪微博首页

新浪帐号,如图 7-49 所示。已经注册了新浪帐号的用户可直接输入帐号和密码,单击【登录】进入微博页面。

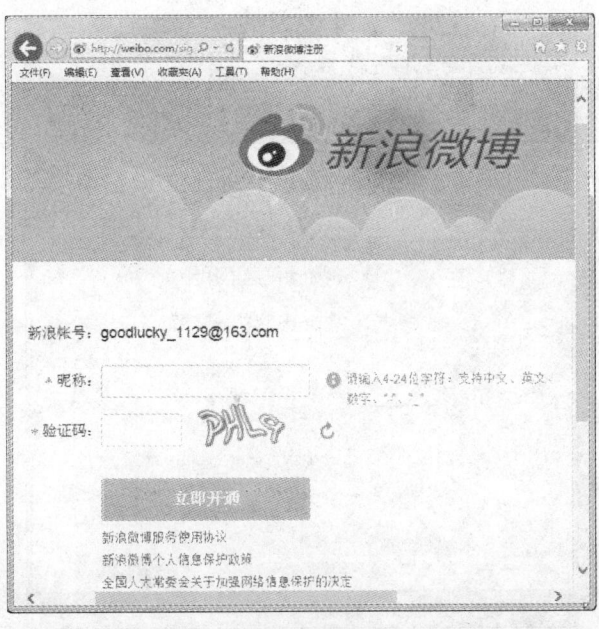

图 7-49 注册

第三步:输入昵称和验证码,单击【立即开通】进入短信验证页面,如图 7-50 所示。注意:昵称是唯一的,不能与其他微博名相同,注册后可随时更改昵称。

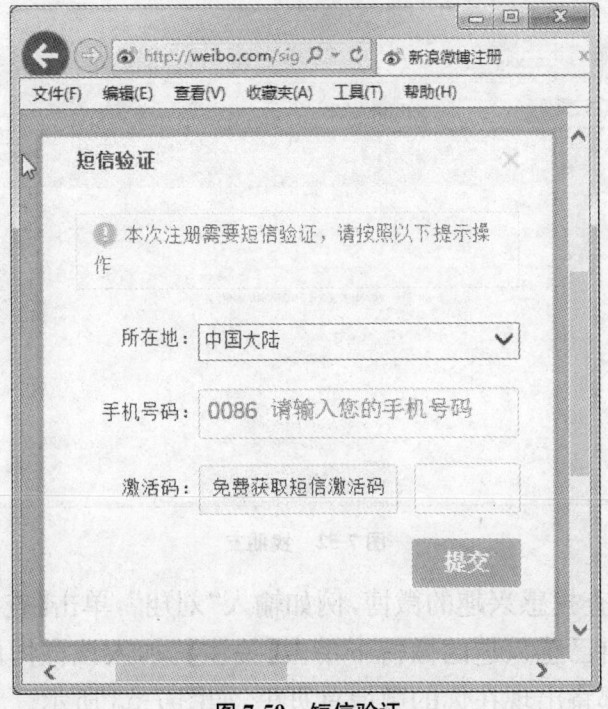

图 7-50 短信验证

第四步：输入手机号,单击【免费获取短信激活码】,收到短信后将激活码输入到激活码文本框中,单击【提交】进入个人介绍页面,如图 7-51 所示。

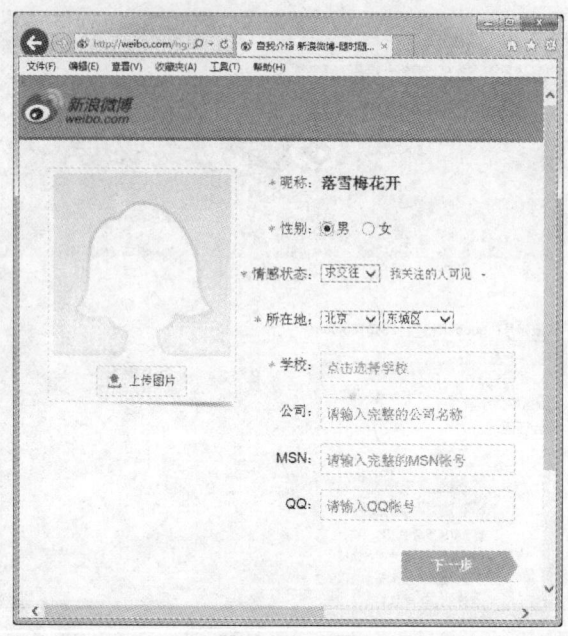

图 7-51　个人介绍

第五步：单击【上传图片】设置头像,并输入其他相关信息,单击【下一步】进入找朋友页面,如图 7-52 所示。

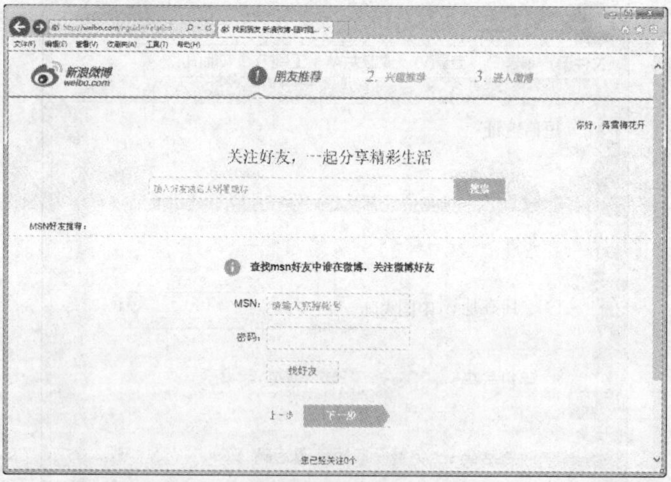

图 7-52　找朋友

第六步：可以查找感兴趣的微博,例如输入"刘翔",单击【查找】可以找到有关刘翔的微博。在自己感兴趣的微博下单击【关注】,加入该微博的粉丝群,这样他们发的每条微博都将出现在你的微博首页里,如图 7-53 所示。

图 7-53 添加"关注"

第七步：单击页面最下面的【下一步】，进入兴趣推荐页面，用户可以根据自己的兴趣爱好添加新的"关注"。

第八步：单击页面最下面的【进入微博】，进入个人微博页面，如图 7-54 所示。

图 7-54 个人微博主页

7.4.2 发布微博

在发言区输入自己想说的话，单击【发布】就可以在微博动态中看到自己发布的微博，如图 7-55 所示。

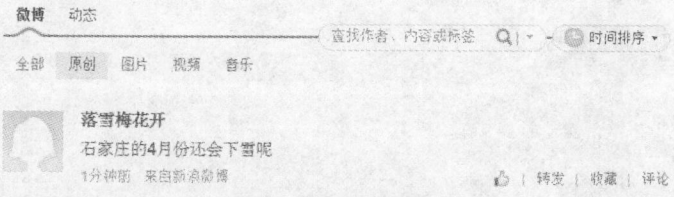

图 7-55 发布的微博

在发布微博时,用户可以加入表情、图片、视频、心情等,单击发布区下面相应的图标即可。

除了可以发布自己原创的微博之外,当看到感兴趣的微博时,用户也可以单击【转发】,并发表自己的看法,确定后就会出现在"我的微博"里,相当于自己发出的微博一样,自己的粉丝也可以看见此微博。也可以单击【收藏】,将该微博加入"我的收藏"里可随时查看。还可以单击【评论】,对自己感兴趣的微博发表自己的看法。

以上介绍的主要是微博的简单使用,在微博上还可以查看好友发来的私信、博文的评论等,本文不再一一详述。

8 网上娱乐

网络,在不知不觉中改变着人们的生活方式和思维方式,让人们的生活更加丰富多彩。五花八门的网络游戏、悦耳动听的在线音乐、幽默搞笑的网络短片,大大地丰富了人们的娱乐休闲生活。本章主要介绍QQ游戏的安装和使用,网上欣赏音乐和电影,以及利用网络收看电视节目。通过对本章的学习,读者可以掌握QQ游戏的下载安装过程和QQ游戏的玩法,以及如何在网上查找和欣赏自己喜欢的音乐、电影和电视节目。

8.1 下载并安装QQ游戏

如今,QQ游戏越来越受用户的青睐,许多用户已经习惯于在QQ上玩游戏。要玩QQ游戏,需先下载安装QQ游戏大厅。

第一步:启动QQ,登录以后单击QQ最下面的【QQ游戏】图标,如图8-1所示。

图8-1 【QQ游戏】图标

如果尚未安装QQ游戏,则会弹出QQ游戏【在线安装】窗口,如图8-2所示。

第二步:单击【安装】开始下载安装QQ游戏。下载及安装过程如图8-3至图8-7所示。

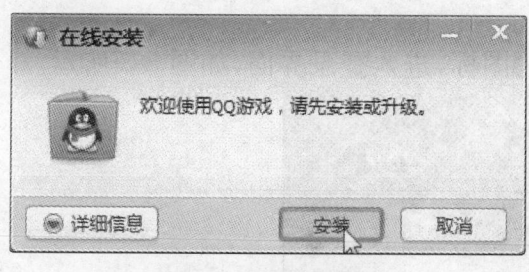

图8-2 在线安装提示

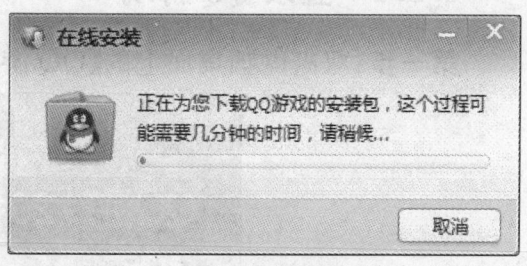

图8-3 下载

第三步:单击【完成】,QQ游戏大厅安装成功,在电脑桌面上可以看到QQ游戏图标 。

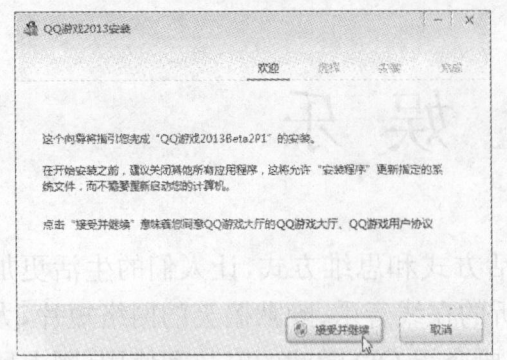

图 8-4 欢迎界面

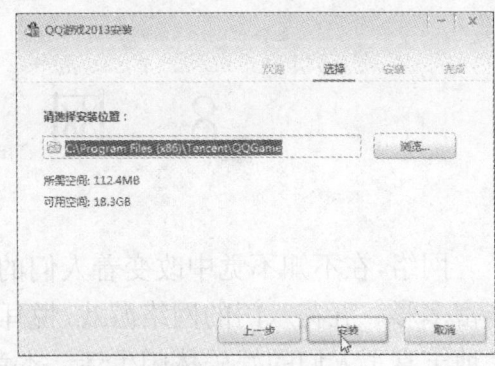

图 8-5 选择界面

图 8-6 安装界面

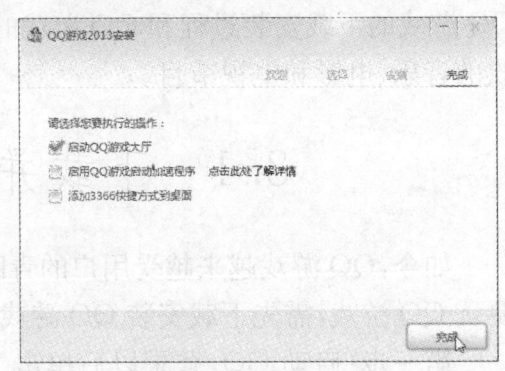

图 8-7 完成安装

8.2 上网玩 QQ 游戏

当安装好 QQ 游戏大厅后,用户就可以登录 QQ 游戏大厅玩游戏了。

8.2.1 登录 QQ 游戏

第一步:双击电脑桌面上的【QQ 游戏】图标,进入登录界面,如图 8-8 所示。

图 8-8 登录界面

第二步：输入帐号和密码，单击【登录】按钮，进入 QQ 游戏大厅，如图 8-9 所示。

图 8-9　QQ 游戏大厅

初次登录 QQ 游戏大厅时，还不能直接玩游戏，用户还需下载并安装自己想玩游戏项目的客户端，然后才能玩游戏。

第三步：单击窗口左上角"我的游戏"中的【添加游戏】，进入"游戏库"，如图 8-10 所示。

图 8-10　游戏库界面

第四步：单击要添加的游戏，例如"欢乐斗地主"，进入游戏添加界面，如图 8-11 所示。

第五步：单击【开始游戏】，则开始下载安装游戏的客户端，安装完成后自动开始游戏。

第六步：如果在游戏库界面看不到自己要添加的游戏，则可以在右上角输入要查找的游戏名，单击【搜索】，如图 8-12 所示。

图 8-11　游戏添加界面

图 8-12　搜索

查找到游戏后,用同样的方式将游戏添加到"我的游戏"中。

8.2.2　与牌友"斗地主"

第一步:登录游戏大厅后,在左上角"我的游戏"中单击要玩的游戏名称,如【欢乐斗地主】,进入游戏主界面,如图 8-13 所示。

图 8-13　游戏主界面

第二步:若对该游戏的玩法或规则不熟悉,则单击导航栏中的【玩法介绍】,查阅游戏的玩法和规则,如图 8-14 所示。

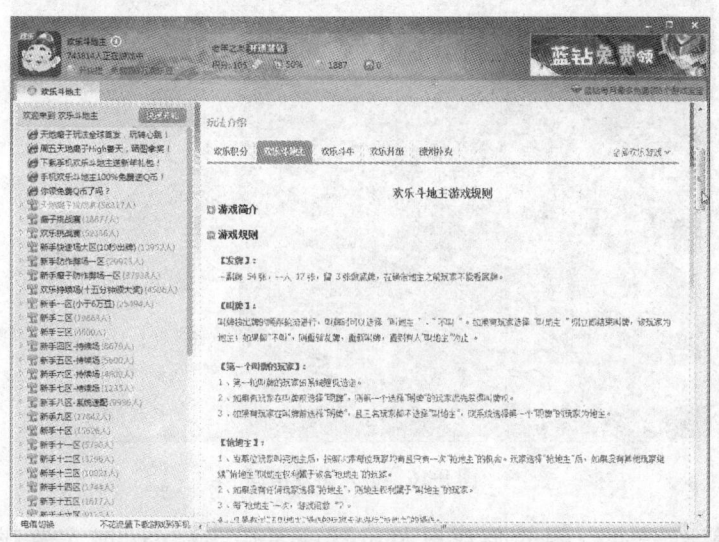

图 8-14 游戏规则

第三步:了解了游戏规则以后,单击左上角的【快速开始】,系统自动选择一个房间给用户进行游戏。用户也可以自己在游戏主界面左部选择一个游戏分区单击展开,再单击自己想进入的游戏房间,即可进入该房间,如图 8-15 所示。

图 8-15 选择游戏房间

进入房间后如图 8-16 所示。

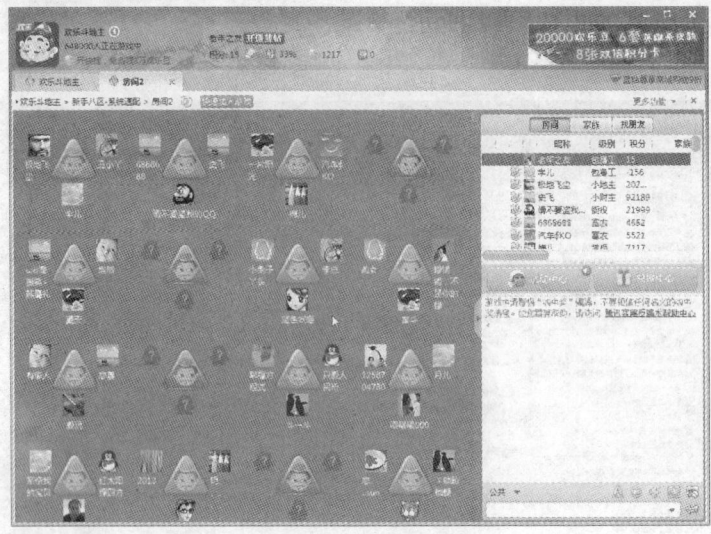

图 8-16　进入游戏房间

第四步：单击一个空闲的游戏桌及位置或者单击【快速加入游戏】，开始游戏，如图 8-17 所示。

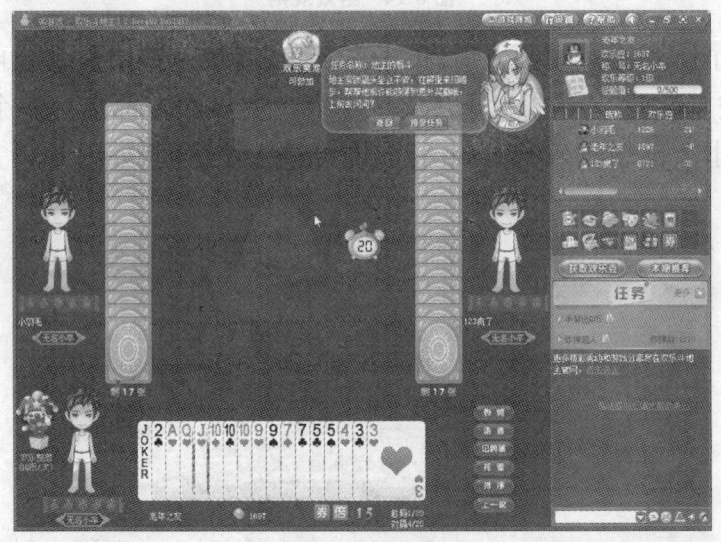

图 8-17　开始游戏

其他的游戏过程与之类似，在此不再一一详述。

8.3　网上听音乐

网上有很多专业的音乐网站，为用户提供了丰富的音乐资源。这些资源里有带画面的音乐 MV，也有不带画面的 mp3 纯音乐。网站还提供了在线播放音乐的功能，用户只需登录网站即可在网上听音乐。

如果想欣赏音乐 MV,推荐音悦 Tai(www.yinyuetai.com),音悦 Tai 是全国最大的高清音乐 MV 分享平台。如果想欣赏 mp3 纯音乐,推荐百度音乐(music.baidu.com),百度音乐拥有权威的华语音乐排行榜,资源丰富,音乐随心听。下面以"百度音乐"为例,讲述网上听音乐的方法。

8.3.1 登录主页

在浏览器地址栏中输入"music.baidu.com",进入百度音乐首页,如图 8-18 所示。

图 8-18 "百度音乐"首页

8.3.2 收听音乐

第一步:如果想听的音乐在页面上,则直接单击该音乐右面的播放指示,如图 8-19 所示。

第二步:然后进入百度音乐盒,收听音乐,如图 8-20 所示。

图 8-19 播放指示

图 8-20 百度音乐盒

第三步：如果在页面上找不到想听的音乐，则可以先查找，找到后再收听。例如，在首页上面的文本框内输入"我的九寨"，然后单击【百度一下】，如图 8-21 所示。

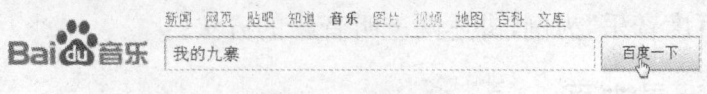

图 8-21　查找音乐

然后在查找结果中选择要收听的音乐即可。

8.3.3　下载音乐

用户还可以将喜欢的音乐下载到电脑上，方便以后反复收听。

方法一：在百度音乐盒下载听过的音乐。在百度音乐盒中，单击要下载的音乐右面的下载标识，如图 8-22 所示。

图 8-22　下载标识

然后进入下载页面，如图 8-23 所示。

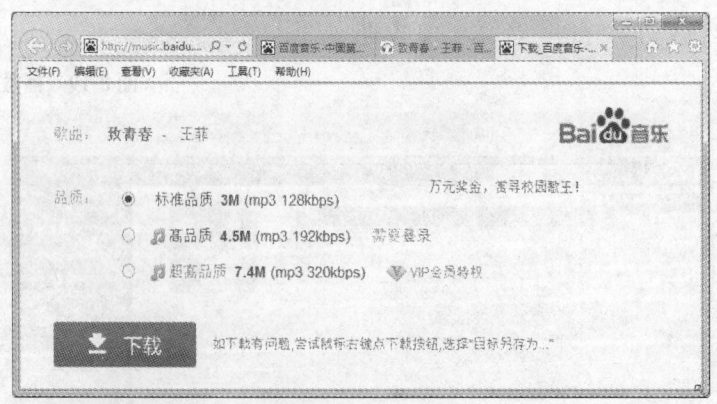

图 8-23　下载页面

单击【下载】将音乐保存到电脑中。

方法二：在查找结果中下载音乐，如图 8-24 所示。

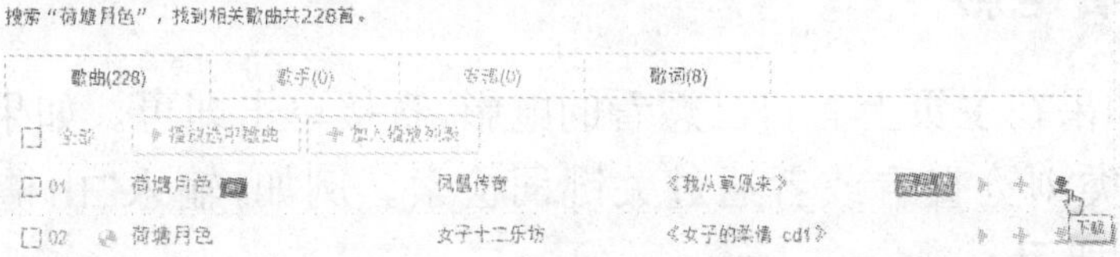

图 8-24 下载找到的音乐

以上介绍的是借助于浏览器中网页内嵌入的播放器收听音乐。除此之外，用户还可以在电脑上安装音乐播放软件，如腾讯 QQ 音乐、酷我音乐盒、千千静听、多米音乐等，利用这些软件在线查找和播放歌曲。

8.4　网上看电影

网络上同样也提供了丰富的影视资源。随着电信、网通这些服务提供商能够提供的带宽不断增加，光纤入户的范围越来越大，更多用户在网络上收看的高清影视也越来越流畅。常用的电影站点有：

电影网的高清影院　　　　www.m1905.com/vod
迅雷看看的高清影院　　　movie.kankan.com
360 电影频道　　　　　　v.360.cn/dianying/
hao123 电影　　　　　　movie.hao123.com/

下面以"电影网的高清影院"为例来介绍如何在线看电影。

8.4.1　登录主页

在浏览器地址栏中输入"www.m1905.com/vod"，进入电影网的高清影院首页，如图 8-25 所示。

图 8-25　电影网的高清影院首页

8.4.2 看电影

第一步：如果在主页上有自己想看的电影，直接单击即可。如果没有，则可以通过导航栏分类浏览查看或者通过关键词检索。例如，输入"山楂树"，单击【搜索】，如图 8-26 所示。

图 8-26　输入关键词搜索

搜索结果如图 8-27 所示。

图 8-27　搜索结果

第二步：单击【免费点播】，进入电影介绍页面，如图 8-28 所示。

图 8-28　电影介绍

第三步:单击【全片播放】,进入电影播放页面,如图8-29所示。

图8-29 电影播放页面

双击播放画面可以在原屏和全屏之间切换,还可以在播放页面给电影资源打分和发表评论。

用户除了可以在网上在线看电影外,还可以在电脑上安装视频播放软件,如腾讯影音、暴风影音等,利用这些软件查找和播放网上电影。

基于版权保护的原因,网上有的电影只有介绍不能播放,有的电影需要付费才能收看。

8.5 网上看电视

看电视一般是指电视台播放节目,人们在电视机前面实时收看。现在有了宽带网络以后,用户可以利用电脑显示器收看电视。相比较而言,利用电脑看电视可以收看更多电视台更丰富的电视节目,收视也更方便快捷。网上看电视除了电视直播外,还有更多的功能。

①点播功能。用户可以在任何时候点播收看节目库中喜欢的节目内容。

②广播时移功能。也就是在广播时,用户可以实现"暂停"、"再继续"等播放功能。

③双向互动功能。用户可以参与感兴趣节目的互动讨论,可以主动选择节目。

网络电视能够很好地适应当今网络飞速发展的趋势,充分有效地利用网络资源。

下面以"中国网络电视台"(tv.cntv.cn)为例来介绍怎样在网上看电视。

8.5.1 登录主页

在浏览器地址栏中输入"tv.cntv.cn",进入中国网络电视台首页,如图8-30所示。

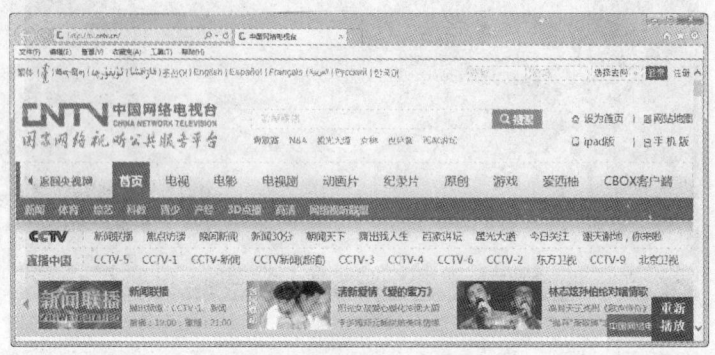

图8-30 中国网络电视台首页

8.5.2 看电视直播

第一步:在导航栏上选择【电视】→【直播中国】,如图8-31所示。

图8-31 选择电视直播

第二步:然后进入直播中国页面,如图8-32所示。

图8-32 直播中国页面

第三步:单击想看的电视台,例如【CCTV5】,进入直播页面,如图8-33所示。

8 网上娱乐 177

图 8-33 CCTV 5 体育直播页面

第四步:在页面中单击【CNTV 播放器手动安装包】,进入 CBOX 客户端官方下载页面,如图 8-34 所示。

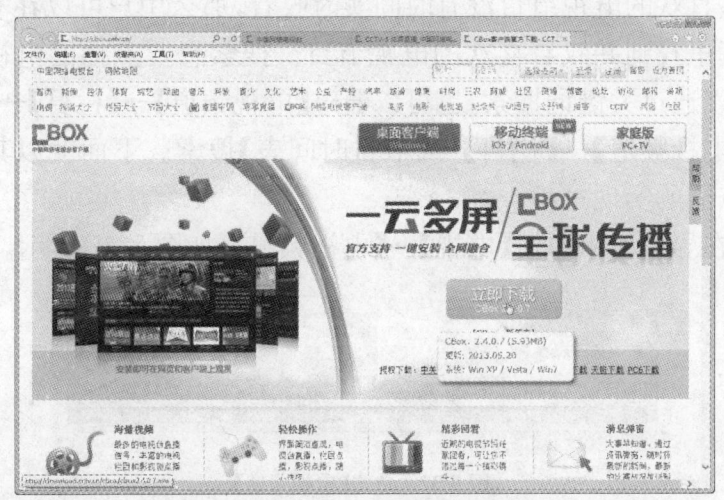

图 8-34 CBOX 客户端官方下载页面

第五步:单击【立即下载】,将安装包下载到电脑上。下载完成后,双击安装包将其安装到电脑上。安装完成后,刷新 CCTV 5 体育直播页面,如果出现如图 8-35所示的"运行加载项"的提示,单击【允许】即可。

图 8-35 "运行加载项"的提示

第六步:再次刷新页面后,CCTV 5 体育直播页面就会出现正常的电视节目信号,如图 8-36 所示。

图 8-36　CCTV 5 体育直播页面

第七步：双击播放画面可以在原屏和全屏之间切换，单击播放画面可以在暂停和继续之间切换。

8.5.3　电视节目点播

如果有些喜欢的电视节目没有时间实时收看，那么用户可以在有时间的时候从电视节目库里找到并收看喜欢的电视节目。搜索想要点播的电视节目有多种方式，用户可以通过关键词搜索，也可以通过【电视频道】→【栏目】→【节目】搜索，还可以通过【电视频道】→【栏目】→【节目时间表】搜索。下面就以其中一种为例来介绍节目点播的实现过程。

第一步：在导航栏中单击【电视】→【电视频道】，如图 8-37 所示。

图 8-37　单击【电视频道】

第二步：在电视频道页面中，单击想看的电视频道后面的【栏目】，如图 8-38 所示。

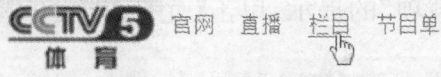

图 8-38　单击【栏目】

第三步：在栏目搜索页面中，单击想要收看的栏目，例如"冠军中国"，进入该栏目的节目列表页面，如图 8-39 所示。

8 网上娱乐　179

图 8-39　节目列表页面

第四步：单击自己喜欢的节目就可以收看了。

9 网络新生活

网络世界是丰富多彩的,只要中老年人愿意紧跟时代步伐,尝试新事物,学习不同的知识,晚年的生活会更充实,也更有意义。本章主要介绍了利用网络如何看新闻,如何读书看报,如何查询旅游景点,如何学烹饪和保健,如何网上炒股和购物,如何订购车票和餐食,如何查询天气和公交线路。通过学习本章,可以通过网络获取新闻信息以丰富和充实中老年人的生活,提高中老年人的生活质量。

9.1 网上看新闻

网络新闻是以网络为载体的新闻,具有快速、多面化、多渠道、多媒体、互动等特点,突破了传统的新闻传播概念,在视、听、感方面给受众以全新的体验。它将无序化的新闻进行有序的整合,并且大大压缩了信息的厚度,让用户在最短的时间内获得最有效的新闻信息。

在网上获取新闻的方式有很多种,最常见的方法是进入新闻门户网站。比较著名的政府新闻网站有新华网、人民网等,商业新闻网站有网易、新浪等。下面以"新浪网"为例介绍一下如何在网上看新闻。

第一步:打开 IE 浏览器,在地址栏中输入新浪的网址,按【Enter】键,如图 9-1 所示。

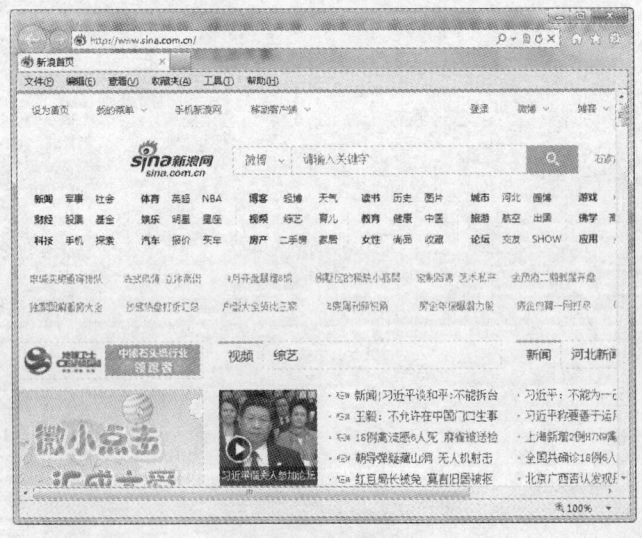

图 9-1 新浪首页

第二步：首页的顶部列出了各项新闻的分类，用户可以通过单击分类链接查看指定分类的信息，如单击【体育】链接，如图9-2所示。

图9-2　体育新闻首页

第三步：单击新闻的标题可以打开具体新闻内容，如单击【邹市明获得职业拳赛首胜】链接，如图9-3所示。

图9-3　【邹市明获得职业拳赛首胜】链接

在该页面上会展示新闻图片、新闻文字、新闻视频以及该新闻的相关信息,用户可以了解这条新闻的各种观点评论。

此外还可以通过搜索引擎来查找关心的新闻,用户可以参考本书"6 漫游网络新世界"的相关内容。

9.2 网上读书看报

9.2.1 网上读书

目前比较流行的读书网站有起点中文网、小说阅读网、红袖添香、快眼看书等。下面以"起点中文网"为例介绍一下通过网络读书的基本方法。

第一步:打开 IE 浏览器,在地址栏中输入"http://www.qidian.com",会打开起点中文网的首页,如图 9-4 所示。首页上列出了多种不同的分类以及各类书籍的排行,用户可以选择一本小说阅读。

图 9-4 起点中文网首页

第二步:单击【官德】链接,会打开小说《官德》的首页,如图 9-5 所示。该页面介绍了小说的具体信息,用户可以通过简介了解小说的大体情况,以便决定是否阅读。

9 网络新生活 183

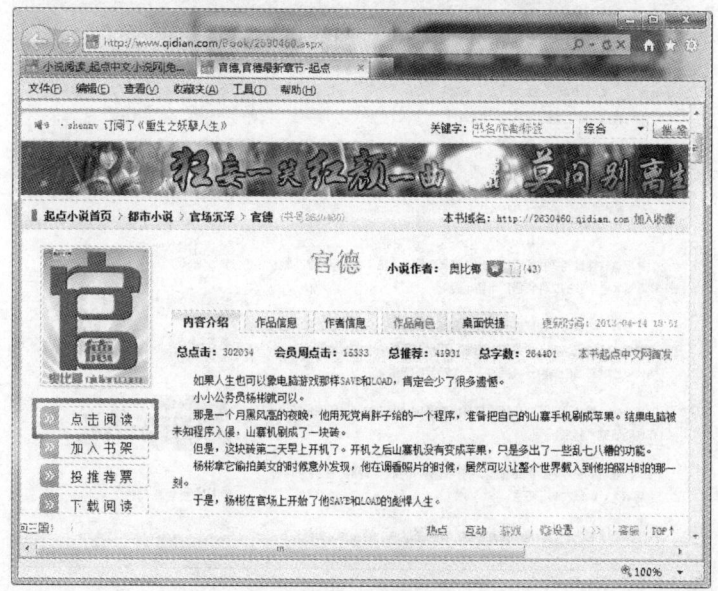

图 9-5 小说《官德》的首页

第三步：单击【点击阅读】链接，会打开小说的阅读列表，如图 9-6 所示。该页面列出了小说的章节列表，用户可以选择要阅读的章节。

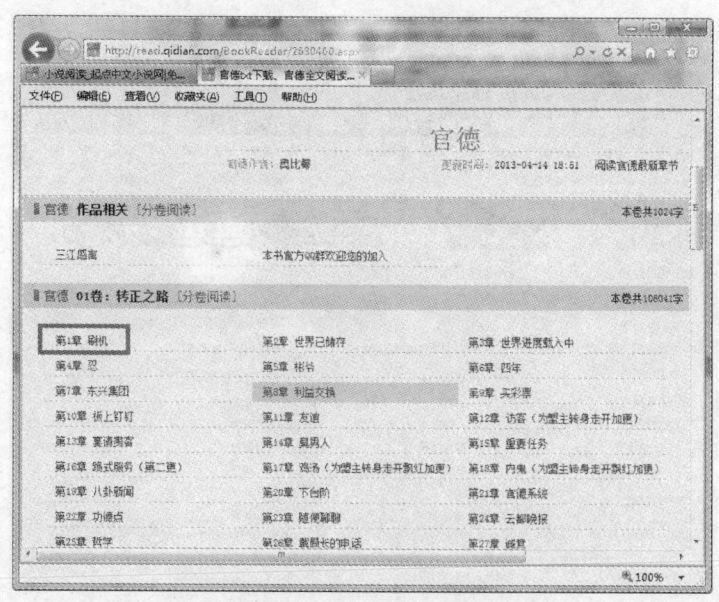

图 9-6 小说阅读列表页面

第四步：单击"第 1 章 刷机"，会打开小说第一章的正文，如图 9-7 所示。用户可以阅读小说的正文了。

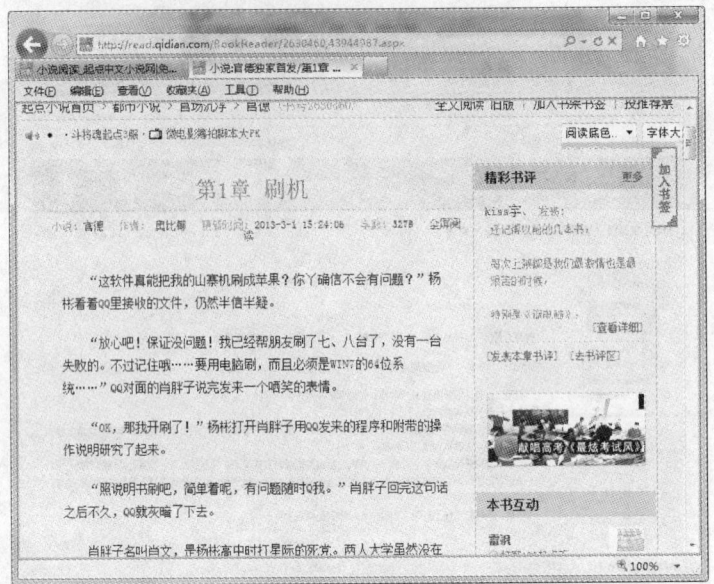

图 9-7 小说正文页面

第五步：回到网站首页，单击【排行榜】链接，会打开小说排行榜页面，如图 9-8 所示。该页面列出了各类排行的前十名小说，用户可以选择排名靠前的热门小说进行阅读。

图 9-8 小说排行榜页面

9.2.2 网上看报

在网上阅读报纸的知名网站有全国报纸电子版、6点报等。下面以"全国报纸电子版"为例介绍一下通过网络阅读报纸的基本方法。

第一步：打开 IE 浏览器，在地址栏中输入"http：//www.dx286.com"，会打开全国报纸电子版的首页，如图 9-9 所示。首页上列出了各个地方的报纸列表，用户可以选择一种报纸阅读。

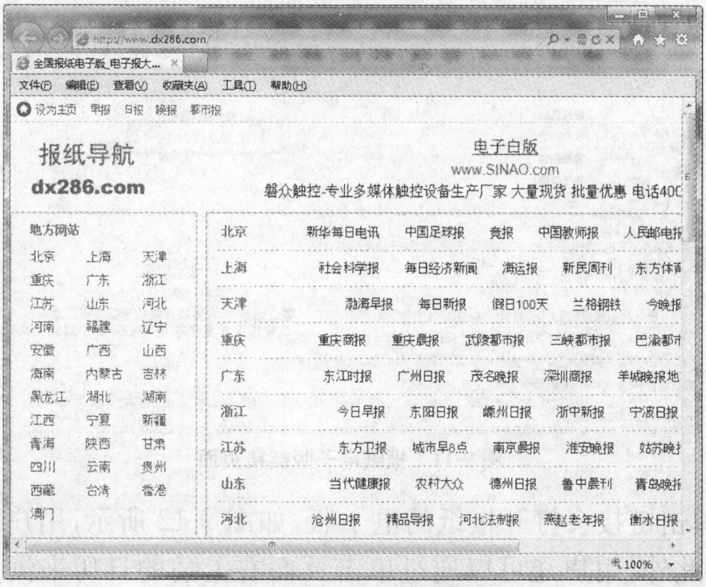

图 9-9　全国报纸电子版首页

第二步：单击【新华每日电讯】链接，会打开新华每日电讯的介绍页面，如图 9-10 所示。

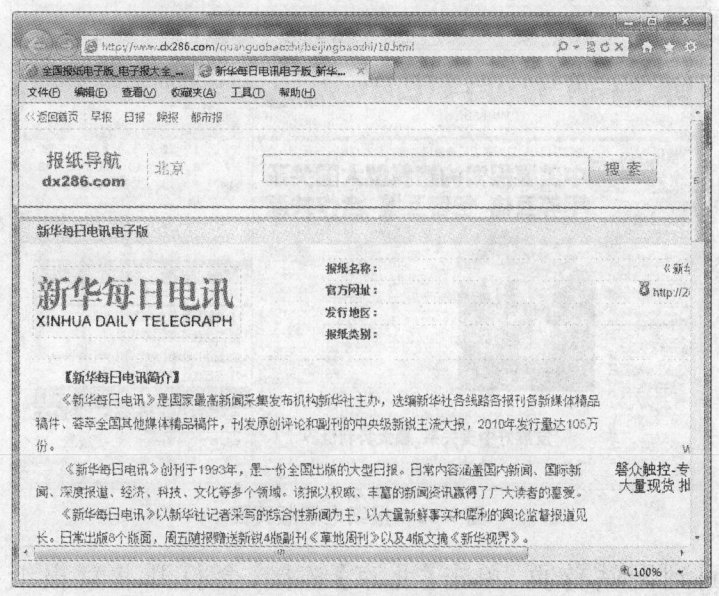

图 9-10　新华每日电讯介绍页面

第三步：在页面右上角有报纸电子版的链接，即"http：//202.84.17.54/"，如

图 9-11 所示。

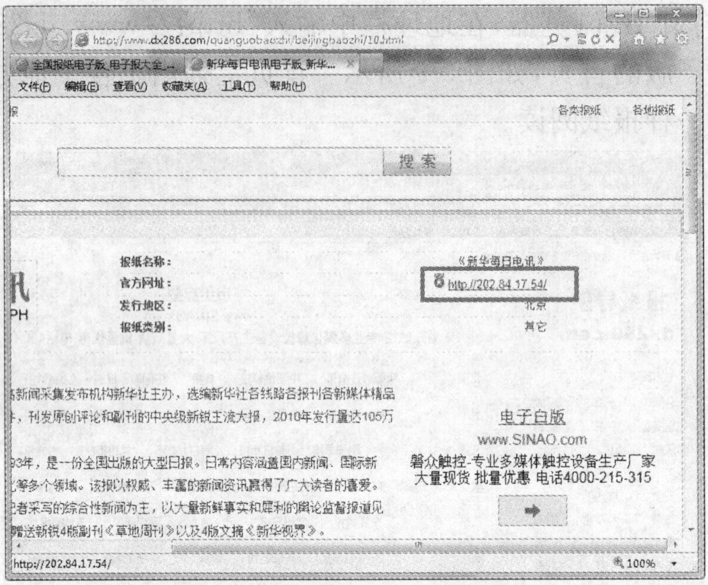

图 9-11 报纸电子版链接页面

第四步:单击链接会打开报纸的电子版,如图 9-12 所示,用户就可以阅读最新的报纸了。此外,用户还可以通过单击页面右上角的日历来浏览不同日期的报纸。

图 9-12 报纸电子版页面

第五步:回到网站首页,单击【北京】链接,会打开北京报纸列表页面,如图 9-13 所示。该页面列出了北京地区的所有报纸的电子版,用户可以选择关注的报纸来阅读。

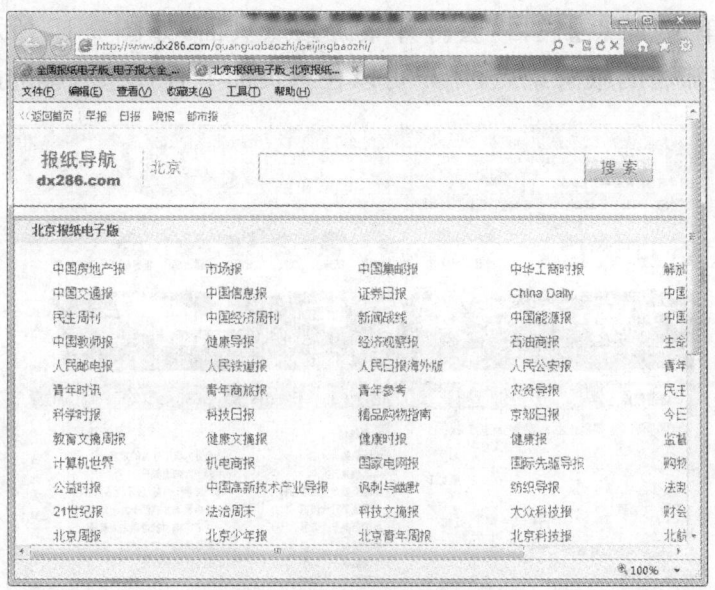

图 9-13　北京报纸列表页面

9.3　查询旅游景点

目前比较热门的旅游景点查询网站有中国旅游网、携程旅游、欣欣旅游网等。下面以"中国旅游网"为例介绍一下通过网络查询旅游景点的基本方法。

第一步：打开 IE 浏览器，在地址栏中输入"http://www.51yala.com"，会打开中国旅游网的首页，如图 9-14 所示。

图 9-14　中国旅游网的首页

第二步：单击【景点】栏目，会打开旅游景点页面，如图 9-15 所示。该页面列出了全国各地知名的旅游景点，用户可以在该页面上查找感兴趣的旅游景点。

图 9-15　旅游景点页面

在页面的下部还列出了各个地区值得游览的景点列表，如图 9-16 所示。

图 9-16　地区景点列表

第三步：单击【北京】链接，会打开北京旅游指南页面，如图 9-17 所示。该页面不仅介绍了北京的基本信息，同时还罗列出了北京周边的所有旅游景点的信息。

9 网络新生活 189

图 9-17 北京旅游指南页面

第四步：单击【北京故宫】链接，会打开具体景点的介绍页面，如图 9-18 所示。用户可以了解故宫的详细信息。

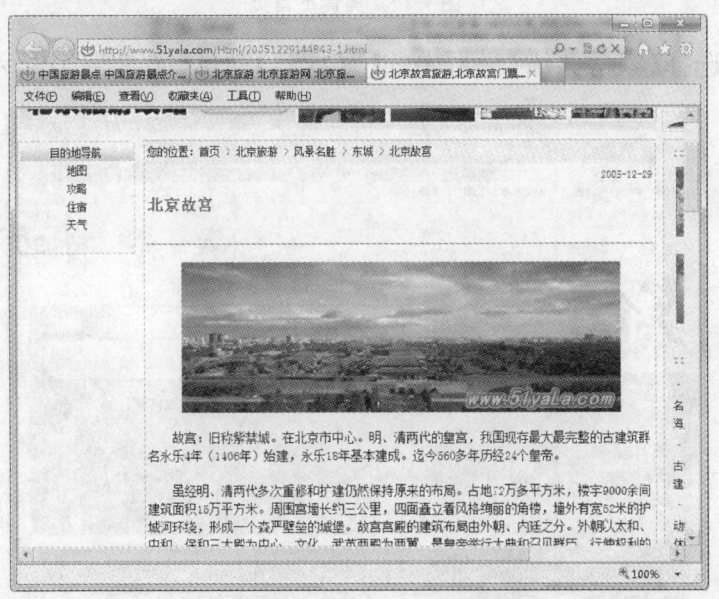

图 9-18 北京故宫介绍页面

9.4 网上学烹饪

介绍烹饪的网站很多，比较权威的有美食杰、美食天下、好豆菜谱、果豆网等。

下面以"美食杰"为例介绍一下通过网络学习烹饪的基本方法。

第一步：打开 IE 浏览器，在地址栏中输入"http://www.meishij.net"，会打开美食杰的首页，如图 9-19 所示。该页面介绍了烹饪的各种知识。

图 9-19 美食杰首页

第二步：选择【家常菜谱】栏目中的【家常菜】栏目，如图 9-20 所示。

图 9-20 选择栏目

第三步：单击【家常菜】选项，会打开家常菜页面，如图 9-21 所示。该页面列出了大量的家常菜的菜谱。

9 网络新生活 191

图 9-21 家常菜页面

第四步：单击【豆豉鲮鱼绿豆芽】链接，会打开烹饪图解页面，如图 9-22 所示。该页面介绍了做菜的主料、配料和具体的制作过程。

图 9-22 烹饪图解页面

用户可以通过类似的操作学习其他菜肴的制作。

9.5 网上学保健

比较权威的保健养生网站有 39 保健频道、大众养生网、养生中国等。下面以

"39保健频道"为例介绍一下通过网络学习保健的基本方法。

第一步：打开 IE 浏览器，在地址栏中输入"http://www.39.net/"，会打开 39 保健频道的首页，如图 9-23 所示。该页面介绍了医疗保健养生的各种知识。

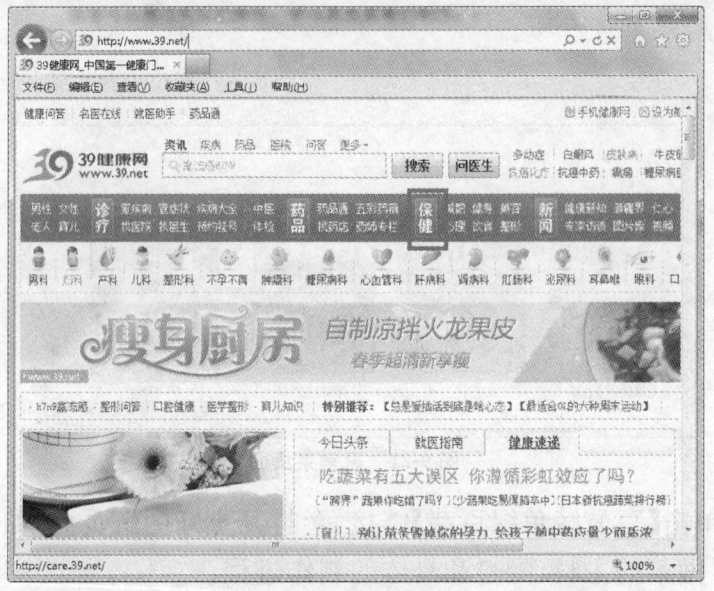

图 9-23　39 保健频道首页

第二步：单击【保健】栏目，会打开 39 保健频道的保健栏目页面，如图 9-24 所示。

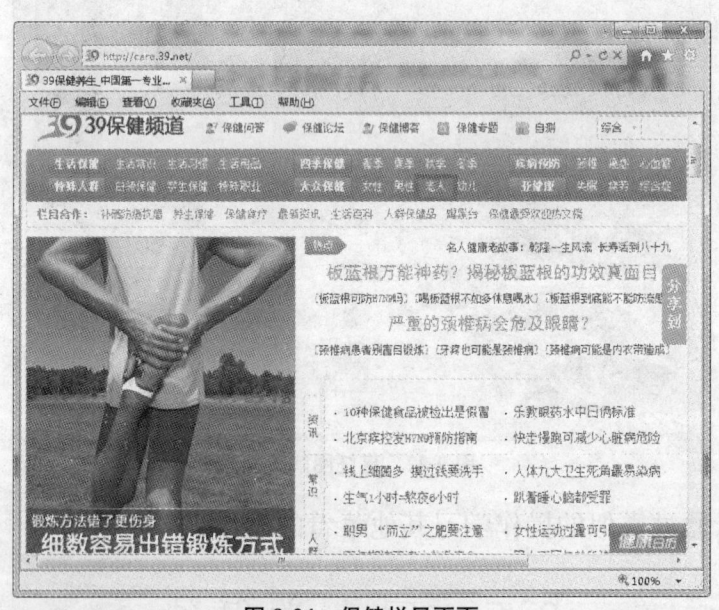

图 9-24　保健栏目页面

第三步：单击绿色导航栏上的【老人】栏目，会打开老人保健页面，如图 9-25 所示。该页面介绍了中老年人应该注意的保健知识。

9 网络新生活 193

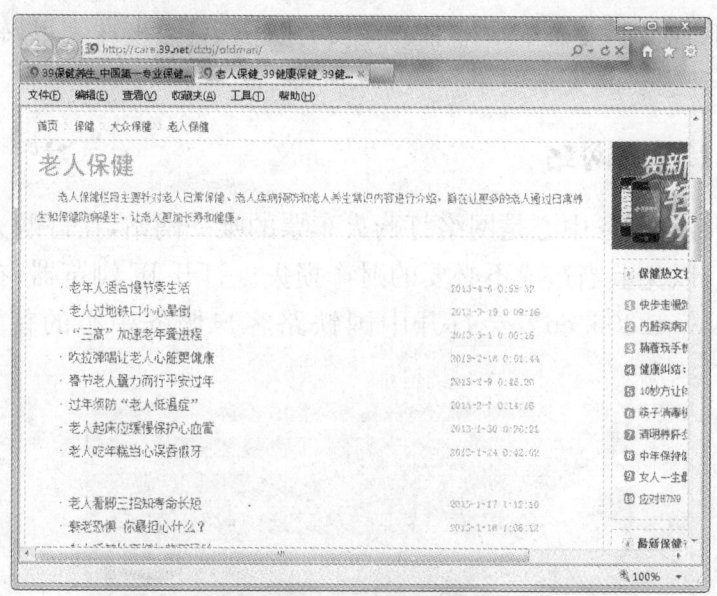

图 9-25 老人保健页面

第四步：单击【老年人适合慢节奏生活】链接，会打开文章页面，如图 9-26 所示。用户可以详细阅读保健知识。

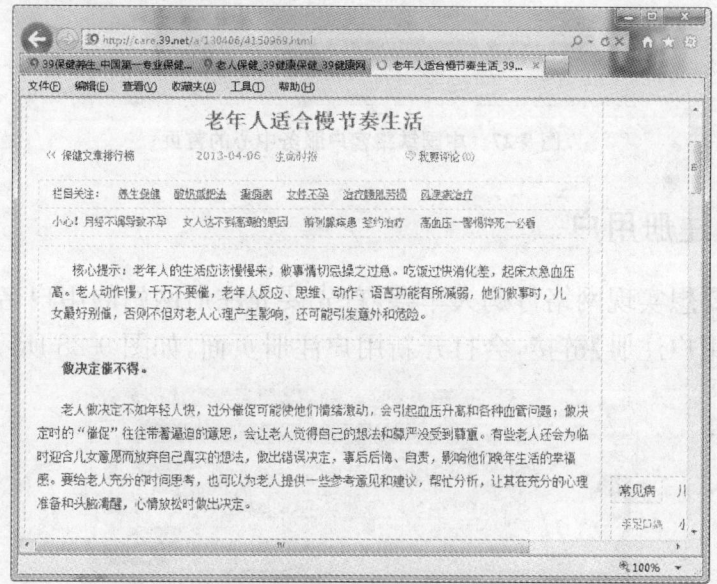

图 9-26 文章页面

9.6 网上查询订购火车票

网络普及的时代，我们平时需要的一些东西基本上都可以在网络上购买，随着铁路网络售票平台的上线以及不断地完善，在网上购买火车票已经不是很困难的事情,我们不需要再去火车站排那个长长的队伍,只需坐在家里,轻松地单击鼠标就可以购买到想要的火车票了。

9.6.1 12306网站

中国铁路客户服务中心是网络订购火车票的唯一网站,在订购火车票前一定要先确认网址,以免上当造成不必要的财产损失。打开IE浏览器,在地址栏中输入"http://www.12306.cn",会打开中国铁路客户服务中心的首页,如图9-27所示。

图9-27 中国铁路客户服务中心的首页

9.6.2 注册用户

第一步:要想实现网络订购火车票,首先要先注册网站的用户名,单击页面上的【网上购票用户注册】链接,会打开新用户注册页面,如图9-28所示。

图9-28 新用户注册页面

第二步：仔细查看服务条款，在页面的最后有【同意】和【不同意】按钮，单击【同意】按钮会打开基本信息录入页面，如图 9-29 所示。

图 9-29　基本信息录入页面

第三步：认真填写各项信息，在页面的最后单击【提交注册信息】按钮，会打开注册成功页面，如图 9-30 所示。如果某些信息不正确，则系统将无法通过，会提示重新输入。

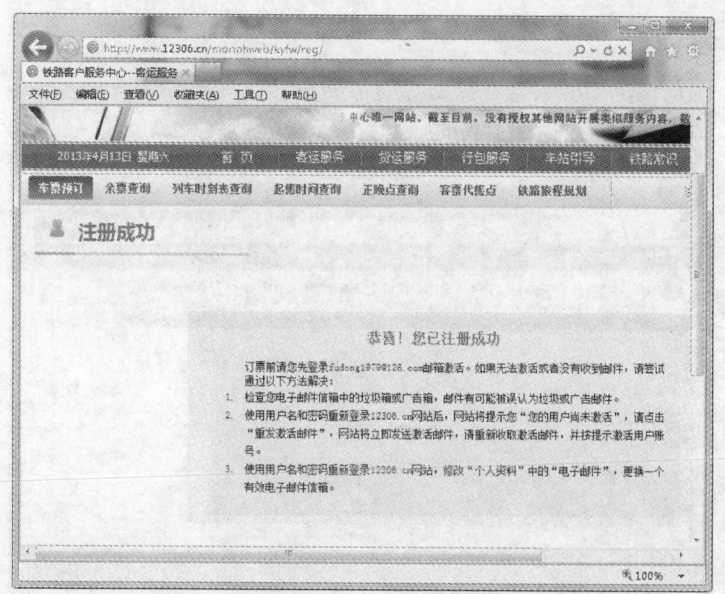

图 9-30　注册成功页面

第四步：回到网站首页，注册用户，就可以在网站上对车票进行查询和订购了,如图 9-31 所示。

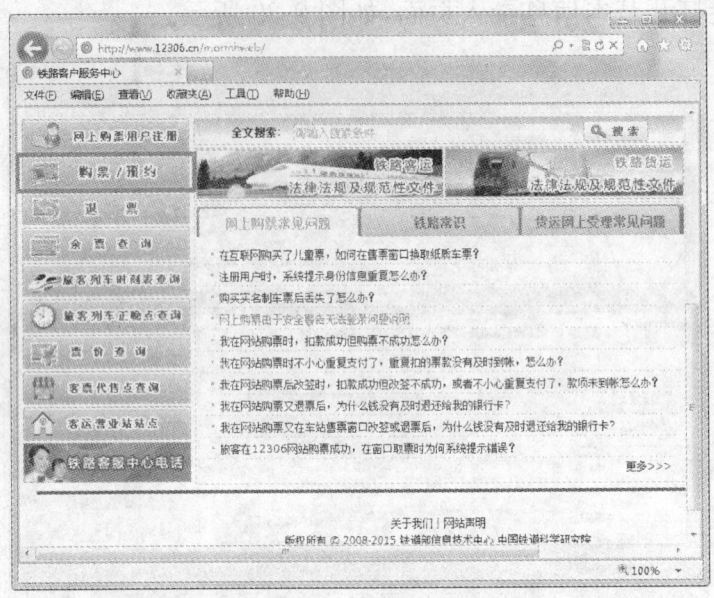

图 9-31　网站首页

9.6.3　预订车票

第一步:单击页面上的【购票/预约】链接,会打开用户登录页面,如图 9-32 所示。

图 9-32　用户登录页面

第二步:输入正确的登录名、密码和验证码,单击【登录】按钮,会打开系统消息页面。如果是第一次进入系统,则会提示用户没有激活,需要到自己的邮箱中激活注册信息,如图 9-33 所示。

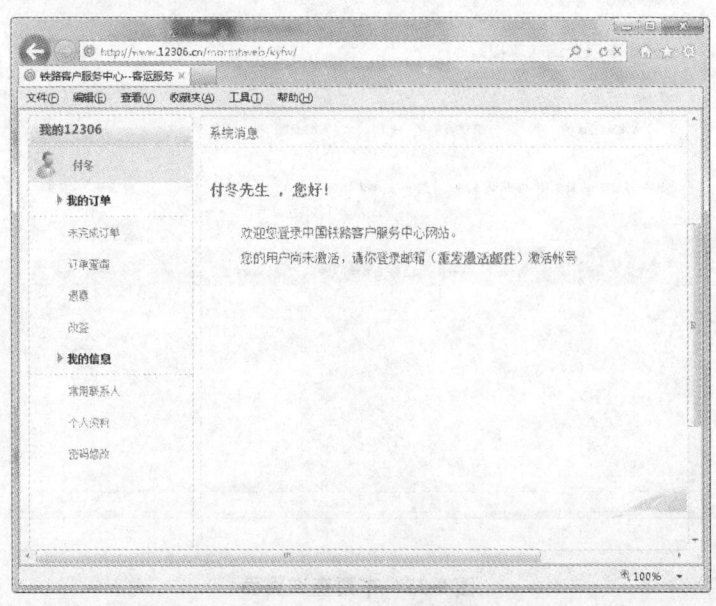

图 9-33 系统消息页面

如果已经激活了注册信息,则会打开含有【车票预订】链接的页面,如图 9-34 所示。

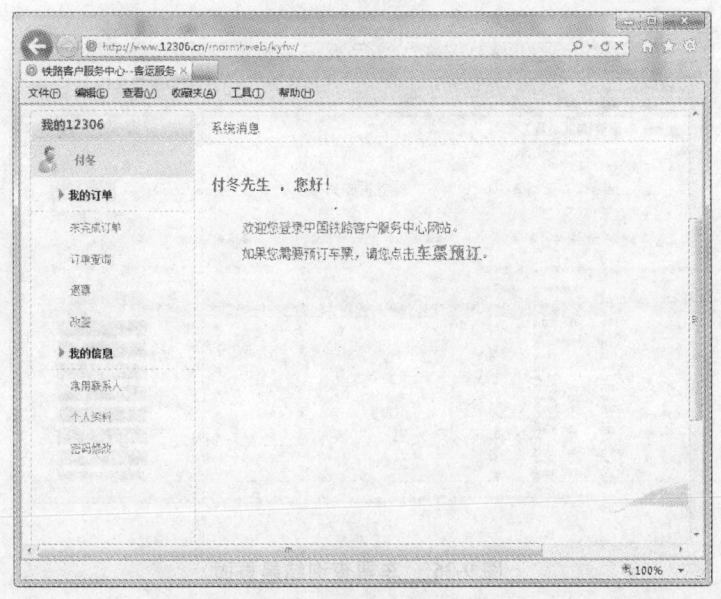

图 9-34 含有【车票预订】的页面

第三步:单击【车票预订】链接,会打开车票查询页面,如图 9-35 所示。

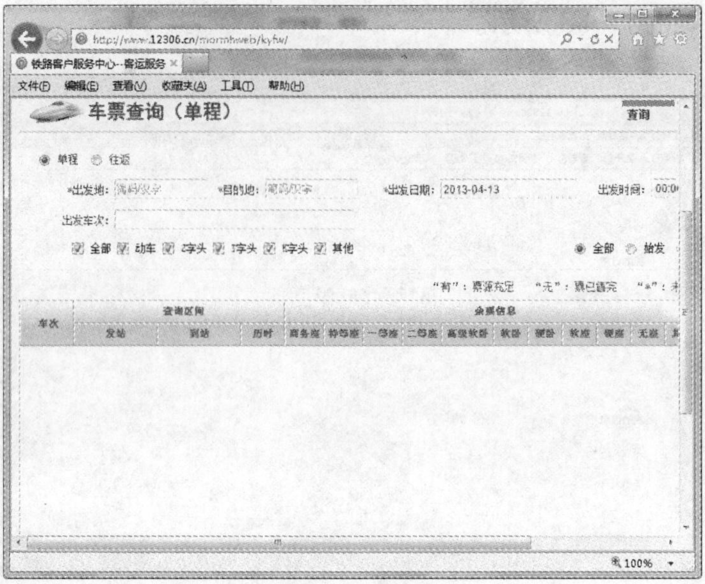

图 9-35　车票查询页面

第四步：输入出发地、目的地以及出发日期等信息。例如，输入出发地为"石家庄"，目的地为"北京"，出发时间为"2013-04-18"，单击【查询】按钮即可查询车票信息，如图 9-36 所示。

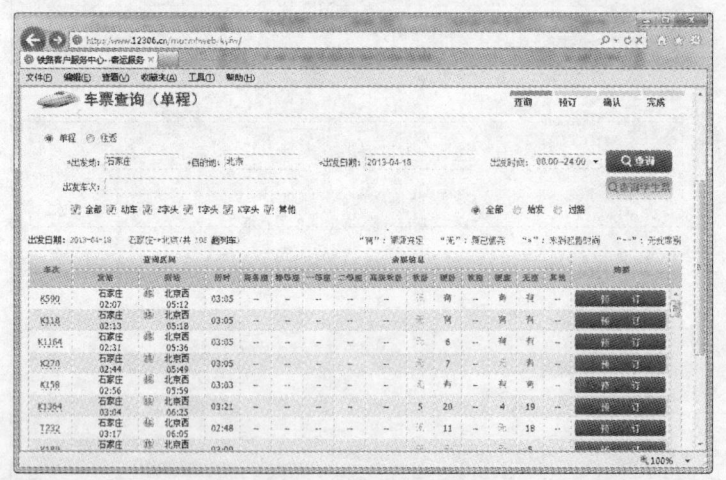

图 9-36　车票查询结果页面

第五步：选择合适的车次信息，单击【预订】按钮，会打开预订页面，如图9-37 所示。

9　网络新生活 　199

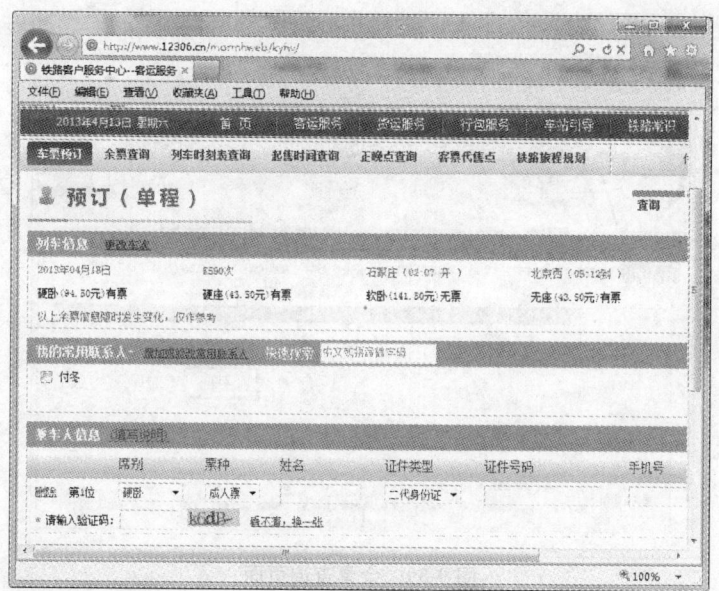

图 9-37　预订页面

第六步：确认购买车票并输入各项信息后，单击【提交订单】按钮，会打开提交订单确认页面，如图 9-38 所示。

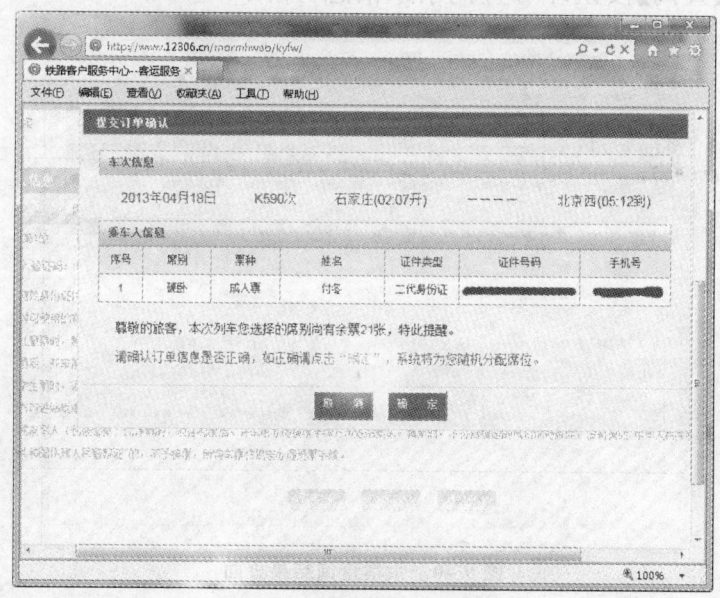

图 9-38　提交订单确认页面

第七步：单击【确定】按钮，即可成功预订车票。

9.6.4　余票查询

第一步：进入 12306 的首页，点击页面上的【余票查询】链接，会打开余票查询页面，如图 9-39 所示。

图 9-39 余票查询页面

第二步:输入出发地、目的地、出发日期以及出发车次等信息。例如,输入出发地为"石家庄",目的地为"北京",出发时间为"2013-04-18",出发车次为"K590",单击【查询】按钮即可查询余票信息,如图 9-40 所示。

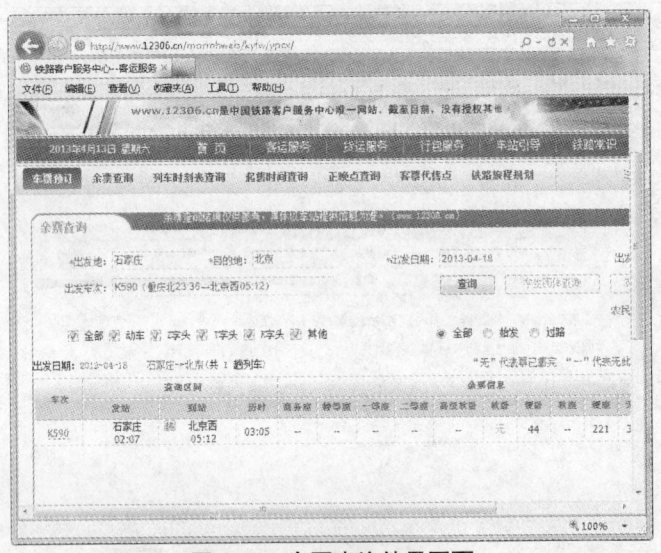

图 9-40 余票查询结果页面

9.7 查询天气预报

9.7.1 中国天气网

目前最权威的天气预报网站是中国天气网。下面以"中国天气网"为例介绍如何利用网络查询天气预报的方法。

第一步： 在 IE 浏览器的地址栏中输入"http://www.weather.com.cn"，按【Enter】键会打开中国天气的首页，如图 9-41 所示。该页面上介绍了当前全世界的天气信息。

图 9-41　中国天气首页

第二步： 在首页顶部的文本框中输入要查询城市的名称，如"上海"，如图 9-42 所示。

图 9-42　输入城市页面

第三步： 单击【查询】按钮，会打开具体城市的天气信息，如图 9-43 所示。

图 9-43　城市天气页面

在该页面的下方还展示了未来几天的天气信息以及温度走势曲线与相关地区的天气信息和各项生活指数，如图 9-44 所示。

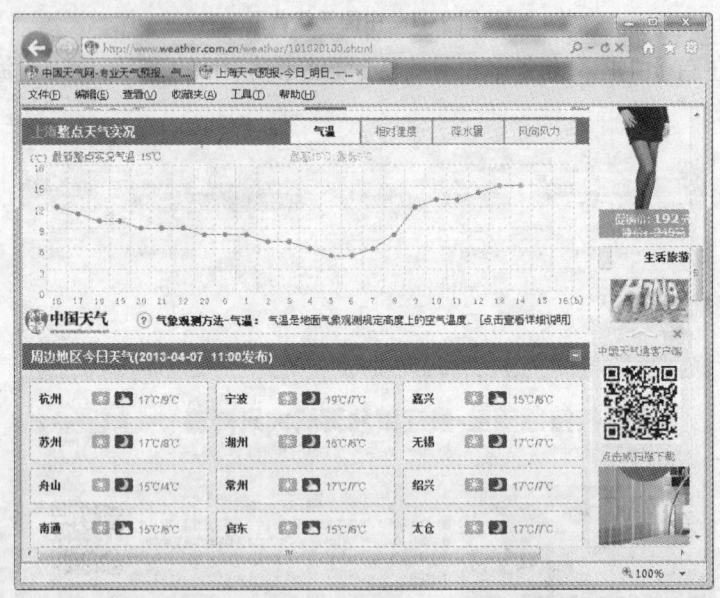

图 9-44　温度走势曲线和相关地区的天气信息

9.7.2　百度搜索天气

除了利用专业的天气网站查找天气信息外，用户还可以利用搜索引擎来检索天气信息。例如，在"百度"中输入"上海天气预报"，如图 9-45 所示。

9　网络新生活 　203

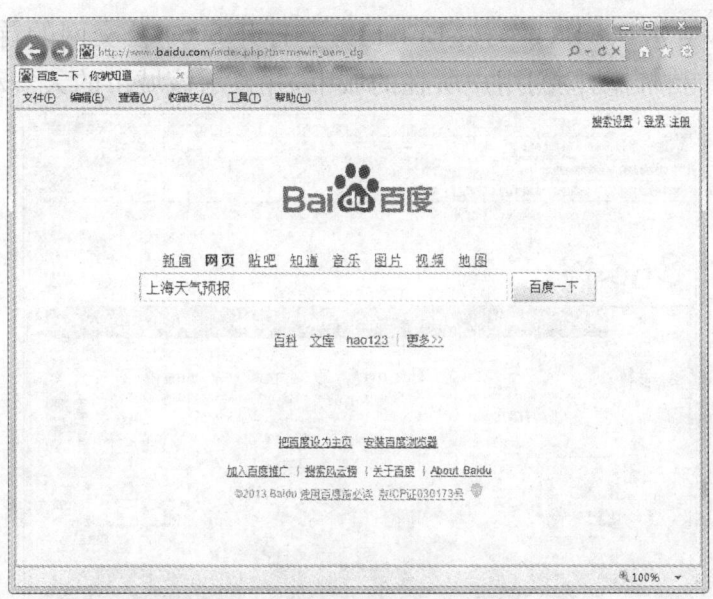

图 9-45　百度搜索天气信息页面

单击【百度一下】按钮会打开搜索结果页面，如图 9-46 所示。

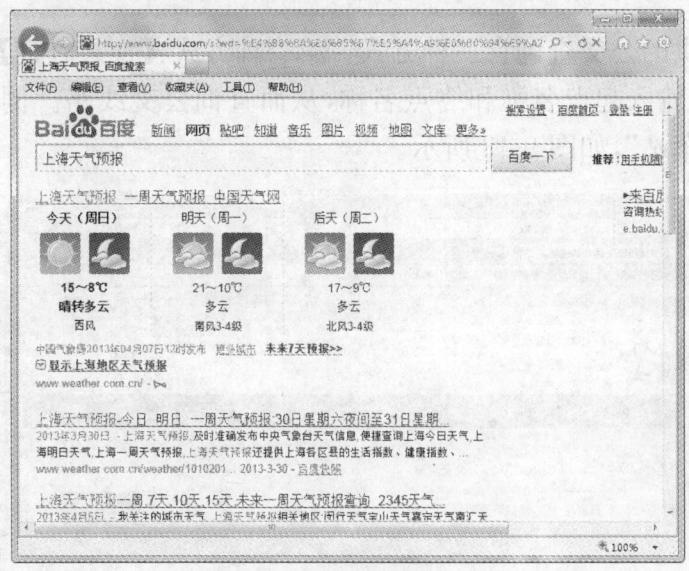

图 9-46　百度搜索结果页面

9.8　查询公交线路

9.8.1　8684 公交网

目前功能比较全的公交查询网站是 8684 公交网。在 IE 浏览器的地址栏中输入"http://www.8684.cn",按【Enter】键会打开8684公交网的首页,如图9-47所示。该网站能够自动检测用户所在的城市,并显示该城市的天气和交通信息。

图 9-47　8684 公交网首页

该网站提供的公交查询有三种方式。第一种方式:【换乘查询】是默认的查询方式,用户可以输入起点名称和终点名称,从而查询公交线路。例如,输入"市政府西院"和"火车站",如图9-48所示。

图 9-48　换乘查询页面

单击【搜索】按钮,会列出查询的各种乘车方案,如图9-49所示。向下滚动鼠标滚轮能够查看更多的方案。

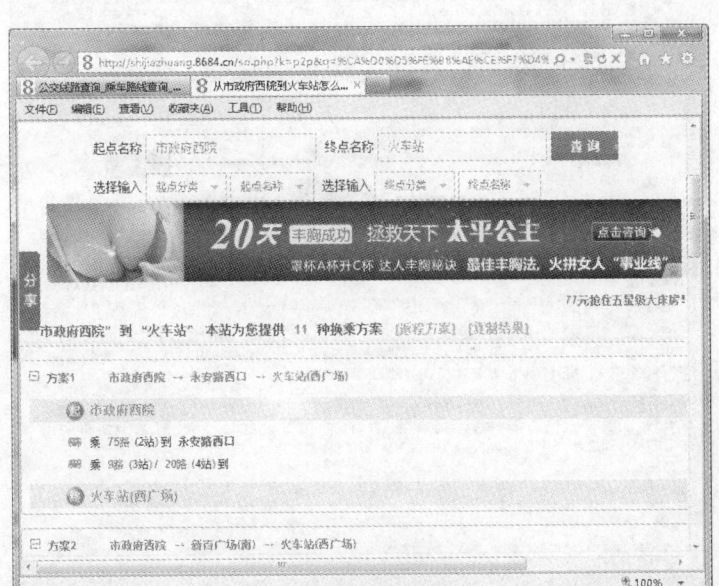

图 9-49　换乘查询结果页面

第二种方式：单击【线路查询】选项，会打开线路查询页面，如图 9-50 所示。

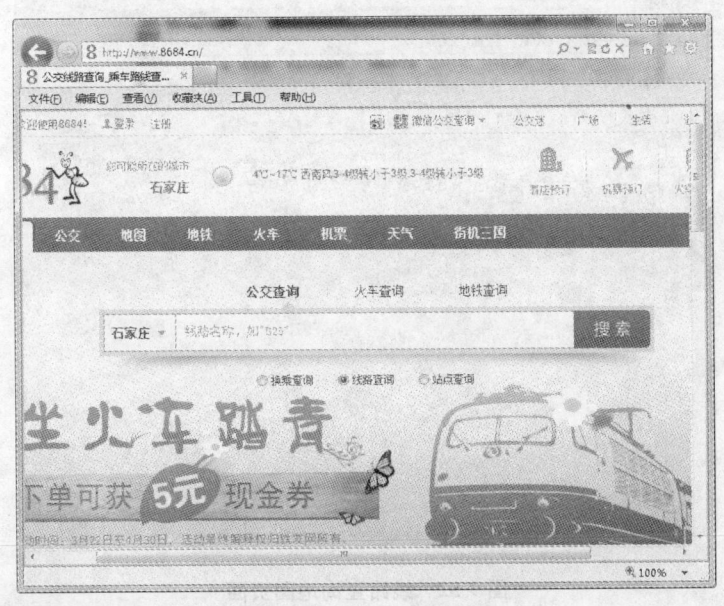

图 9-50　线路查询页面

输入想要查询的公交线路名称，如"1 路"，单击【搜索】按钮，会打开线路查询结果页面，如图 9-51 所示。

中老年人学电脑・基础篇

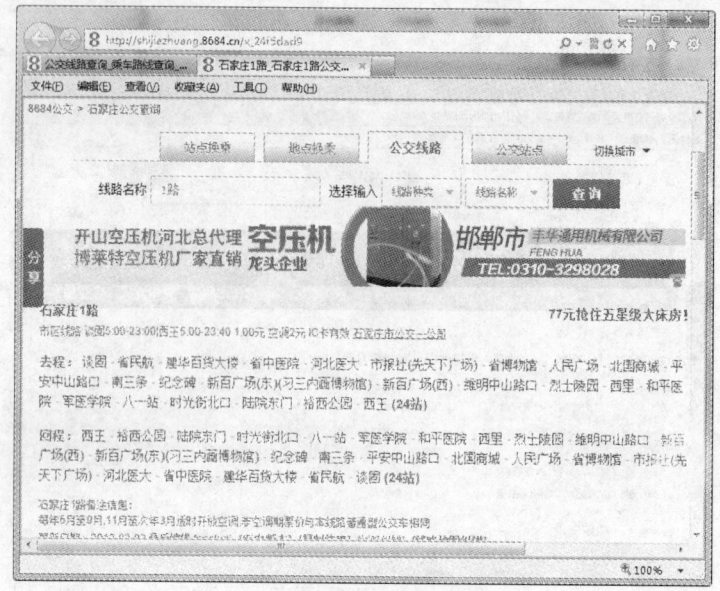

图 9-51　线路查询结果页面

该页面会显示 1 路路线的详细信息，并且在地图上绘制了各个站点的位置和图标，如图 9-52 所示。

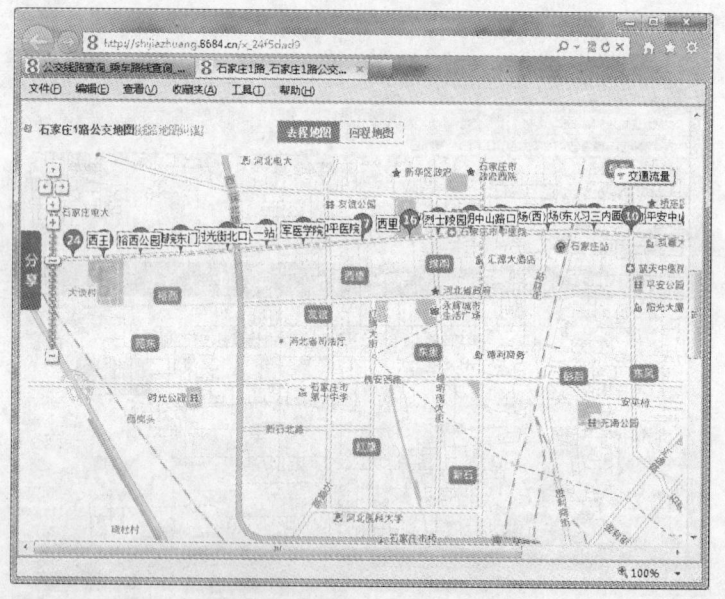

图 9-52　线路查询地图页面

第三种方式：单击【站点查询】选项，会打开站点查询界面，如图 9-53 所示。

输入想要查询的地点名称，如"火车站"，单击【搜索】按钮，会打开站点查询结果页面，如图 9-54 所示。该页面会列出所有经过火车站的公交车的详细信息。

9 网络新生活   207

图 9-53 站点查询界面

图 9-54 站点查询结果页面

9.8.2 百度地图公交查询

用户可以通过百度地图查询某个城市的公交信息。操作方法如下：

第一步：打开 IE 浏览器，然后打开百度首页，在文本框中输入要查询的城市，如图 9-55 所示。

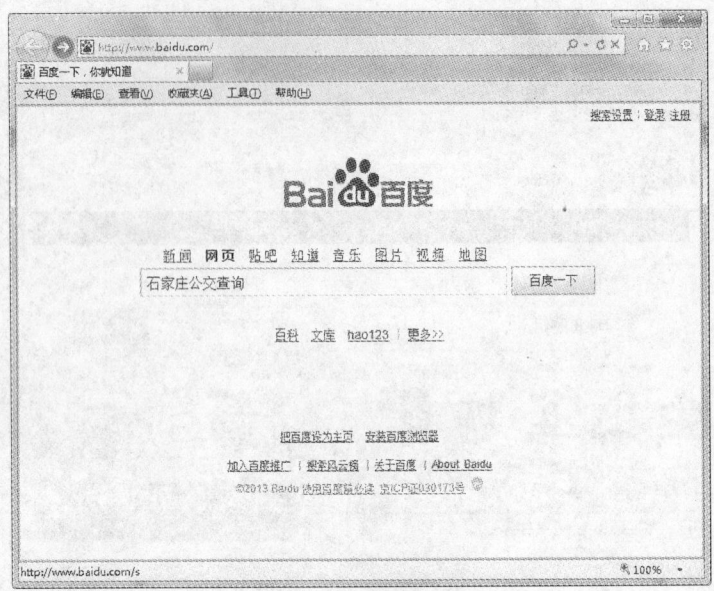

图 9-55　百度查询页面

第二步：单击【百度一下】按钮，会打开查询结果，如图 9-56 所示。

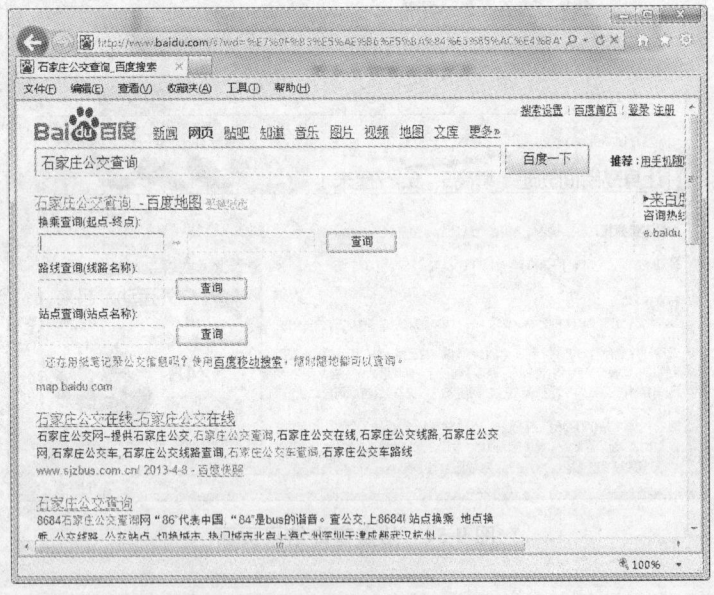

图 9-56　百度公交查询页面

第三步：输入起点和终点。例如，输入"市政府西院"和"石家庄北站"，单击【查询】按钮，会打开百度的查询结果，如图 9-57 所示。该页面会列出从起点到终点的详细公交换乘方法。

9 网络新生活

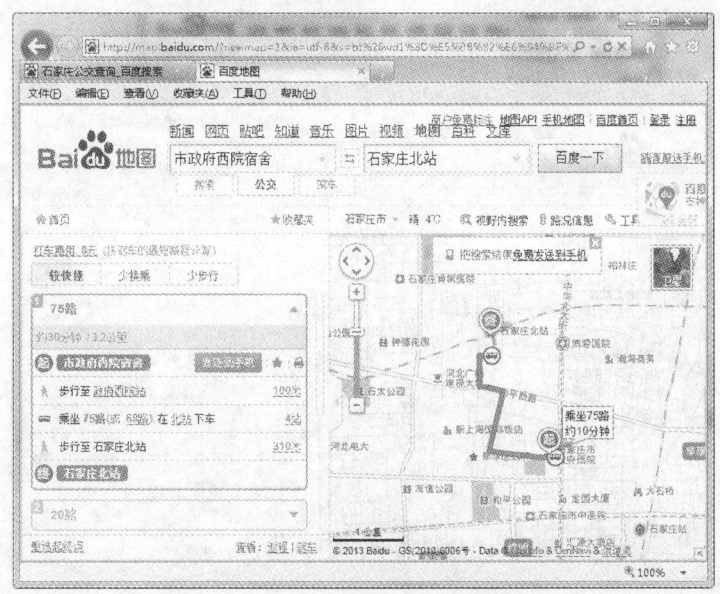

图 9-57　百度公交换乘查询结果页面

第四步：输入公交线路名称，如"1 路"，单击【查询】按钮，会打开百度的查询结果，如图 9-58 所示。该页面会列出 1 路公交的详细信息。

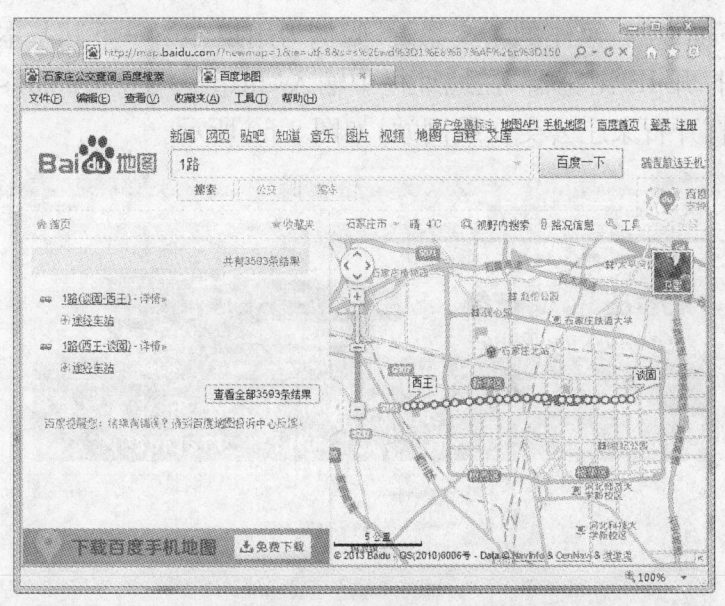

图 9-58　百度公交查询线路结果页面

第五步：输入公交线路名称，如"火车站"，单击【查询】按钮，会打开百度地图查询页面，如图 9-59 所示。百度地图的用法在第六章已经介绍了，用户可以参考。

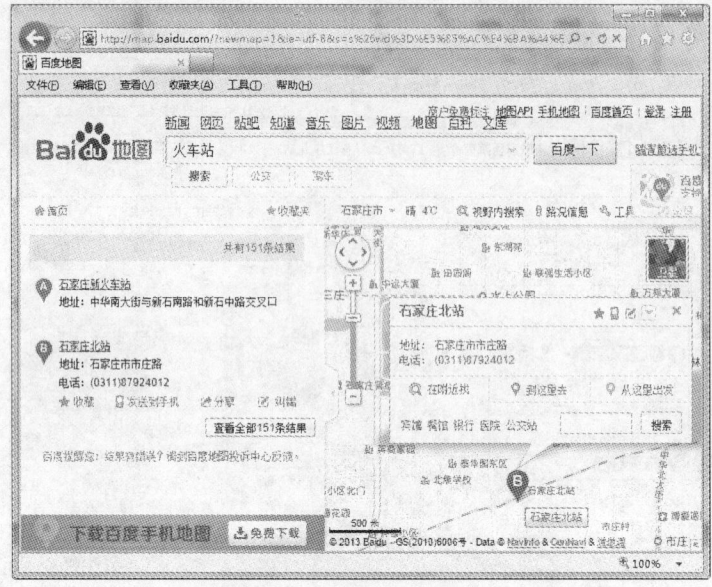

图 9-59 百度地图的查询页面

9.8.3 各城市的公交查询系统

每个城市都有自己的公交查询系统,虽然由各个城市开发维护,但是功能都大体相似。下面以"石家庄的公交系统"为例为用户介绍一下其基本使用方法。

第一步:打开 IE 浏览器,在地址栏中输入"http://www.sjzbus.com.cn",按【Enter】键会打开石家庄公交在线网站,如图 9-60 所示。

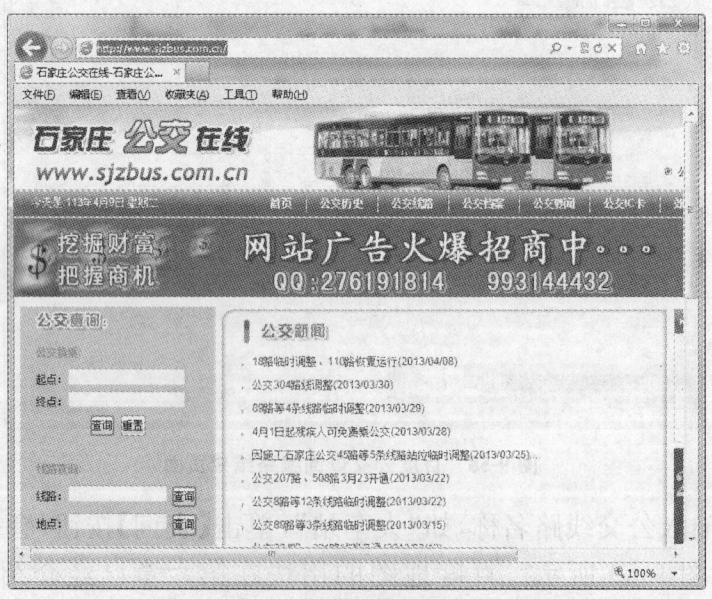

图 9-60 石家庄公交在线首页

第二步：输入可以出行的起点和终点。例如，输入"市政府"和"火车站"，单击【查询】按钮，会打开查询结果页面，如图 9-61 所示。该页面列出了所有的出行方案。

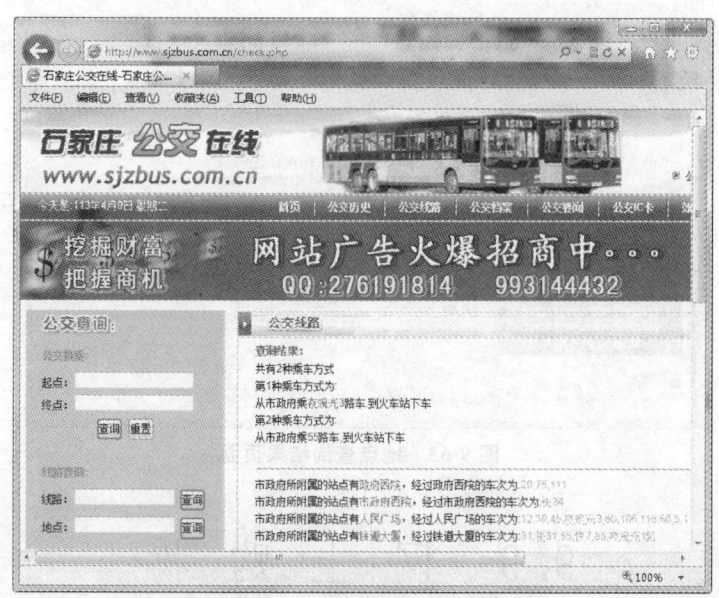

图 9-61　换乘查询结果页面

第三步：在【线路】文本框中输入"1"，单击【查询】按钮，会打开线路查询结果页面，如图 9-62 所示。该页面显示了 1 路公交车的详细信息。

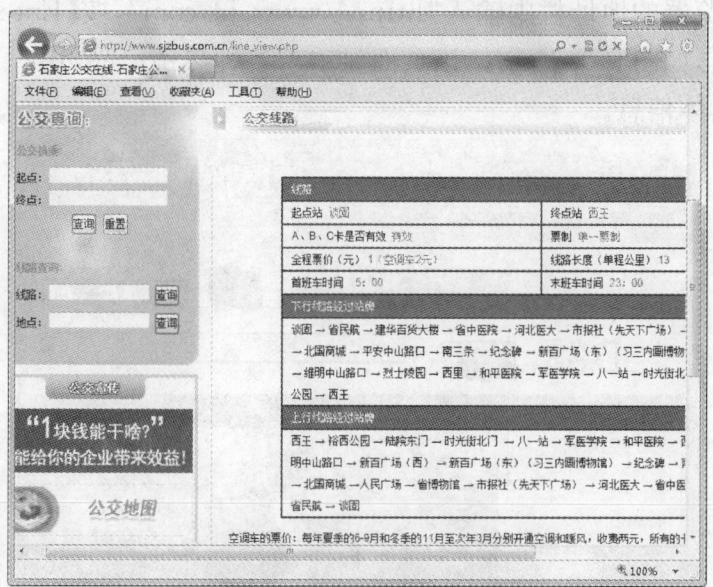

图 9-62　线路查询结果页面

第四步：在【地点】文本框中输入"火车站"，单击【查询】按钮，会打开地点查询结果页面，如图 9-63 所示。该页面列出了经过火车站的公交信息。

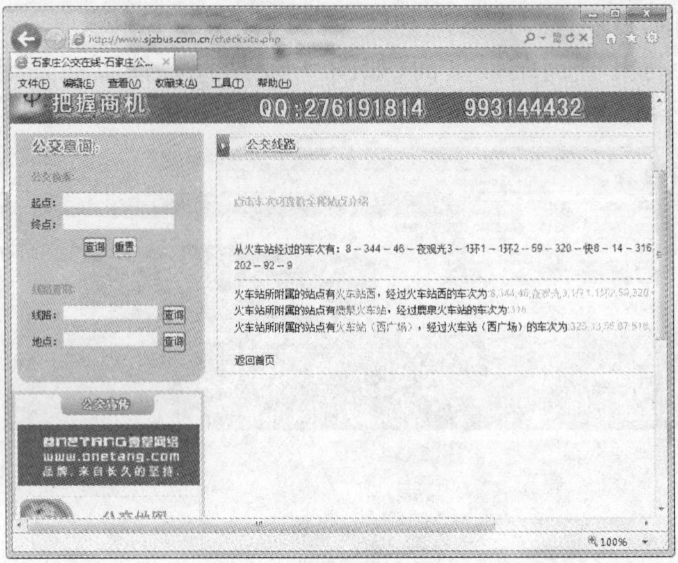

图 9-63 地点查询结果页面

9.9 网上购物

目前比较主流的购物网站有京东商城、苏宁易购、淘宝和当当网等。下面以"京东商城"为例介绍一下网上购物的基本方法。

在 IE 浏览器的地址栏中输入"http://www.jd.com",按【Enter】键会打开京东商城的首页,如图 9-64 所示。该页面显示了各种热销产品,用户可以单击关注的商品查看具体信息。

图 9-64 京东商城首页

9.9.1 注册帐号

只有成为注册用户才能通过京东商城购买商品,非注册用户只能浏览查看商品信息,所以使用京东商城之前首先要进行注册。

第一步:打开京东首页,找到【免费注册】链接,如图 9-65 所示。

图 9-65 【免费注册】链接

第二步:单击【免费注册】链接,会打开注册页面,如图 9-66 所示。

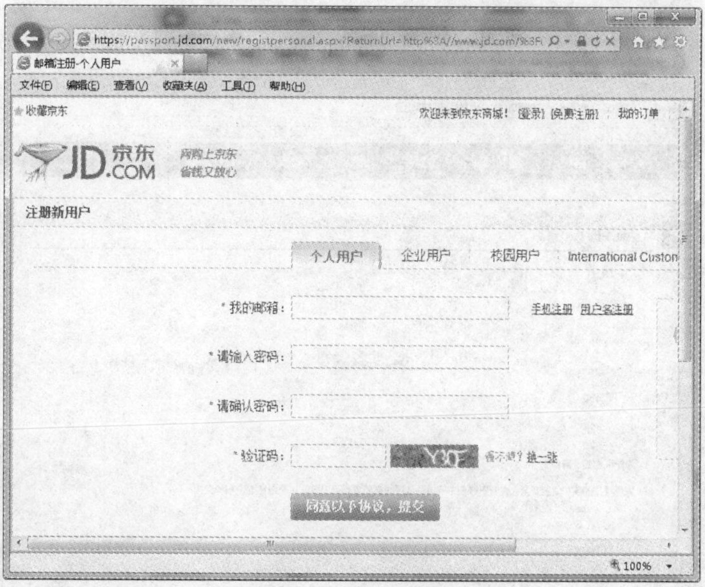

图 9-66 注册页面

第三步：输入正确的注册信息，单击【同意以下协议，提交】按钮。如果输入的信息没有错误，则会打开注册成功页面，如图 9-67 所示。

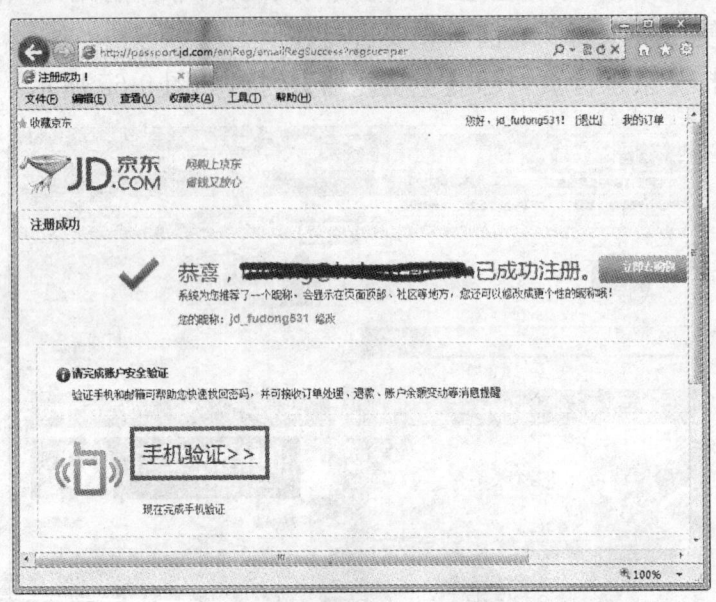

图 9-67 注册成功页面

第四步：为了保证帐号的安全，用户还可以进行手机验证。验证手机和邮箱可帮助用户快速找回密码，并且还可以接收订单处理、退款、账户余额变动等消息提醒。单击【手机验证】链接，会打开验证手机页面，如图 9-68 所示。

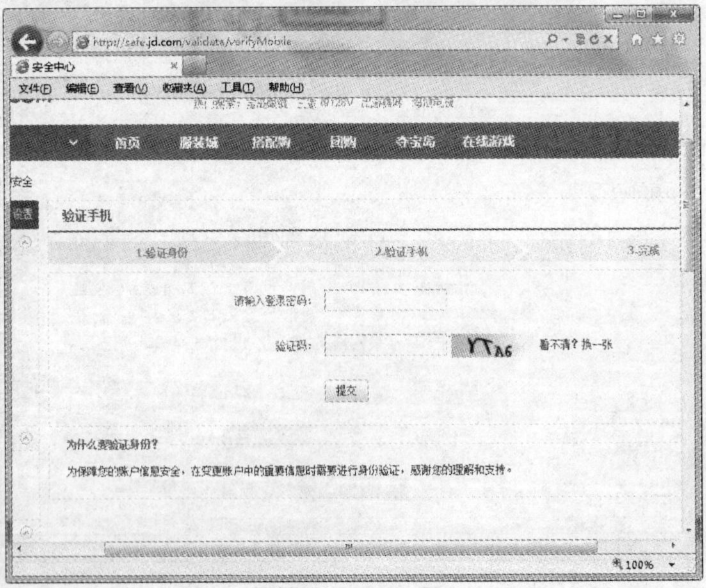

图 9-68 验证手机页面

第五步：输入正确信息，单击【提交】按钮，会打开获取短信校验码页面，如图9-69所示。

图9-69　获取短信校验码页面

第六步：输入手机号，单击【获取短信验证码】按钮，手机就会接收到校验码，将获得的校验码和验证码填写到页面上，如图9-70所示。

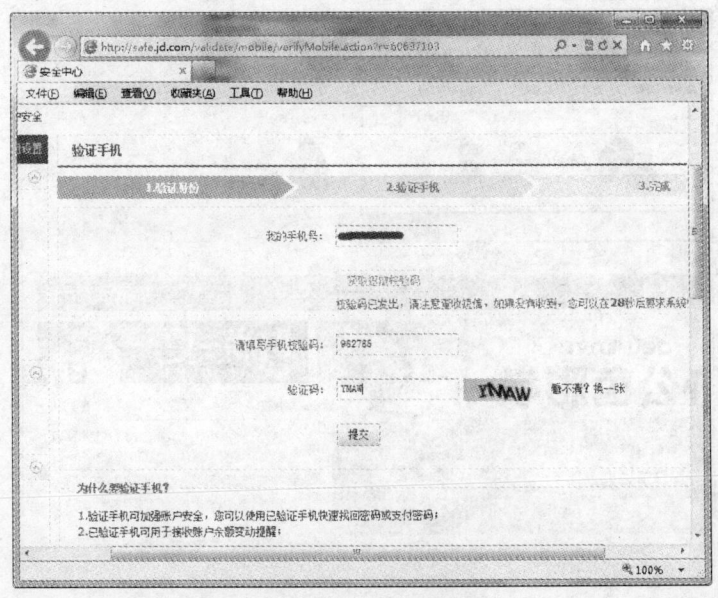

图9-70　填写短信校验码

第七步：单击【提交】按钮，会打开验证成功页面，如图9-71所示。

中老年人学电脑·基础篇

图 9-71　验证成功页面

9.9.2　登录京东

成功注册后,用户就可以登录京东购买商品了。

第一步:打开京东首页,找到【登录】链接,如图 9-72 所示。

图 9-72　【登录】链接

第二步:单击【登录】链接,会打开登录页面,如图 9-73 所示。

9 网络新生活 217

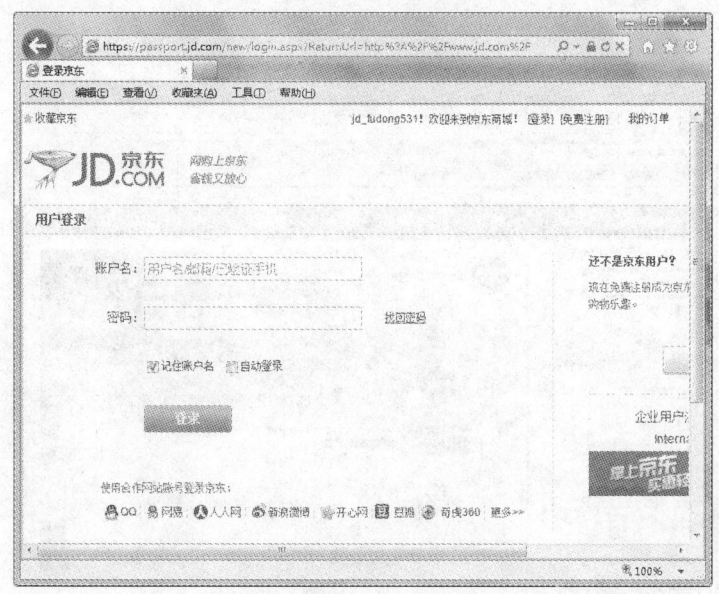

图 9-73 登录页面

第三步：输入正确的用户名和密码后单击【登录】按钮，即可登录到京东商城。在页面的上方会显示登录用户的用户名，如图 9-74 所示。

图 9-74 登录成功页面

9.9.3 查找物品

第一步：用户可以通过右侧的"全部商品分类"查找关注的商品，如图 9-75

所示。

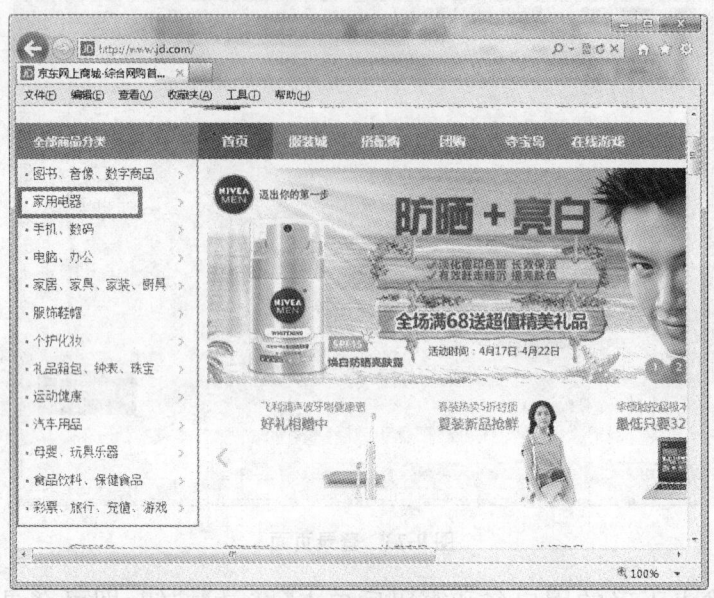

图 9-75　商品分类

第二步：例如查找液晶电视机，可以单击【家用电器】链接，会打开家用电器页面，如图 9-76 所示。

图 9-76　家用电器页面

第三步：单击【平板电视】链接，会打开平板电视筛选页面，如图 9-77 所示。用户可以按照喜好选择满足要求的产品。

9 网络新生活 219

图 9-77　平板电视筛选页面

第四步：向下滚动页面，查找到要购买的商品，如图 9-78 所示。

图 9-78　商品列表

第五步：单击【康佳（KONKA）LED32E330C】链接，会打开商品详细信息页面，如图 9-79 所示。

图 9-79 商品详细信息页面

9.9.4 购买物品

第一步：确认要购买的商品的信息后，找到【加入购物车】按钮，如图 9-80 所示。

图 9-80 【加入购物车】按钮

第二步：单击【加入购物车】按钮，会打开成功加入购物车页面，如图 9-81 所示。

图 9-81　成功加入购物车页面

第三步：用户可以继续购物，也可以先结账。找到【去购物车并结算】按钮，如图 9-82 所示。

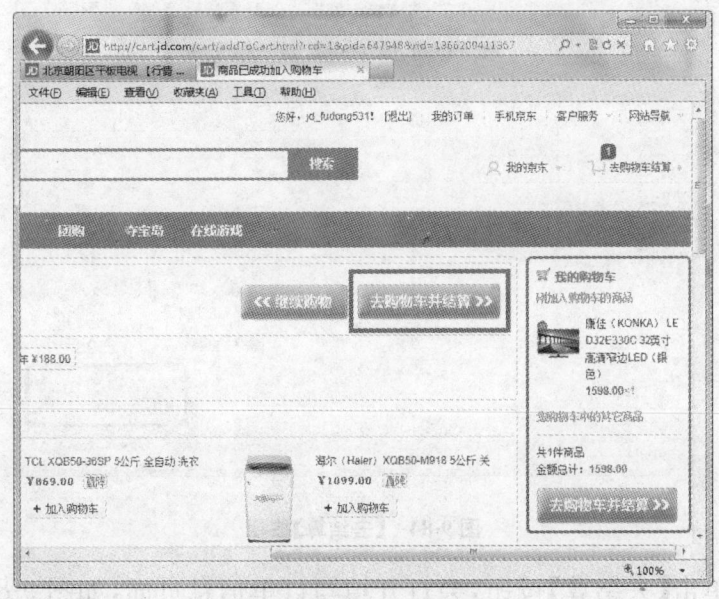

图 9-82　【去购物车并结算】按钮

第四步：单击【去购物车并结算】按钮，会打开购物车页面，如图9-83所示。

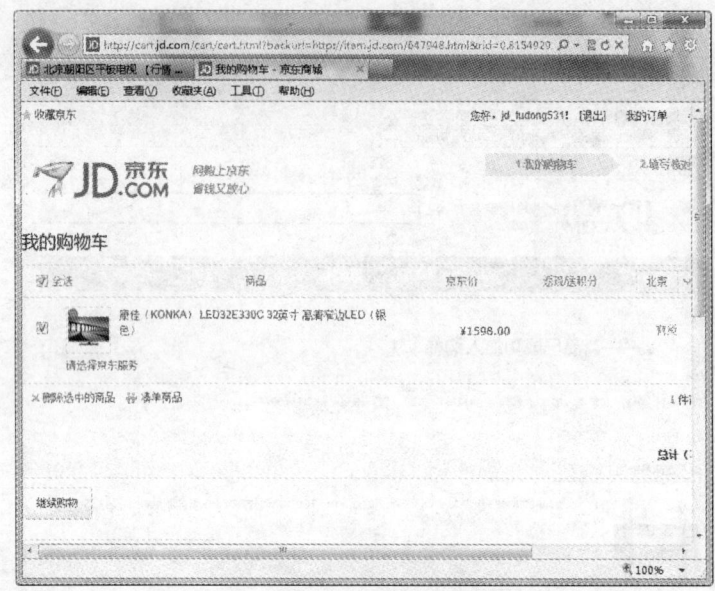

图9-83 购物车页面

第五步：如果确定购买物品，可以找到【去结算】按钮，如图9-84所示。

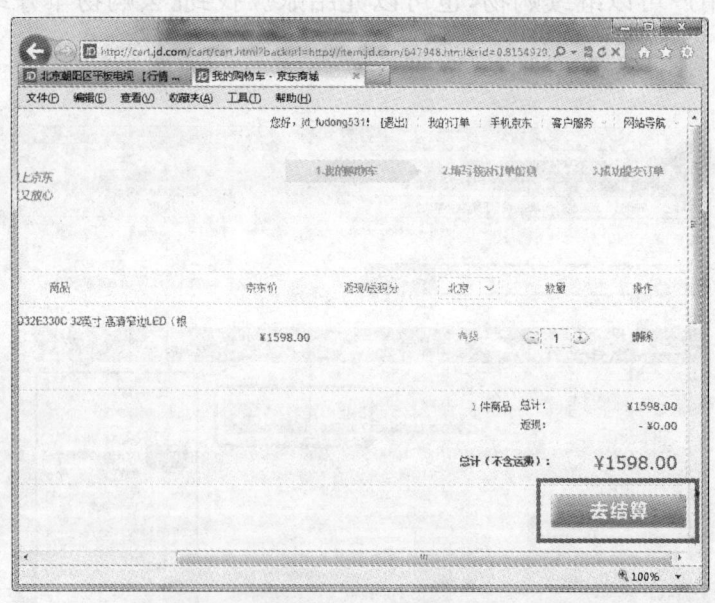

图9-84 【去结算】按钮

第六步：单击【去结算】按钮，会打开填写订单信息页面，如图9-85所示。

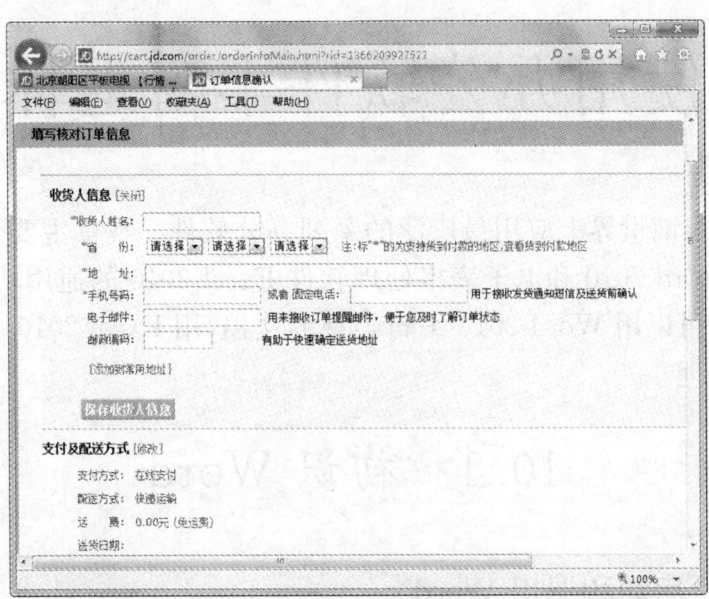

图 9-85 填写订单信息页面

第七步：用户需要填写详细的订单信息、支付及配送方式，确认填写正确后找到【提交订单】按钮，如图 9-86 所示。

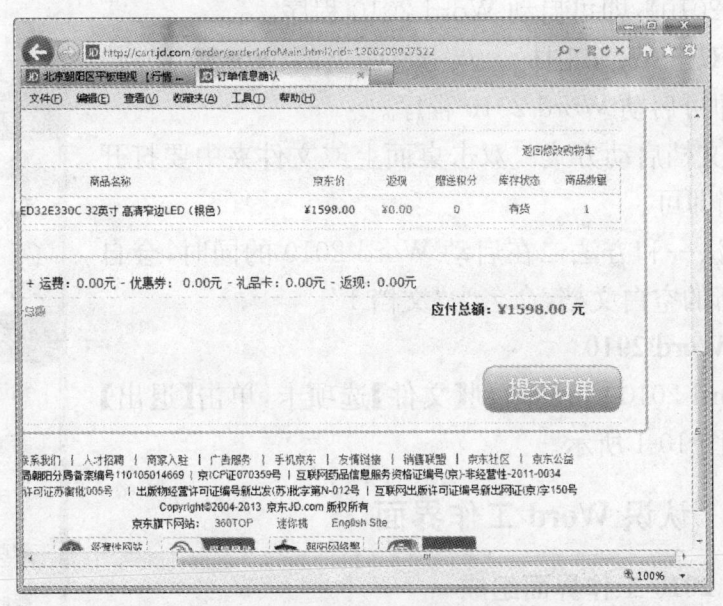

图 9-86 【提交订单】按钮

第八步：单击【提交订单】按钮，订单生效，用户只需要等待商品被送到家中就可以了。

10 使用办公软件丰富退休生活

Office 是目前世界上应用最广泛的系列办公软件。本章主要介绍其中的文字处理软件 Word 2010 和电子表格处理软件 Excel 2010 的通用功能,通过对本章的学习用户可以用 Word 2010 编辑美观的文档,用 Excel 2010 电子表格对数据做简单的处理。

10.1 初识 Word

10.1.1 启动和退出 Word

1. 启动 Word 2010

启动 Word 2010 的常用方法有以下三种。

方法一:单击【开始】按钮→【所有程序】→【Microsoft Office】→【Microsoft Office Word 2010】,即可启动 Word 2010 程序。

方法二:双击 Word 图标。双击桌面上的 Word 2010 快捷方式图标即可启动 Word 2010 程序。

方法三:文档启动方式。双击桌面上或文件夹中要打开的 Word 文档即可。

提示:方法一和方法二在启动 Word 2010 的同时,会自动建立一个新的空白文档,命名为"文档 1"。

2. 退出 Word 2010

退出 Word 2010 时,切换到【文件】选项卡,单击【退出】命令即可,如图 10-1 所示。

10.1.2 认识 Word 工作界面

1. Word 2010 工作界面组成

启动 Word 2010 后,其工作界面如图 10-2 所示。

主界面由快速访问工具栏、选项卡标签、标题栏、窗口操作按钮、状态栏、标尺、滚动条、视图按钮、显示比例等组成。

①编辑文档最常用的是选项卡,单击某个选项卡标签就

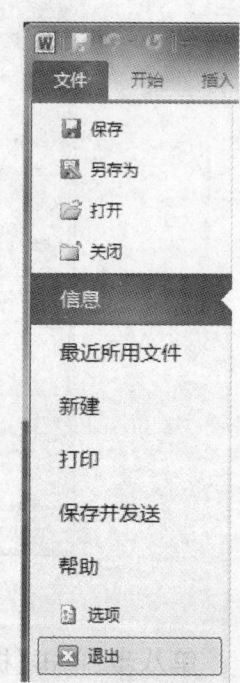

图 10-1 退出 Word2010

可以切换到该选项卡中。选项卡又分为文件、开始、插入、页面布局、引用、邮件、审阅、视图选项卡,不同的选项卡提供了多种不同的操作。除【文件】选项卡外,其他每个选项卡按照具体功能将其中的命令进行更详细的分类,并划分到不同的组中以命令按钮的形式出现,当鼠标指针移动到命令按钮上方时,会在鼠标指针下方显示该按钮的名称和功能。组的右下角是【对话框启动】按钮,单击该按钮会触发该组的对话框,以提供更多功能。

②快速访问工具栏提供了一些常用的工具按钮,用户可以快速访问这些命令,如【保存】、【撤消】、【重复】等,也可以单击快速访问工具栏右侧的下拉按钮,在弹出的菜单中选择命令,让它们以按钮的形式添加到快速访问工具栏中。

③标题栏显示当前正在编辑的文档名称、程序名称。

④窗口操作按钮用来对窗口进行操作,包括最大化/还原、最小化和关闭。

⑤文档编辑区是文档的编辑区域,用户在这个区域中可以完成对文档的各种操作。在页面视图下,文档编辑区会显示页边距,文档正文应不超过页边距范围。

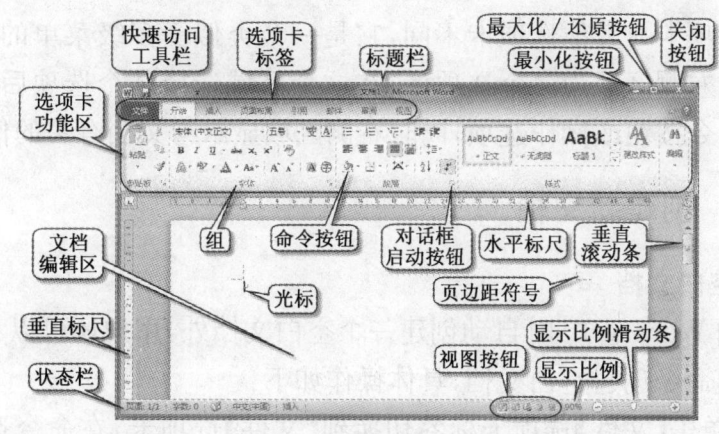

图 10-2　Word 2010 工作界面

⑥标尺在工作区的左侧和上方,分别称为垂直标尺和水平标尺。标尺用来显示当前光标在文档中的位置、文档的宽度以及当前段落的左右缩进情况等。

⑦滚动条位于工作区的右侧和下方,分别称为垂直滚动条和水平滚动条。当用户编辑的文档较长或较宽而不能在工作区中全部显示时,可以通过拖动滚动条来显示隐藏的文档部分。

⑧状态栏显示当前窗口中内容的状态,包括当前文档的页数、字数,以及当前编辑状态是插入还是改写等。

⑨视图按钮用来切换视图。

⑩显示比例区域显示的是当前文档的显示比例,拖动显示比例滑动条或单击【放大】按钮➕或【缩小】按钮➖可以调整显示比例。

2. 认识【文件】选项卡

单击【文件】选项卡标签，打开【文件】选项卡，如图 10-3 所示。

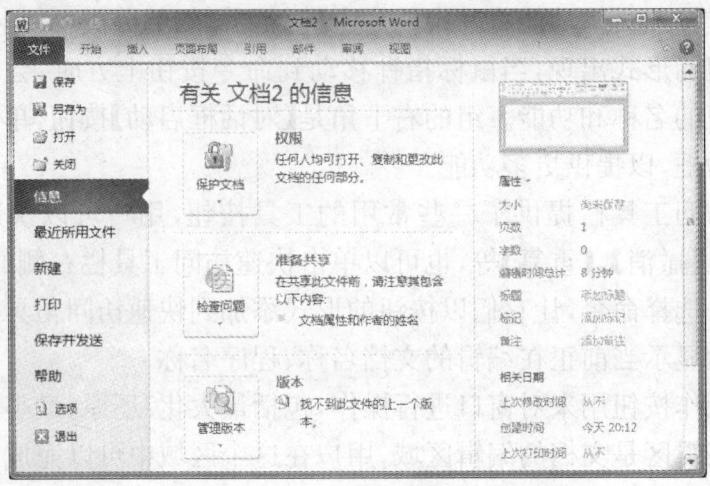

图 10-3　【文件】选项卡

【文件】选项卡与其他选项卡不同，它是一个类似于多级菜单的分级结构，分为三个区域。左侧区域为命令选项区，在这个区域选择某个选项后，中间区域将显示其下级命令按钮或操作选项，同时右侧区域显示与文档有关的信息。

10.1.3　创建新文档

1. 创建空白文档

除了启动 Word 2010 时自动创建一个空白文档外，用户还可以利用【开始】选项卡中的新建命令创建空白文档，具体操作如下：

第一步：单击【文件】选项卡标签切换到【文件】选项卡，在命令选项区中单击【新建】命令，如图 10-4 所示。

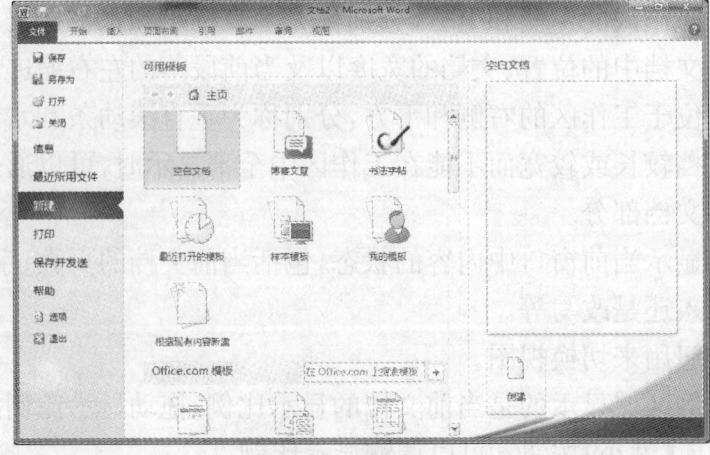

图 10-4　创建新文档

10 使用办公软件丰富退休生活 227

第二步：在【可用模板】组中双击【空白文档】，或选择【空白文档】后单击右侧的【创建】按钮即可。

2. 利用模板创建新文档

Word 2010 提供了很多漂亮实用的模板，方便用户在不同场合使用不同的模板快速新建一个文档，而不必去费力设置其版式。

第一步：以创建一个"书法字帖"为例。切换到【文件】选项卡，单击【新建】命令，在【可用模板】组中选择【书法字帖】，单击【创建】按钮，打开【增减字符】对话框，如图 10-5 所示。

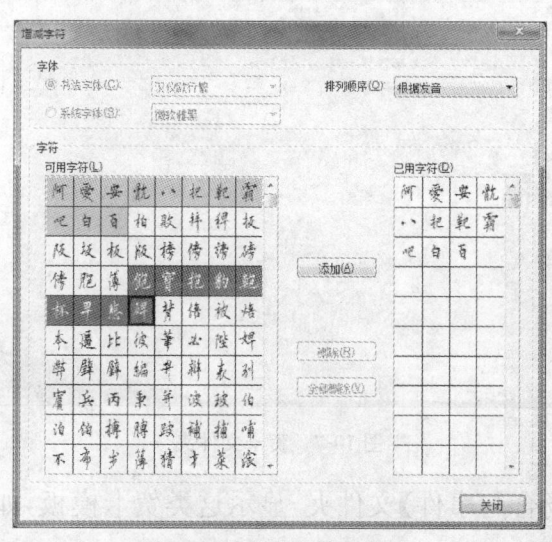

图 10-5 【增减字符】对话框

第二步：在【字体】组合框中选择【书法字体】单选按钮，并单击其右侧的下拉按钮选择一种字体。然后在【可用字符】表中拖动鼠标选择要练习的字，单击【添加】按钮添加到【已用字符】表中。最后单击【关闭】按钮，这样就可以新建一个书法字帖文档，如图 10-6 所示。

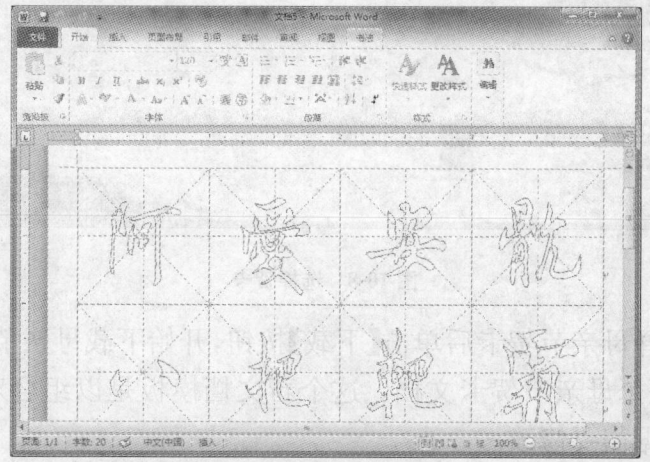

图 10-6 新建书法字帖

3. 利用Office.com上的模板创建新文档

如果用户的计算机连接了Internet，那么就可以用Office.com上提供的在线模板创建文档。以创建"母亲节贺卡"为例，方法如下：

第一步：切换到【文件】选项卡，单击【新建】命令，在【可用模板】组中向下拖动滚动条，显示出【Office.com模板】；选择【贺卡】后，在Office.com上搜索，搜索完毕后，中间窗口会显示出各类贺卡文件夹，如图10-7所示。

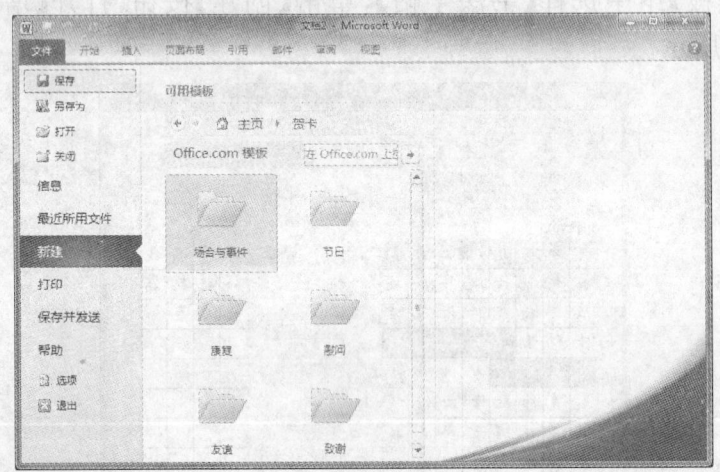

图10-7　贺卡文件夹

第二步：单击【场合与事件】文件夹，显示这类贺卡模板，如图10-8所示。

图10-8　选择贺卡

第三步：选择母亲节贺卡后单击【下载】按钮，开始下载母亲节贺卡模板，下载完毕即可新建一个母亲节贺卡文档。这个新文档模板是以组合对象的形式呈现的，用户可以根据需要修改。

10.1.4 保存文档

建立新文档或修改文档后，要把文档保存到磁盘上。新建文档第一次保存时，单击快速访问工具栏里的【保存】按钮，或切换到【文件】选项卡，在弹出的菜单里选择【保存】命令，打开【另存为】对话框，如图 10-9 所示。

图 10-9　【另存为】对话框

在左侧的目录树下找到要保存文档的目录，在【文件名】文本框中输入文档的名称，单击【保存】按钮，自动切换到【开始】选项卡，在标题栏可以看到输入的文档名称，如图 10-10 所示。

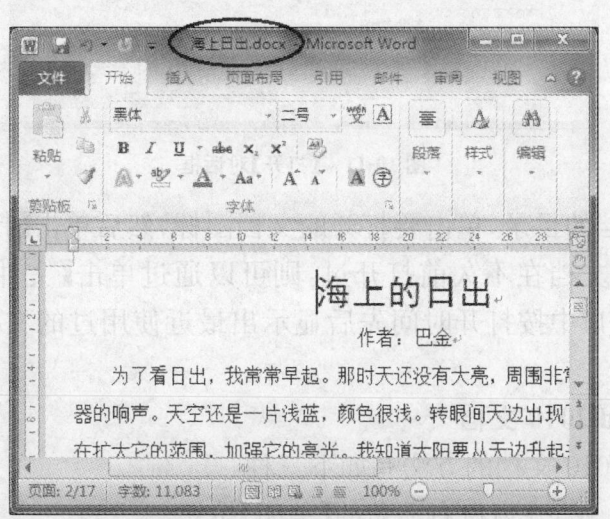

图 10-10　文件名显示在标题栏

提示：修改已经保存过的文档后，单击【保存】按钮即可保存，不会弹出【另存为】对话框。

10.1.5 打开、关闭文档

1. 打开 Word 文档

用 Word 2010 可以打开和编辑低版本的 Word 文档,包括扩展名为 docx 和 doc 的文档。打开后者时会在标题栏的文档标题后面显示"[兼容模式]"字样,某些功能也会受限。

打开 Word 文档的常用方法有如下三种。

方法一:双击要打开的文档的文件名,或右击要打开的文档的文件名,然后在弹出的快捷菜单里单击【打开】命令,就会自动启动 Word 2010 并打开该文档。

方法二:启动 Word 后,切换到【文件】选项卡,单击【打开】命令,打开【打开】对话框,如图 10-11 所示。

图 10-11 【打开】对话框

打开存储文档的目录,单击要打开的文档图标,然后单击【打开】按钮即可。

方法三:如果文档在不久前打开过,则可以通过单击【文件】→【最近所用文件】命令在中间窗口中按打开时间先后显示出最近使用过的文档,单击文档名即可将文档打开。

2. 关闭 Word 2010 文档

关闭 Word 2010 文档的方法有如下三种。

方法一:单击 Word 窗口右上角的【关闭】按钮。

方法二:单击【文件】选项卡,在弹出的菜单中单击【关闭】命令。

方法三:按快捷键【Alt+F4】。

10 使用办公软件丰富退休生活 231

提示：如果同时打开了多个文档，用以上方法只能关闭当前文档，其他文档不会关闭。

10.1.6 认识视图

这里的所谓视图就是指以什么样的方式显示或编辑文档。Word 2010 提供了多种视图模式供用户选择，包括页面视图、阅读版式视图、Web 版式视图、大纲视图和草稿视图。用户可以切换到【视图】选项卡，在【文档视图】组中单击不同的视图命令按钮即可切换到相应的视图模式下，如图 10-12 所示。也可以通过单击 Word 2010 文档窗口右下方的视图按钮切换视图。

图 10-12　文档视图命令按钮

1. 页面视图

页面视图是一种所见即所得的视图模式，即用户在计算机上看到的文档的样式，打印出来就是同样的，页边距以及所有能打印出来的文档元素都能显示出来。页面视图是启动 Word 时默认的视图模式。

2. 阅读版式视图

阅读版式视图模拟阅读书本的方式，在屏幕上显示整页的内容而不用拖动滚动条，这种视图下不能对文档进行编辑，只提供基本的保存、打印预览、打印以及方便一边阅读一边对文档进行批注的工具按钮，如图 10-13 所示。

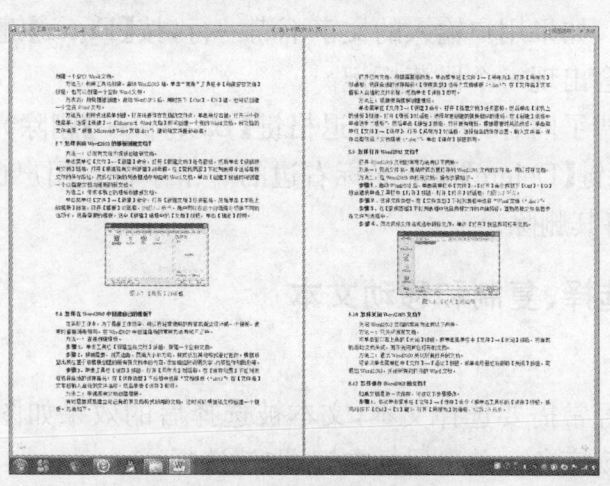

图 10-13　阅读版式视图示例

3. Web 版式视图

Web 版式视图是以网页的形式显示文档，适合用于创建网页。该视图模式下，文本会自动换行以适应窗口的宽度。

4. 大纲视图

大纲视图提供了【大纲】选项卡，如图 10-14 所示。这种视图模式适合于创建文档的大纲、查看以及调整文档结构，如把标题降级或升级等。

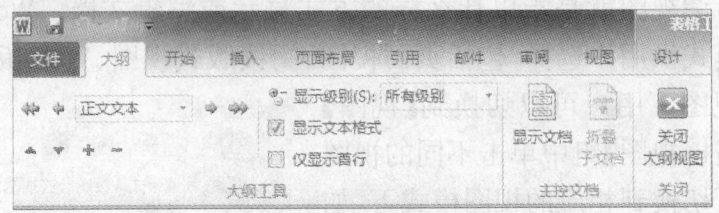

图 10-14 【大纲】选项卡

5. 草稿视图

草稿视图模式下可以完成大多数的录入和编辑排版工作，但是其隐藏了页边距以外的文档元素，将分为多栏的文档以单栏依次显示。

10.2 把文章写进电脑

10.2.1 输入和删除文本

创建或打开了 Word 文档后，用鼠标单击文档编辑区会有光标闪烁，启动输入法就可以在光标闪烁的地方输入文本了。输入文本时，当文本的长度超过页边距时会自动换行。如果用户输入的文字不满一行，按【Enter】键也可以实现换行，通常在行的末尾会出现一个段落标记。

如果发现输错了内容，单击一次退格键【Backspace】删除光标左边的一个字符，单击一次删除键【Delete】删除光标右边的一个字符。用户也可以在选择文本后单击【Delete】将其删除。

10.2.2 选择、复制和移动文本

1. 选择文本

编辑文档时经常需要选择文本，文本被选择后的效果如图 10-15 所示，即被选择的文本会出现底色。单击鼠标左键，取消选择。

选择文本的常用方法有如下四种。

方法一：选择任意数量文本。

将光标定位在需要选择的文本的开始位置，按住鼠标左键将其拖动至要选择文本的末尾，放开鼠标左键；或将光标定位在要选定内容的开始位置，按住【Shift

10 使用办公软件丰富退休生活 233

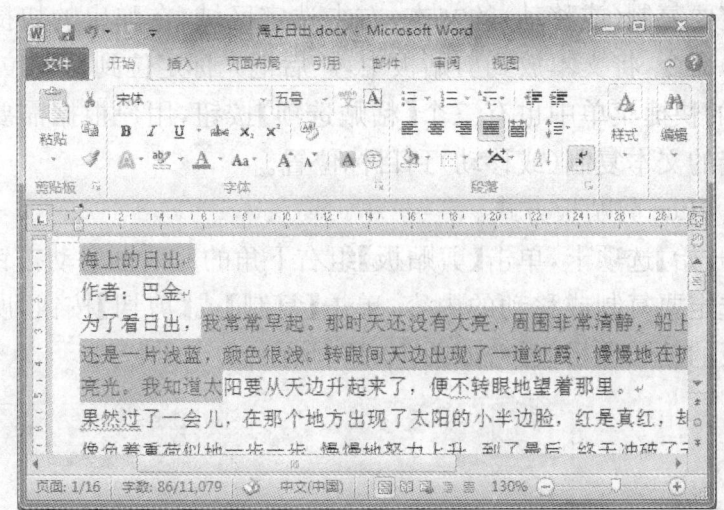

图 10-15 文本被选择后的效果

键并在要选定内容末尾处单击鼠标左键。

方法二：快速选定整行。

将鼠标指针移至左侧页边距以外，当鼠标指针变为箭头形状时，单击鼠标可选定鼠标所指向的一行，按住左键拖动鼠标则可以选择连续多行。

方法三：选择不连续文本。

如果要选定的是不连续的文本，那么则可以先选定一部分文本后，按住【Ctrl】键，然后依次选择其他内容。

方法四：选择全部。

按下【Ctrl＋A】键，将选中文档中所有内容。

2. 复制和移动文本

方法一：用命令按钮方式。

切换到【开始】选项卡，选定要复制（或移动）的文本后，单击【剪贴板】组的【复制】按钮（或【剪切】按钮），然后把光标定位到目标位置后，单击【粘贴】按钮即可。

如果复制或移动的文本格式与前后文的格式不一致，则可以单击【粘贴】按钮下的下拉按钮，打开【粘贴选项】下拉菜单，如图 10-16 所示。

下拉菜单中有三个【粘贴选项】按钮，分别是【保留源格式】、【合并格式】和【仅保留文本】按钮。用户单击【粘贴】按钮时，默认按【保留源格式】粘贴。

选择【保留源格式】，则被粘贴内容保留原始内容的格式；选择【合并格式】，则被粘贴内容在保留原始内容的格式的基础上合并应用目标位置的格式；选择【仅保留文本】，则被粘贴内容清除原始内容和目标位置的所有格式，仅仅保留文本。

方法二：用快捷菜单方式。

首先选定要复制(或移动)的文本,右击选定区域,在弹出的快捷菜单中选择复制(或剪切)命令,将文本放到剪贴板中,然后把光标定位到目标位置,单击鼠标右键,在弹出的快捷菜单中也有三个【粘贴选项】按钮,用户根据需要单击其中一个即可将选定的文本复制(或移动)到目标位置。

方法三:Office 剪贴板方式。

切换到【开始】选项卡,单击【剪贴板】组右下角的对话框启动按钮,打开【剪贴板】对话框,选定要复制或移动的内容,单击【复制】或【剪切】按钮,所选内容就会出现在剪贴板的粘贴项目表中,如图 10-17 所示。

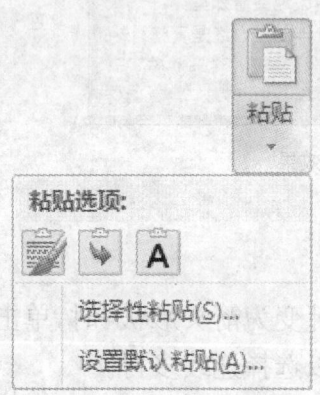

图 10-16 【粘贴选项】下拉菜单

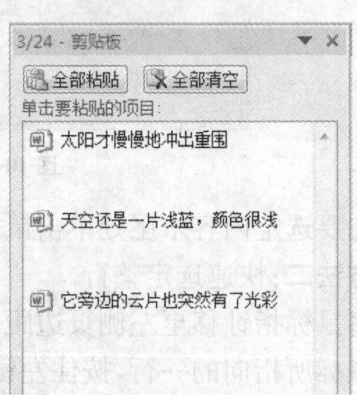

图 10-17 剪贴板

单击粘贴项目表中的项目可以将其粘贴在光标位置处,同时会出现【粘贴选项】浮动按钮,单击展开,根据需要选择一种粘贴方式即可。

如果单击【全部粘贴】按钮,则会将剪贴板中的所有内容按顺序粘贴在光标位置,但是不会出现【粘贴选项】浮动按钮。

方法四:拖动鼠标法。

首先选择要复制的文本,然后将鼠标指针移动至选定的文本处,待鼠标指针变为箭头形状时,按下【Ctrl】键不放,同时按下鼠标左键拖动至合适位置后放开鼠标左键,然后放开【Ctrl】键,选定的文本即可被复制到相应位置。

如果拖动鼠标时不按下【Ctrl】键,则是移动文本的功能。

10.2.3 查找和替换

Word 提供了文本内容的查找和替换功能,能帮助用户快速找到和替换相应内容。

1. 查找

方法一:切换到【开始】选项卡,在【编辑】组中单击【查找】按钮,则会打开【导航】窗口,如图 10-18 所示。

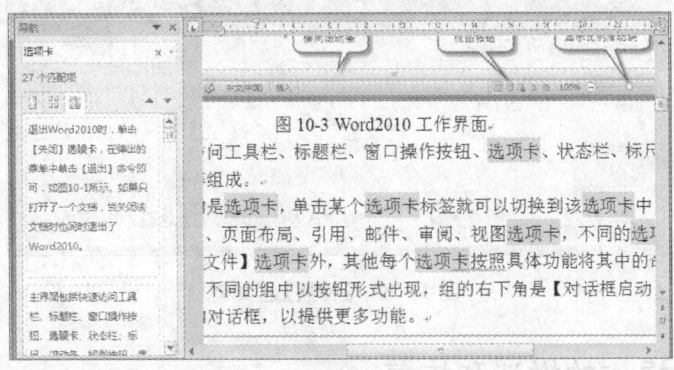

图10-18 用导航窗口查找文本

在【导航】窗口的文本框中输入要查找的内容后会显示出搜索结果,并在文档中突出显示。

方法二:

第一步:单击【查找】按钮右侧的下拉按钮,在弹出的菜单中单击【高级查找】命令,打开【查找和替换】对话框,切换到【查找】选项卡,如图10-19所示。

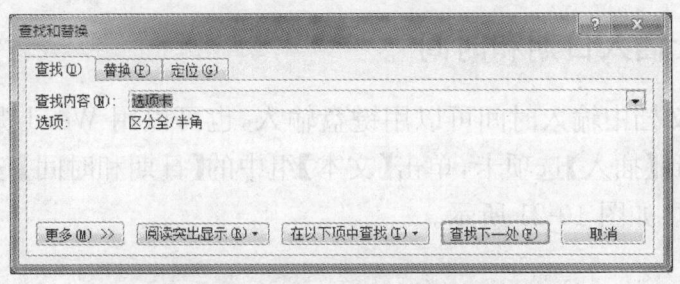

图10-19 【替换和查找】对话框

第二步:在【查找内容】文本框中输入要查找的内容,然后单击【查找下一处】按钮,从光标位置处开始查找该内容第一次出现的位置,并将找到的结果在文档中突出显示。多次单击【查找下一处】按钮可以逐个查找该内容。

第三步:单击【阅读突出显示】→【全部突出显示】命令,则会将在文档中找到的结果全部突出显示。单击【清除突出显示】命令可以清除显示标记。

2. 替换

第一步:打开【查找和替换】对话框,切换到【替换】选项卡,如图10-20所示。

第二步:在【查找内容】文本框中输入被替换的内容,在【替换为】文本框中输入替换后的内容。

第三步:单击【替换】按钮,则会从光标位置处开始替换查找到的内容;如果需要替换所有查找内容,则单击【全部替换】按钮即可。

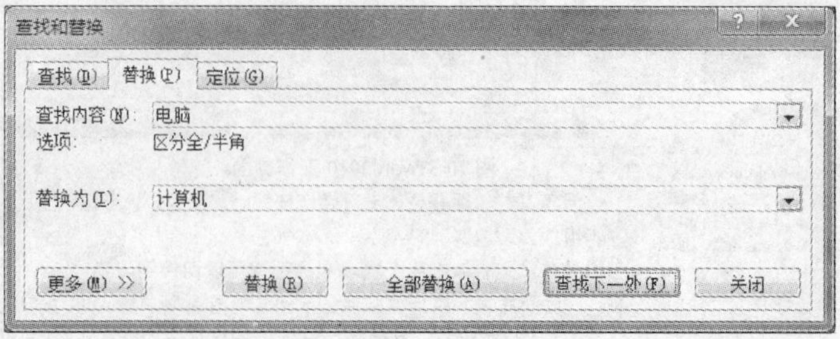

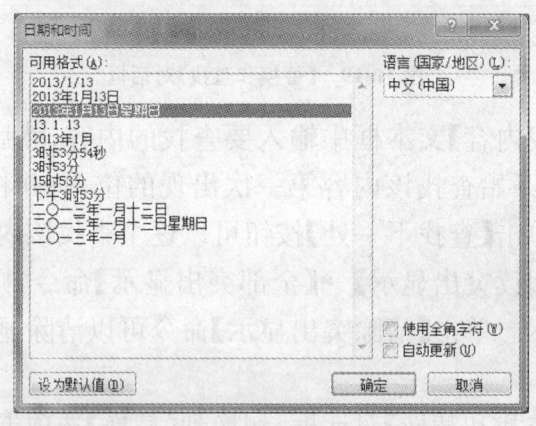

图 10-20 【替换】选项卡

10.2.4 操作的撤消和恢复

1. 撤消

撤消操作是把对文档的操作撤消,使文档恢复到操作之前的状态。使用快捷键【Ctrl+Z】或单击快速访问工具栏里的【撤消××】命令按钮 撤消上一步操作。

2. 恢复

恢复操作是撤消操作的逆过程,即恢复被撤消的操作。可以使用快捷键【Ctrl+Y】或单击快速访问工具栏里的【恢复××】命令按钮 来恢复被撤消的操作。

10.2.5 插入日期和时间

在 Word 文档中输入时间可以用键盘输入,也可以用 Word 提供的日期和时间格式。切换到【插入】选项卡,单击【文本】组中的【日期和时间】按钮,打开【日期和时间】对话框,如图 10-21 所示。

图 10-21 【时间和日期】对话框

在【可用格式】列表中选择一种格式,单击【确定】按钮即可将系统的当前日期和时间插入到文档中。如果勾选了【自动更新】复选框,则每次打开文档时,该日期和时间会变成系统当前的日期和时间。如果要插入的日期是其他语言种类,则可单击【语言(国家/地区)】下拉列表框选择语言。

10.2.6　插入符号和特殊符号

有些符号无法用 PC 键盘输入,比如希腊字符、数学符号等,则可以用如下方法输入。

方法一:从符号库中插入。

切换到【插入】选项卡,单击【符号】按钮下的下拉按钮,在弹出的下拉菜单中选择要插入的符号,如图 10-22 所示。

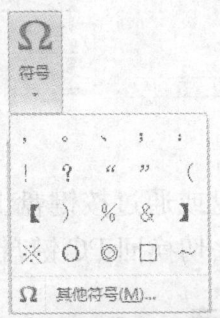

图 10-22　【符号】组

如果需要更多符号,则单击【其他符号】命令,打开【符号】对话框,如图 10-23 所示。

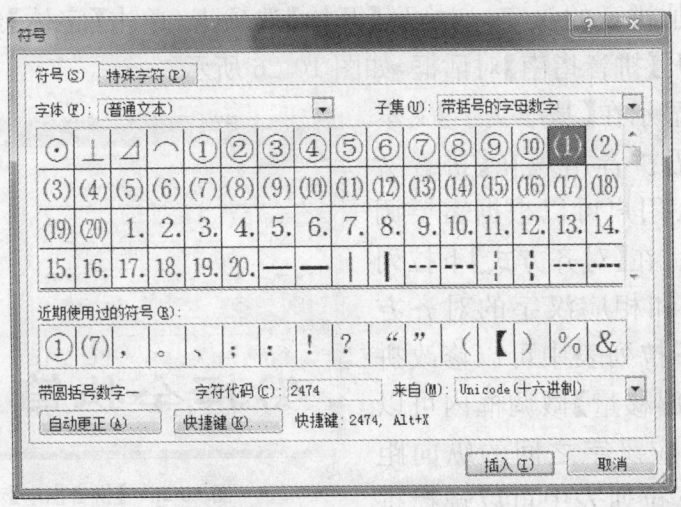

图 10-23　【符号】对话框

用户可以在【子集】下拉列表框中选择一个字符子集,然后从该子集的字符表中选择需要插入的字符,单击【插入】按钮即可。也可以切换到【特殊字符】选项卡中选择需要的特殊字符后单击【插入】按钮。

方法二:用软件盘输入。

以输入"数学符号"为例,用鼠标右击输入法悬浮图标,在弹出的快捷菜单中单击【软键盘】→【0数学符号】命令，如图10-24所示。打开数学符号软键盘，如图10-25所示。

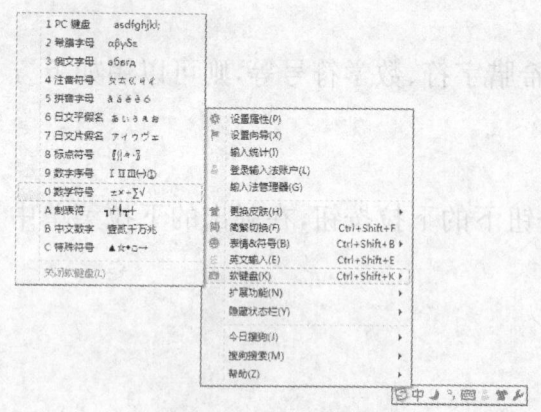

图10-24 打开软键盘

图10-25 数学符号软键盘

用户可以用鼠标单击软键盘或通过按键盘上相应的按键来输入需要的数学符号。输入完毕后用同样的方法切换回PC键盘，然后单击【关闭软件盘】即可。

10.2.7 为汉字增加拼音

Word提供了给汉字加拼音的功能，操作如下：

选定要添加拼音的汉字，切换到【开始】选项卡，单击【字体】组中的【拼音指南】按钮，打开【拼音指南】对话框，如图10-26所示。

选定文本显示在【基准文字】文本框内，相应汉语拼音出现在【拼音文字】文本框内。用户可以根据需要调整拼音的格式。在【对齐方式】下拉列表中选择拼音和相应汉字的对齐方式，在【字体】下拉列表中可以修改拼音的字体，在【偏移量】微调框内可以设置拼音与对应汉字之间的纵向距离，在【字号】下拉列表中可以选择拼音字符的字号大小。

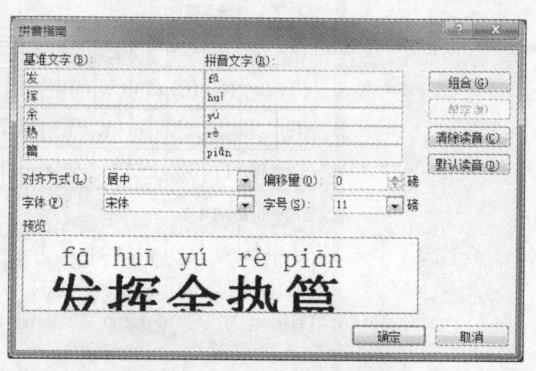

图10-26 【拼音指南】对话框

用户每设置一项，在【预览】区内都可以看到设置效果。最后单击【确定】按钮即可。

10.2.8 插入数学公式

在Word文档中插入数学公式的方法如下：

将光标定位到要插入公式的位置,切换到【插入】选项卡,单击【符号】组的【公式】下拉按钮,弹出如图 10-27 所示的菜单。

在【内置】表中列出了常用的公式,如果有需要的,单击即可插入到文档中。

如果用户需要自己书写公式,则可以单击【插入新公式】命令切换到公式工具【设计】选项卡,如图 10-28 所示。

光标在公式编辑框内闪烁,用户可以根据需要选择符号和结构。单击【符号】组的符号,即可将其插入到公式编辑框内;单击【结构】组的某种结构下拉按钮,可以在下拉列表中选择结构,单击后该结构插入公式编辑框内,用户在结构的虚线框内输入需要的内容即可。

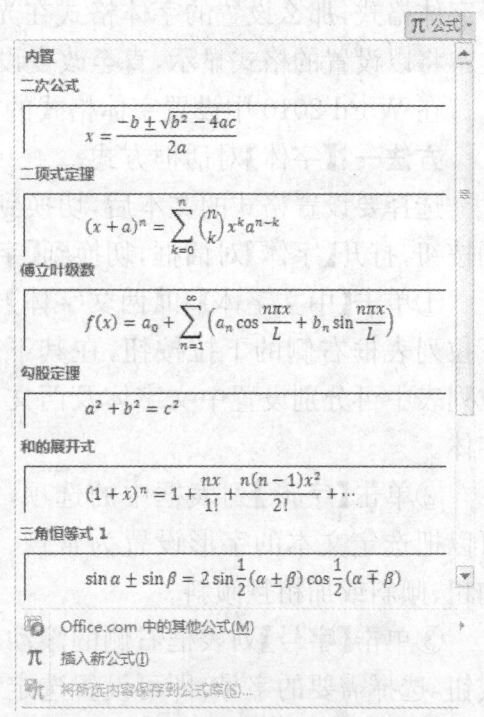

图 10-27　插入公式下拉菜单

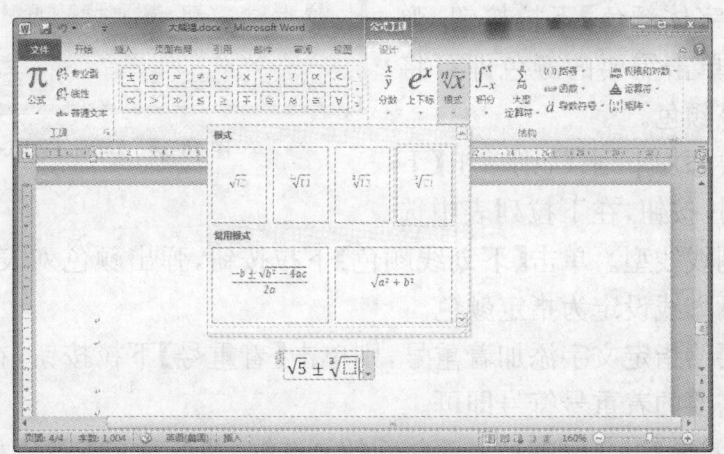

图 10-28　手动输入公式

10.3　让文章有模有样

10.3.1　设置文本格式

1. 设置字体格式

在设置文本的字体格式之前要先选择相应的文本,如果没有选择文本就设置了字体格式,那么设置的字体格式在光标当前位置生效,从光标位置开始输入的文本将以设置的格式显示,直至改变设置。

在 Word 2010 中设置字体格式的方法如下:

方法一:【字体】对话框方式。

选择要设置格式的文本后,切换到【开始】选项卡,单击【字体】组的对话框启动按钮,打开【字体】对话框,切换到【字体】选项卡,如图 10-29 所示。

①单击【中文字体】和【西文字体】下拉列表框右侧的下拉按钮,在其下拉列表中可分别设置中文字体及西文字体。

②单击【字形】列表框中的选项,可以把选定文本的字形设置为常规、加粗、倾斜或加粗且倾斜。

③单击【字号】列表框右侧的滚动按钮,选择需要的字号,即可设置选定文本的字号大小。

④单击【字体颜色】下拉按钮,弹出颜色列表,单击需要的颜色即可将文本设置为该颜色。

⑤若需要添加下划线,则单击【下划线线型】下拉按钮,在下拉列表中选

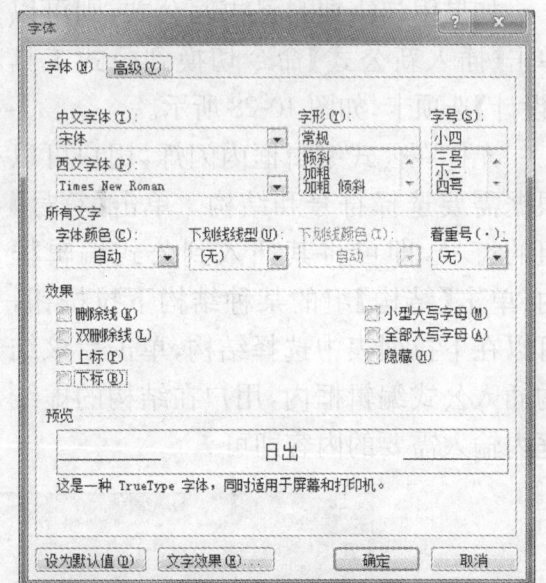

图 10-29 【字体】选项卡

择需要的下划线线型。单击【下划线颜色】下拉按钮,弹出颜色列表,单击需要的颜色即可将下划线设定为指定颜色。

⑥若需要给指定文字添加着重号,则单击【着重号】下拉按钮,在弹出的下拉列表中选中需要的着重号符号即可。

⑦单击【效果】组合框中每一项前面的复选框,即可对文本设置相应的效果。

以上格式,每设置一项,在【预览】区中都能预览到其效果。字体格式设置完成之后,单击【确定】按钮即可。

方法二:命令按钮方式。

选定要设置字体格式的文本后,切换到【开始】选项卡,单击【字体】组中的命令按钮也可以对文本进行设置。【字体】组命令按钮如图 10-30 所示。例如,如果用户想要得到带下标的文本,如"A_1",那么可以先输入"A1",然后选中"1",再单击【字体】组的【下标】按钮即可。

方法三:用浮动工具栏设置字体。

10 使用办公软件丰富退休生活 241

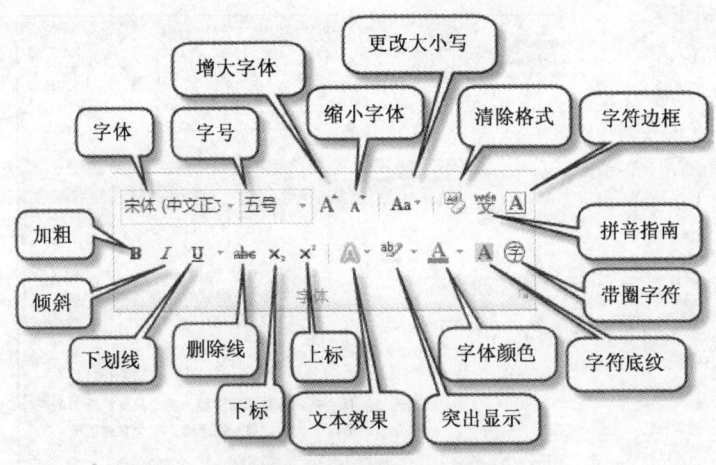

图 10-30 【字体】组命令按钮

选择文本后,文本上方弹出浮动工具栏,浮动工具栏上提供了一些常用命令按钮,单击命令按钮即可设置字体格式,如图 10-31 所示。

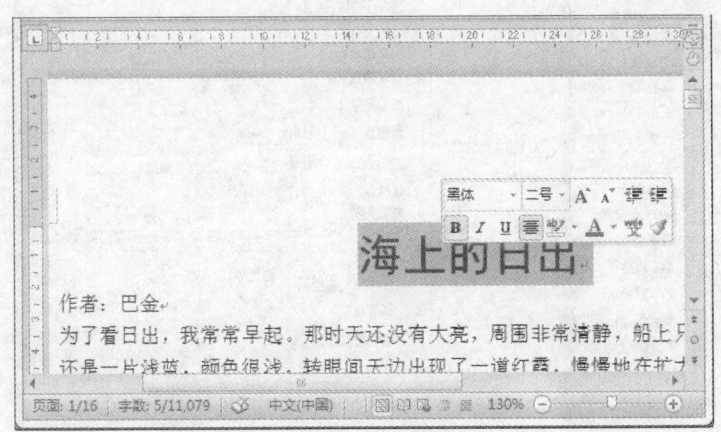

图 10-31 浮动工具栏

2. 为文字添加特殊效果

为了美观或强调,用户可以在 Word 里为文字添加特殊效果。

方法一:选择要添加效果的文本,切换到【开始】选项卡,单击【字体】组的【文本效果】按钮 ,在下拉菜单中选择一种效果,如图 10-32 所示。还可以单击效果列表下的菜单项,在其子菜单中设置其他效果。

方法二:如果要进行更加详细的设计,则在选择文本后,切换到【开始】选项卡,单击【字体】组的对话框启动按钮,打开【字体】对话框并切换到【高级】选项卡,单击【文字效果】按钮,打开【设置文本效果格式】对话框,如图 10-33 所示。用户设置好文本效果后,单击【关闭】按钮,返回【字体】对话框,在【预览】区就可以看到设计的效果,最后单击【确定】按钮即可。

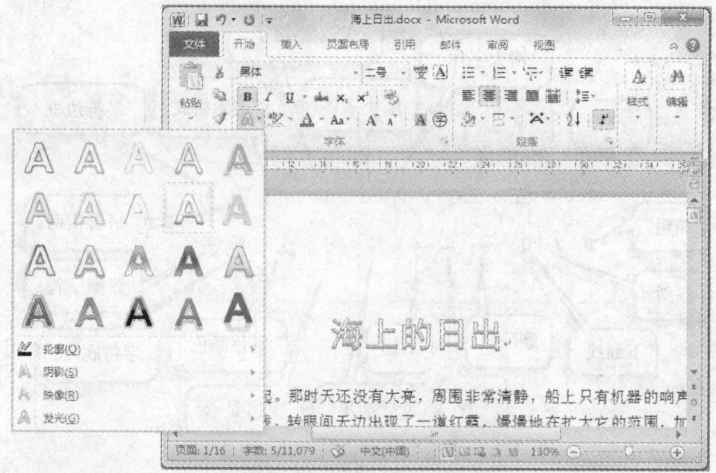

图 10-32　为文本添加特殊效果

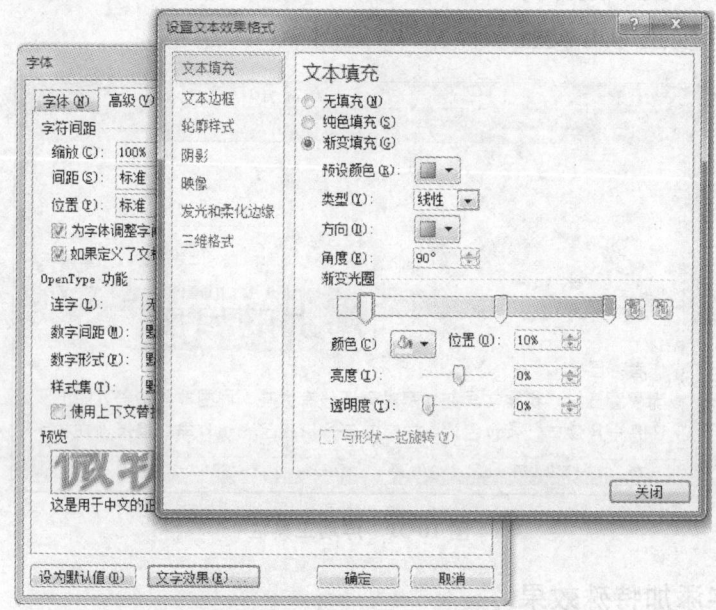

图 10-33　【设置文本效果格式】对话框

10.3.2　设置段落格式

在 Word 中，设置段落格式的方法有如下两种。

方法一：用【段落】对话框设置缩进和间距。

第一步：选择要设置格式的段落，如图 10-34 所示。

第二步：切换到【开始】选项卡，单击【段落】组的对话框启动按钮，打开【段落】对话框，切换到【缩进和间距】选项卡，如图 10-35 所示。用户可以在这个对话框中设置段落的格式。

10 使用办公软件丰富退休生活 243

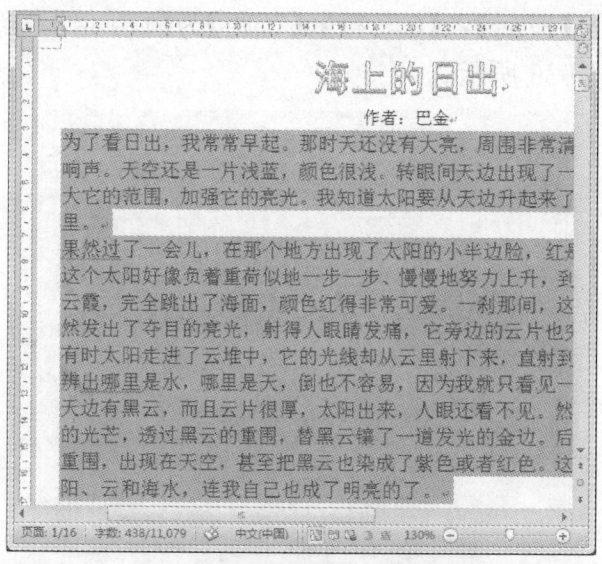

图10-34 选择要设置格式的段落

①在【对齐方式】下拉列表中，用户可以选择段落相对于页边距的对齐方式。

②【缩进】组的【左侧】、【右侧】微调框分别是用来设置选择的段落相对于左侧页边距和右侧页边距的距离。【特殊格式】有【首行缩进】和【悬挂缩进】选项，首行缩进是指两个段落标记之间的自然段落的第一行向右缩进；悬挂缩进则是指段落中除了第一行以外其他行都缩进，缩进距离在【磅值】微调框内设置。

③在【间距】组中可以设置段落的间距。调整【段前】、【段后】微调框中的数值，可以设置选定段落和前一段及后一段之间的间距。在【行距】下拉列表中可以设置所选择的段落中各行之间的距离。如果用户选择了【最小

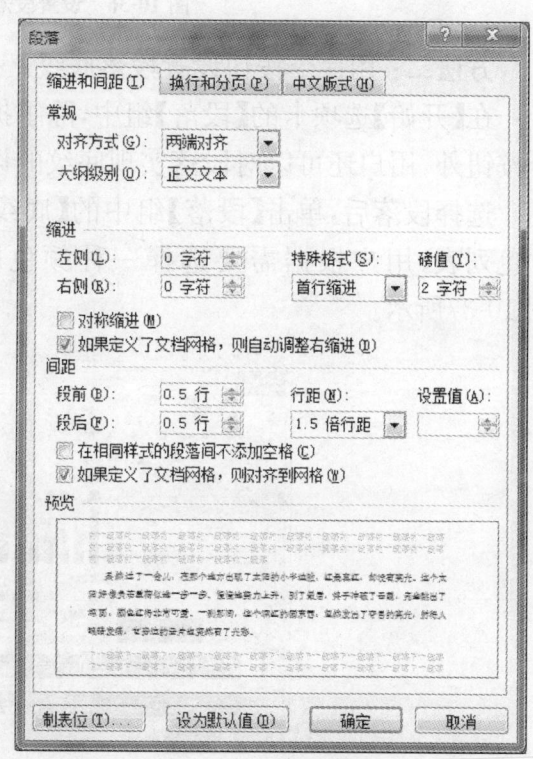

图10-35 【段落】对话框—【缩进和间距】选项卡

值】、【固定值】或【多倍行距】时，可以在【设置值】微调框中设置具体的行距值。

第三步：单击【确定】按钮即可完成对段落的设置。

第四步：将选定文本的【对齐方式】设置为【两端对齐】，【特殊格式】为【首行缩

进 2 字符】,【段前】、【段后】各【0.5 行】,【行距】为【1.5 倍行距】。单击【确定】按钮,设置效果如图 10-36 所示。

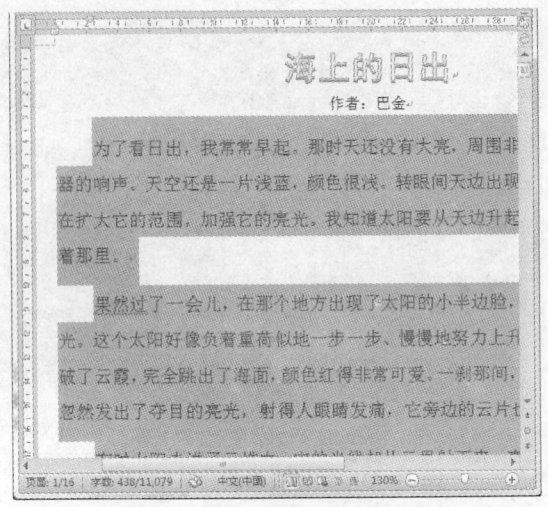

图 10-36　设置段落格式后的效果

方法二:用命令按钮设置段落底纹。

在【开始】选项卡的【段落】组中,除了提供【段落】对话框中的一些常用格式命令按钮外,用户还可以对段落实现底纹的设置。

选择段落后,单击【段落】组中的【底纹】命令按钮 右侧的下拉按钮,弹出颜色列表,用户根据需要选择一种颜色即可将其设置为所选段落的底纹,如图 10-37 所示。

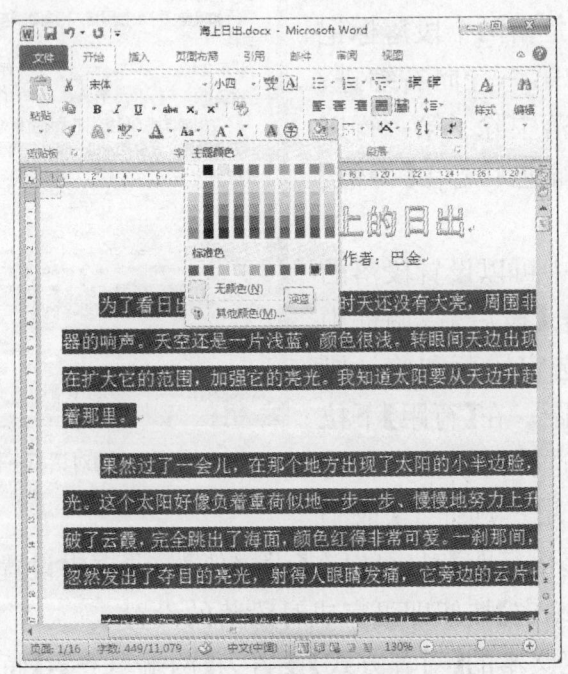

图 10-37　设置段落底纹

10.3.3 用格式刷复制格式

用 Word 提供的"格式刷"功能可以将选择的文本或段落的格式复制到其他的文本或段落中。用【格式刷】既可以复制文本的段落格式,也可以复制文本的字形、字号、颜色等字体格式。【格式刷】的使用方法如下:

第一步:切换到【开始】选项卡,首先把一部分文本设置成需要的格式,然后单击【剪贴板】组中的【格式刷】按钮,这时鼠标指针变成一个小刷子的形状,接着移动鼠标到需要设置相同格式的文本位置,按住鼠标左键并拖动鼠标选择文本。放开鼠标左键时,被选择的文本也被"刷"成了需要的格式,同时鼠标指针恢复原来的样子,格式刷失效。

第二步:在以上操作中,如果选择文本后双击【格式刷】按钮,则可以连续多次对不同的文本"刷"格式。使用完后再次单击【格式刷】按钮,取消格式刷。

提示:【格式刷】只复制格式,不复制内容。

10.3.4 插入项目符号和编号

项目符号是指放在文本前面起强调效果的点或其他符号。编号是指放在文本前面有一定顺序的字符或数字。

1. 插入项目符号

第一步:选定要插入项目符号的段落,切换到【开始】选项卡,单击【段落】组的【项目符号】按钮右侧的下拉按钮,弹出菜单如图 10-38 所示。

第二步:将鼠标指针停留在项目符号上,在文档中会预览到其效果,用户单击需要的项目符号即可。

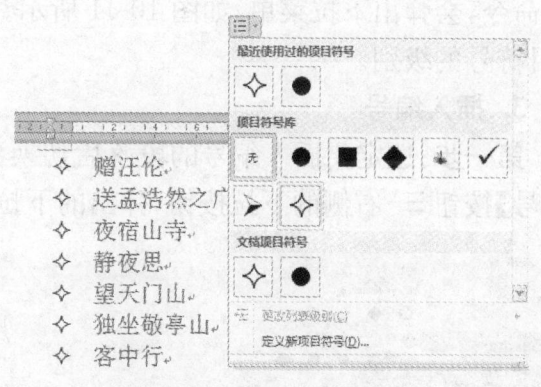

图 10-38 项目符号下拉菜单

第三步:如果【项目符号库】中没有用户满意的项目符号,则可以单击【定义新项目符号】命令,打开【符号】对话框;或单击【符号】按钮,打开【符号】对话框,如图 10-39 所示。

第四步:用户从【符号】对话框的符号列表中选择满意的项目符号后,单击【确定】按钮,返回【定义新项目符号】对话框,如图 10-40 所示。在【预览】区可以预览到所选符号的效果,满意后单击【确定】按钮即可。

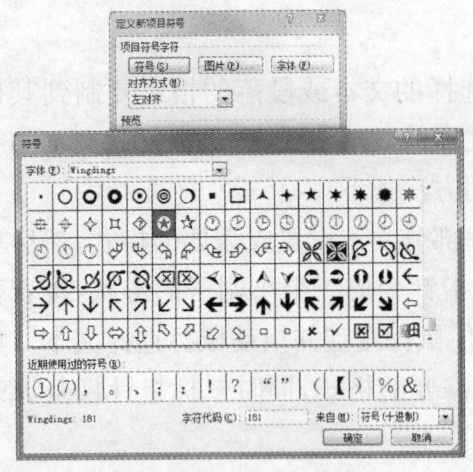

图 10-39 【符号】对话框

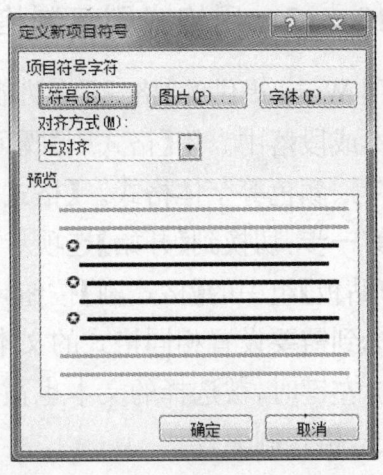

图 10-40 【定义新项目符号】对话框

2. 修改项目符号

第一步:选择要插入项目符号的文本后,打开【定义新项目符号】对话框,重新选择项目符号即可修改。

第二步:如果希望把项目符号分出层次来,则首先要选定改变层次的段落,然后单击【项目符号】右侧下拉按钮,将鼠标指向弹出的下拉菜单中的【更改列表级别】命令,会弹出下拉菜单,如图 10-41 所示。在下拉菜单中单击某级别即可修改项目符号的级别。

3. 插入编号

第一步:选定要插入编号的段落后切换到【开始】选项卡,单击【段落】组中的【编号】按钮  右侧的下拉按钮,弹出的下拉菜单如图 10-42 所示。

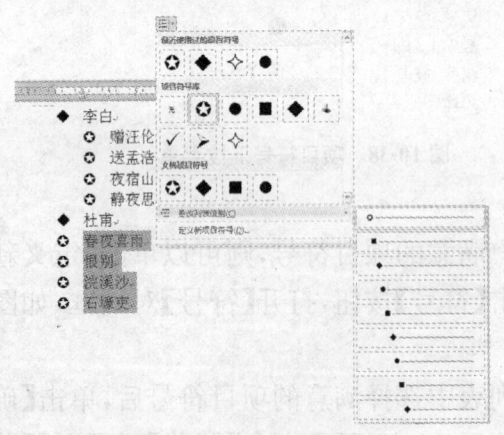

图 10-41 修改项目符号层次

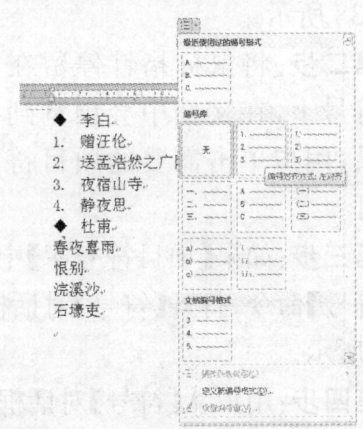

图 10-42 插入编号

10 使用办公软件丰富退休生活 247

第二步:鼠标指针停留在【编号库】的编号方式上面时,文档中的段落会显示出其效果,用户只需要单击需要的编号方式即可。

第三步:用户如果想自己定义编号格式,则可以单击【定义新编号格式】命令,打开【定义新编号格式】对话框,如图 10-43 所示。

第四步:用户可以在【编号样式】下拉列表中选择其他的编号样式,然后单击【确定】按钮即可。

4. 修改编号

选定要修改编号的段落后,单击【段落】组中的【编号】按钮右侧的下拉按钮,在弹出的下拉菜单中既可以改变编号格式,也可以通过单击【更改列表级别】命令来改变列表的级别,其操作方式与改变项目符号级别相同。

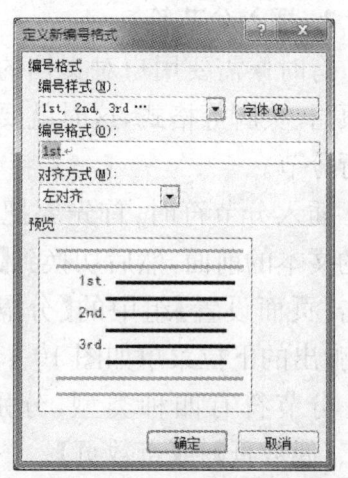

图 10-43 【定义新编号格式】对话框

10.3.5 文档分页和分节

1. 强制分页

在编辑 Word 文档时,一般来说,一页满了以后会自动产生一个新的页面,文本是连续的。但有的时候需要将某些内容总是放置在页面的起始位置,这时就可以在文档中插入分页符,强制文档分页,不管前面的内容如何变化,分页符后面的内容都会在页面的起始位置。操作方法如下:

方法一:首先将光标定位于需要分页的位置,然后切换到【插入】选项卡,单击【页】组中的【分页】按钮即可,分页后的效果如图 10-44 所示。

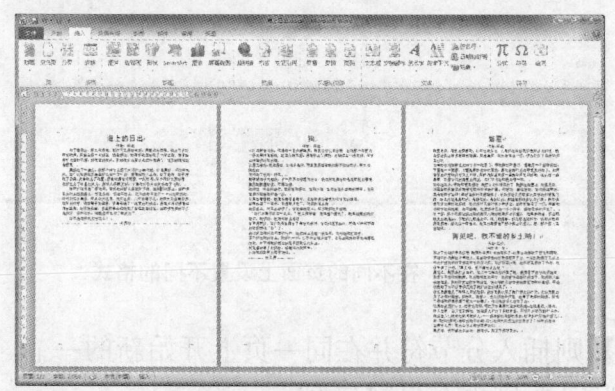

图 10-44 分页后的效果

方法二:将光标定位到需要分页的位置后,切换到【页面布局】选项卡,单击

【页面设置】组中的【分隔符】右侧的下拉按钮,在弹出的下拉菜单中选择【分页符】命令即可。

2. 插入分节符

有时候需要用户对文档的不同部分设置不同的页眉、页脚等格式,这时就要对文档插入分节符进行分节。

插入分节符时,首先要把光标定位到需要分节的文本的前面,然后切换到【页面布局】选项卡,单击【页面设置】组中的【分隔符】右侧的下拉按钮,弹出的下拉菜单如图 10-45 所示。

分节符有四种类型,分别是【下一页】、【连续】、【偶数页】和【奇数页】。

①选择【下一页】,Word 会强制分页,在下一页上开始新节。用户可以在不同的页面上分别设置不同的页眉、页脚,不同的纸张格式、对齐方式等,如图 10-46 所示。分页符则没有这样的功能。

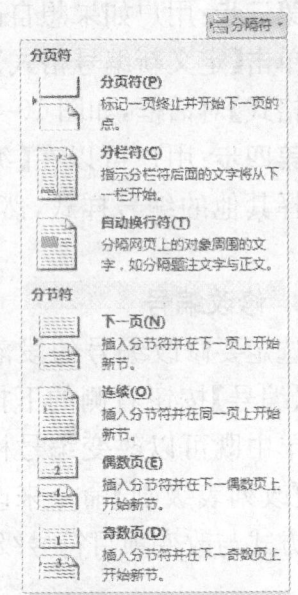

图 10-45 【分隔符】下拉菜单

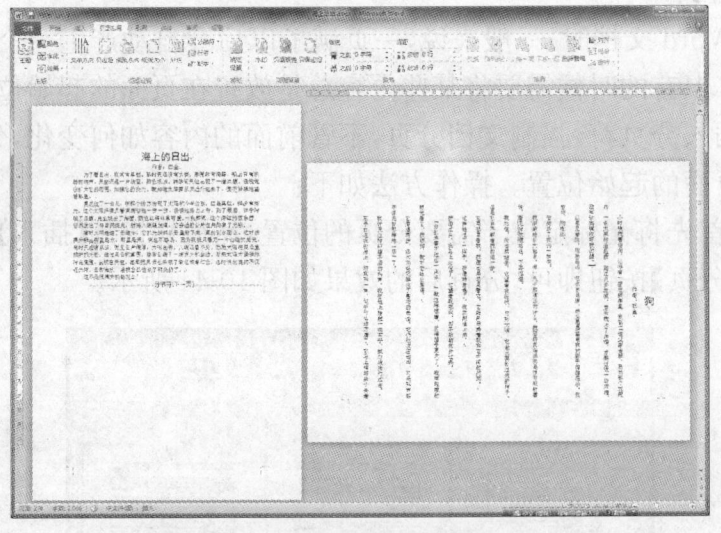

图 10-46 在不同的页面上设置不同的格式

②选择【连续】,则插入分节符并在同一页上开始新的一节。如果"连续"分节符前后的页面设置不同,则也会强制分页。

③选择【偶数页】(或【奇数页】),则插入分节符并在下一偶数页(或奇数页)上开始新的一节。

3. 删除分节符和分页符

默认情况下,分节符和分页符在插入时是隐藏着的,要删除它们首先就要将其显示出来。切换到【开始】选项卡,单击【段落】组中的【显示/隐藏编辑标记】按钮就可以看到分节符或分页符了。把光标定位到要删除的分节符或分页符前面,单击【Delete】键即可。

10.3.6 文档分栏

选择要分栏的文本后,切换到【页面布局】选项卡,单击【分栏】下拉按钮,弹出的下拉菜单如图 10-47 所示。用户可以根据需要选择其中一种分栏方式。

如果用户需要自定义分栏方式,则可以单击【更多分栏】命令,打开【分栏】对话框,如图 10-48 所示。

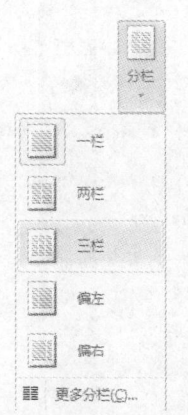

图 10-47 【分栏】下拉菜单

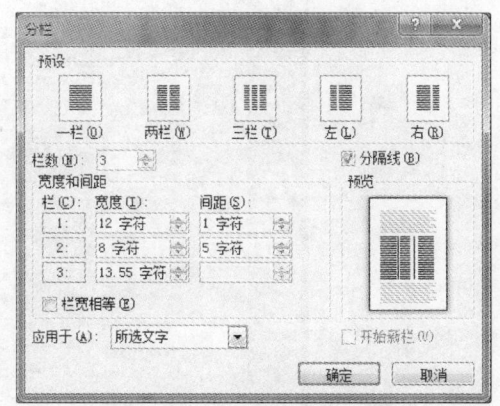

图 10-48 【分栏】对话框

单击【栏数】微调框的微调按钮可以设置分栏数量,如果两栏之间需要纵向的分隔线,则勾选【分隔线】复选框即可。【宽度和间距】组用来设置每一栏的宽度和相邻两栏之间的间距。若取消【栏宽相等】复选框,则可以分别设置每栏的宽度。

【应用于】下拉列表中有【所选文字】、【所选节】和【整篇文档】选项。选择【所选文字】,则只对选择的内容分栏;如果所选文字不是一节的全部,那么系统将自动在所选文字前后插入分节符。选择【所选节】,则是把所选文字所在的一节都分栏;【整篇文档】是指对整篇文档进行分栏。设置完成单击【确定】按钮即可。

10.3.7 添加页眉/页脚和页码

页眉/页脚是在页面顶部和底部的信息说明,在页边距之外,所以不属于正文部分。

1. 插入页眉/页脚

添加页眉/页脚最直接的方法就是在页眉或页脚位置处双击鼠标,创建一个空白页眉和页脚,进入页眉/页脚编辑区,光标在页眉或页脚处闪烁,同时切换到页眉和页脚工具的【设计】选项卡,如图10-49所示。

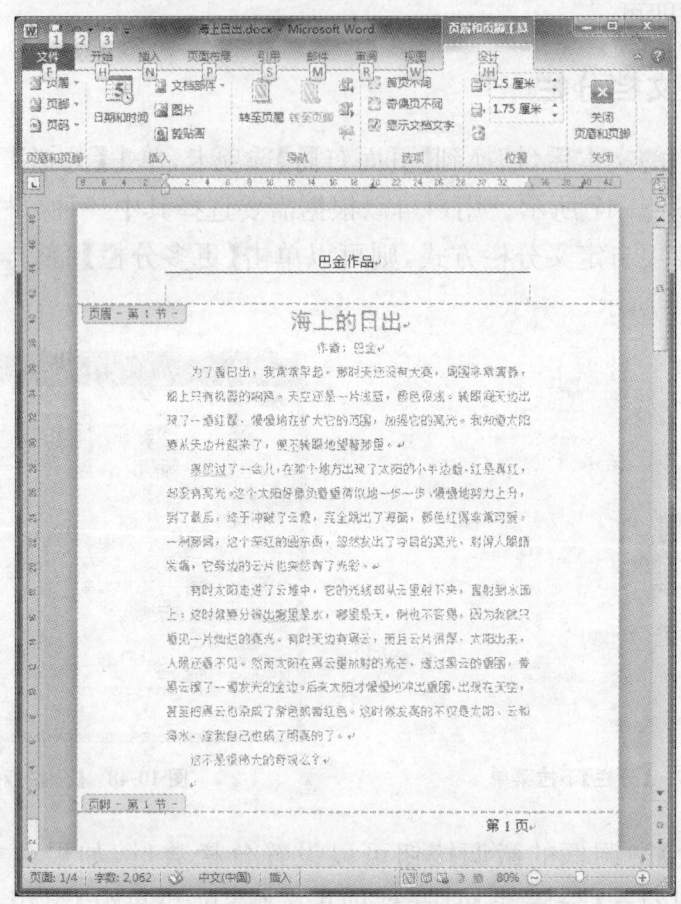

图 10-49　双击创建空白页眉页脚

用鼠标或方向键把光标定位到页眉或页脚处,输入页眉或页脚内容,输入完毕后单击【关闭页眉和页脚】按钮即可返回文本编辑状态。单击【设计】选项卡中的【转至页眉】和【转至页脚】按钮也可以在页眉和页脚间切换。

Word提供了一些预设格式的页眉供用户使用。切换到【插入】选项卡,单击【页眉和页脚】组中的【页眉】下拉按钮,在下拉菜单中选择一种即可创建该格式的页眉,在页眉区的预设位置处输入相应内容即可。单击【页脚】下拉按钮,可以选择预设格式的页脚。

提示:输入页眉和页脚中的文本后,用户也可以切换到【开始】选项卡或用浮动工具栏设置其文本格式。

2. 删除页眉/页脚

双击页眉或页脚，切换到【设计】选项卡，单击【页眉】下拉菜单中的【删除页眉】命令或单击【页脚】下拉菜单中的【删除页脚】命令，然后单击【关闭页眉和页脚】按钮即可将页眉或页脚删除。

3. 设置页眉/页脚

双击页眉或页脚，进入页眉或页脚编辑状态，用户可以用【设计】选项卡中的工具来设计页眉和页脚。

①单击【位置】组中的【页眉顶端距离】和【页脚底端距离】微调框的微调按钮，设置页眉与纸张上边缘的距离和页脚与纸张下边缘的距离。

②在【选项】组中，勾选【首页不同】复选框可以让文档第一页的页眉/页脚与本节其他页不同。勾选【奇偶页不同】则可以分别为奇偶页设计不同的页眉/页脚，双面打印的文档可能需要奇偶页有不同的页眉。

例如，打开一个没有页眉/页脚的 Word 文档，双击页眉位置，进入页眉编辑状态，在页眉和页脚工具的【设计】选项卡中勾选【首页不同】和【奇偶页不同】两项。然后在第二页输入页眉，如"稻草人"，在第三页输入不同的页眉，如"作者：叶圣陶"，第一页的页眉不输入内容。最后可以看到偶数页的页眉与第二页相同，奇数页的页眉和第三页的相同，如图 10-50 所示。

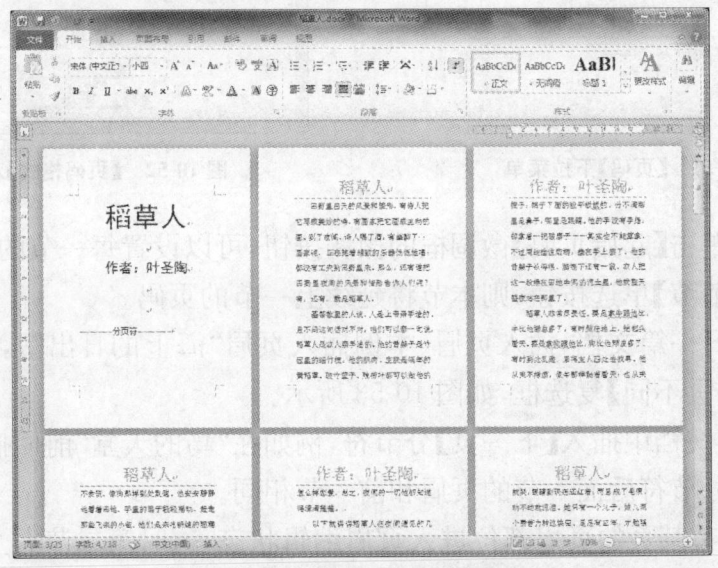

图 10-50　首页、奇偶页不同页眉

③在【插入】组中可以在页眉/页脚上插入图片、日期、剪贴画等。

④如果文档先插入了【下一页】分节符，然后再插入页眉/页脚，那么每次只设计本节的页眉/页脚即可。但如果是插入页眉之后才插入的【下一页】分节符，那么这两节的页眉/页脚就是链接在一起的，是相同的。如果用户希望这两节的

页眉/页脚不同,则可以双击第二节的页眉或页脚,进入页眉/页脚编辑状态,切换到【设计】选项卡,单击【导航】组中的【链接到前一条页眉】按钮,将其取消,修改第二节的页眉/页脚即可。

4. 插入页码

第一步:切换到【插入】选项卡,单击【页眉和页脚】组中的【页码】下拉按钮,下拉菜单如图 10-51 所示。

第二步:在下拉菜单中选择页码的插入位置,并在其子菜单中选择一种格式即可把页码插入到页眉或页脚中,其中 X/Y 型是页码/页数型的格式。如果需要设置页码格式,则可以单击【页码】下拉菜单中的【设置页码格式】命令,打开【页码格式】对话框,即可设置编号格式及页码编号方式等,如图 10-52 所示。

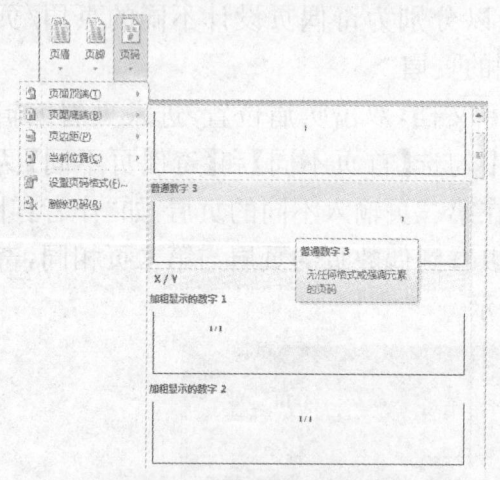
图 10-51 【页码】下拉菜单

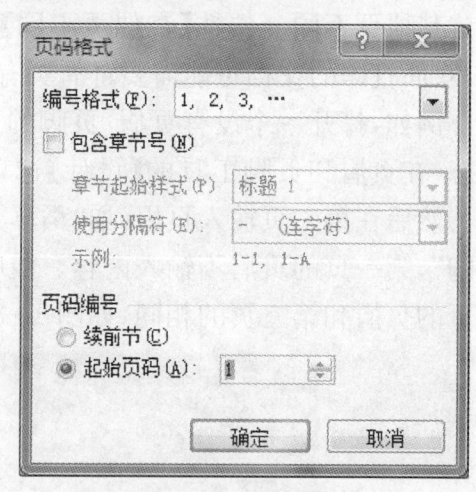
图 10-52 【页码格式】对话框

第三步:单击【起始页码】微调框的微调按钮,可以设置每一节的起始页码。

选择【续前节】单选按钮,则本节将延续上一节的页码。

例如,打开一篇文档,插入页眉(本例插入页眉"海上的日出"),不勾选【首页不同】和【奇偶页不同】复选框,如图 10-53 所示。

接下来在文档中插入【下一页】分节符,例如在"鸟的天堂"前面插入【下一页】分节符,这时分节符后面一节的页眉和前一节相同。

双击第二节某页的页眉部位进入页眉编辑状态,这时第二节右上角的页眉虚线处有"与上一节相同"字样,同时页眉和页脚工具的【设计】选项卡的【链接到前一条页眉】按钮是选中状态,这表明第一节和第二节的页眉是链接在一起的,修改任何一节中的页眉另一节也会一起改变。所以在把光标定位在第二节的页眉中,单击【链接到前一条页眉】按钮,取消与前一节的链接。然后修改第二节的页眉,例如第二节页眉改为"鸟的天堂",这样第一节和第二节就可以有不同的页眉了。

10 使用办公软件丰富退休生活 253

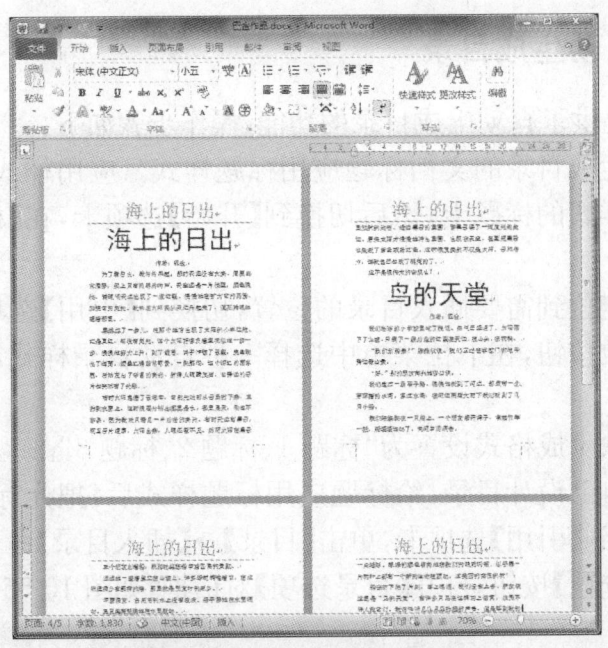

图 10-53 插入页眉之后的文档

　　切换到【插入】选项卡,单击【页眉和页脚】组中的【页码】→【页面底端】→【普通数字 2】,给文档插入页码;然后双击文档编辑区或切换到页眉和页脚工具的【设计】选项卡,单击【关闭页眉和页脚】,这时两节的页码是连续编写的。

　　用户也可以为每一节独立编写页码。首先先把光标定位到第二节,然后切换到【插入】选项卡,单击【页码】→【设置页码格式】,打开【页码格式】对话框,勾选【起始页码】单选按钮,在其右侧的微调框中设置第二节的起始页码,例如设置第二节起始页码为 1,最后单击【确定】按钮,结果如图 10-54 所示。

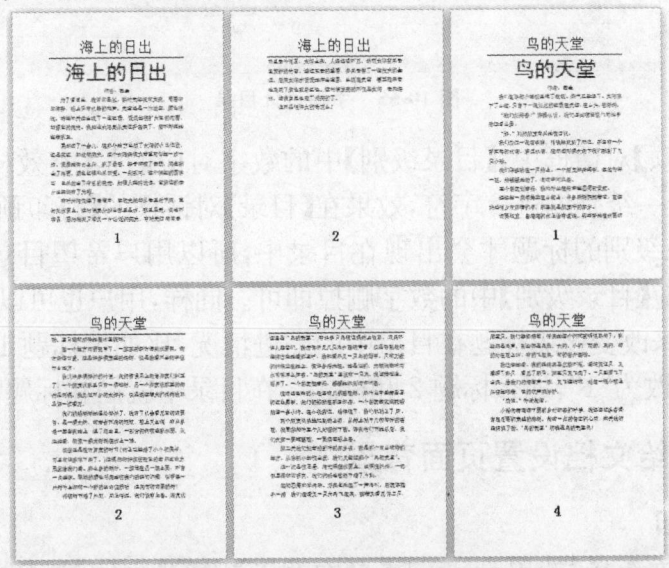

图 10-54 每节不同页眉、独立编页码

10.3.8 自动生成目录

在 Word 中提供了自动生成目录的功能,操作步骤如下:

首先对需要生成目录的文档标题应用标题样式。应用样式的方法是先把光标定位到要应用样式的标题上,然后切换到【开始】选项卡,在【样式】组中单击某标题样式。

然后把光标定位到需要插入目录的位置,切换到【引用】选项卡,在【目录】组中单击【目录】下拉按钮,在下拉菜单中选择一种自动目录样式,即可快速生成该文档的目录。

自动目录默认生成格式设置为"标题1、标题2、标题3"。

用户也可以自己设计目录,给标题应用标题样式后,把光标定位到需要插入目录的位置,切换到【引用】选项卡,单击【目录】→【插入目录】命令,打开【目录】对话框,然后单击【选项】按钮,打开【目录选项】对话框,如图 10-55 所示。

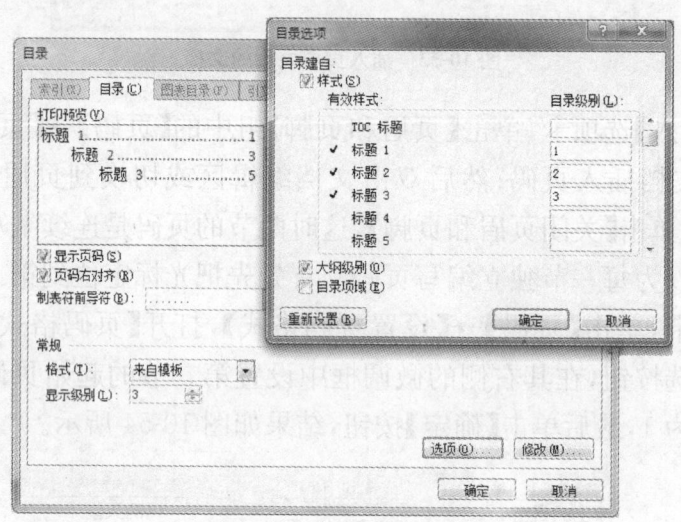

图 10-55 手动设计目录

在【目录选项】对话框中,【目录级别】中的数字对应的是【有效样式】的级别,每个级别目录比上一级别缩进2字符,效果在【目录】对话框的【打印预览】区中显示。

设置了目录级别的标题才会出现在目录中,所以用户希望目录中不出现哪级标题,只要把相应【目录级别】中的数字删掉即可。同样,用户也可以通过修改【目录级别】中的数字来改变该级标题在目录中的缩进情况,比如把标题1、标题2和标题3的目录级别都改为"1",那么标题2和标题3在目录中就是和标题1左对齐的。

10.3.9 给文档设置页面背景

1. 设置水印

切换到【页面布局】选项卡,单击【页面背景】中的【水印】按钮,在下拉菜单中选择一种水印模板即可。

用户也可以用图片作为水印背景,单击下拉菜单中的【自定义水印】命令,打开【水印】对话框。选择【图片水印】单选按钮,然后单击【选择图片】,打开【插入图片】对话框,如图10-56所示。找到要作为水印的图片后单击【插入】按钮返回【水印】对话框。根据需要选择【缩放】下拉列表中的缩放比例,勾选【冲蚀】复选框,单击【应用】按钮可以看到水印效果,满意后单击【关闭】按钮即可。

图10-56 【水印】对话框-【插入图片】对话框

2. 设置页面边框

切换到【页面布局】选项卡,单击【页面背景】组中的【页面边框】按钮,打开【边框和底纹】对话框,切换到【页面边框】选项卡,如图10-57所示。

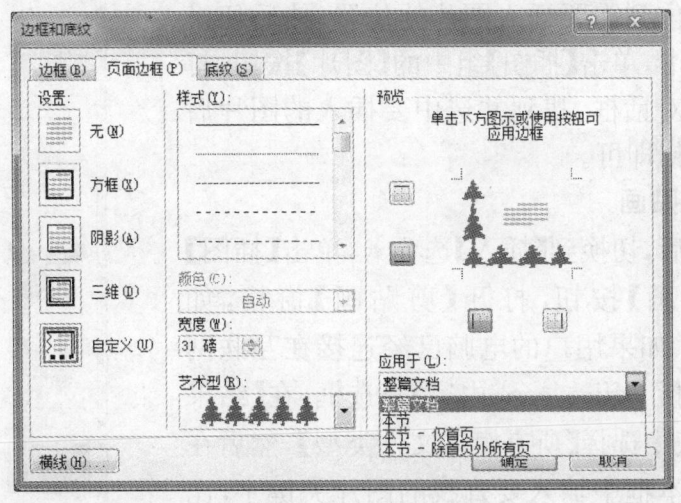

图10-57 设置页面边框

在【设置】功能组中可以选择边框的类型,在【样式】列表中选择边框的样式,在【宽度】微调框中设置边框的宽度,在【艺术型】下拉列表中将边框设置为一些图案,在【应用于】下拉列表中可以选择设置页面边框的范围,在预览区可以看到设置的效果,用户也可以通过单击预览区的边框按钮来调整边框位置。

3. 设置稿纸

切换到【页面布局】选项卡,单击【稿纸设置】按钮,打开【稿纸设置】对话框,如图10-58所示。

用户可以根据需要设置稿纸的格式、行数×列数、网格颜色及页眉、页脚、纸张大小等。设置完成后,单击【确定】按钮,在文档页面即可出现稿纸的样式,并且自动把文档中的文本填入稿纸的网格中。

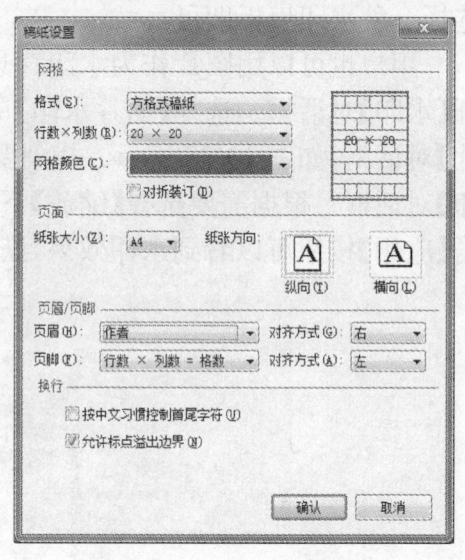

图 10-58 【稿纸设置】对话框

提示:当文档中设置了稿纸后,有些文本格式会失效。

10.4 给文章增加插图

10.4.1 插入图片

1. 插入图片文件

把光标定位到需要插入图片的位置,然后切换到【插入】选项卡,单击【插图】组中的【图片】按钮,打开【插入图片】对话框,找到并选中要插入的图片后单击【插入】按钮即可。

2. 插入剪贴画

定位光标后,切换到【插入】选项卡,单击【插图】组中的【剪贴画】按钮,打开【剪贴画】窗格,如图 10-59 所示。如果用户的电脑已经连接在互联网上了,勾选【包括 Office.com 内容】复选框,在【结果类型】下拉列表中选择【所有媒体文件类型】,然后在【搜索文字】文本框中输入要查找的图片关键字,比如输入"蝴蝶",然后单击【搜索】按钮,即可把搜索到的与蝴蝶有关的图片显示在列表中,单击其中一个即可将该图片插入到文档中。

图 10-59 【剪贴画】窗格

3. 插入屏幕截图

Word 2010 提供屏幕截图功能,用户可以方便地将已经打开且未处于最小化状态的窗口截图插入到当前 Word 文档中。

切换到【插入】选项卡,单击【插图】组中的【屏幕截图】按钮,打开【可用视窗】面板,如图 10-60 所示。单击需要插入截图的窗口即可。

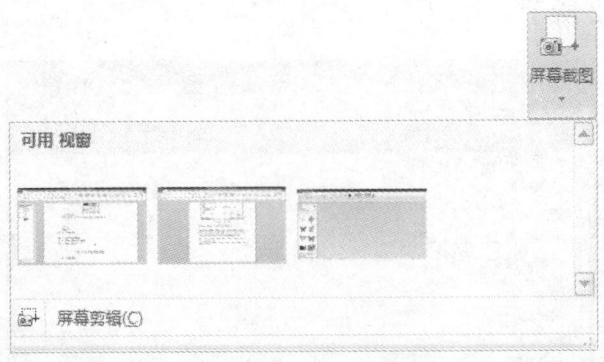

图 10-60　插入屏幕截图

如果用户仅仅需要将特定窗口的一部分作为截图插入到 Word 文档中,而且还要保留该特定窗口为非最小化状态,然后在【可用视窗】面板中选择【屏幕剪辑】命令,进入屏幕裁剪状态后拖动鼠标选择需要的部分窗口,即可将其截图插入到当前 Word 文档中。

10.4.2　编辑和修饰图片

1. 调整图片的大小和角度

(1)调整图片大小　在 Word 文档中,用户可以通过多种方式设置图片尺寸。常用的有如下三种方式。

方法一:拖动图片控制柄。

用户在 Word 文档中选中图片的时候,图片的周围会出现八个方向的控制柄和一个绿色的旋转按钮,如图 10-61 所示。

拖动图片四角的控制柄可以按照宽高比例放大或缩小图片的尺寸;拖动四边的控制柄可以向对应方向放大或缩小图片,但图片宽高比例将发生变化,从而导致图片变形。

方法二:精确控制图片宽度和高度尺寸。

图 10-61　图片的控制柄和旋转按钮

选择要调整大小的图片后,切换到图片工具的【格式】选项卡,在【大小】组中的【宽度】和【高度】微调框中输入数值,即可精确控制图片大小。

方法三:在对话框中详细设置。

如果用户希望对图片尺寸进行更细致的设置,那么选择图片后切换到【格式】选项卡,单击【大小】组中的对话框启动按钮,打开【布局】对话框并切换到【大小】选项卡,如图 10-62 所示。

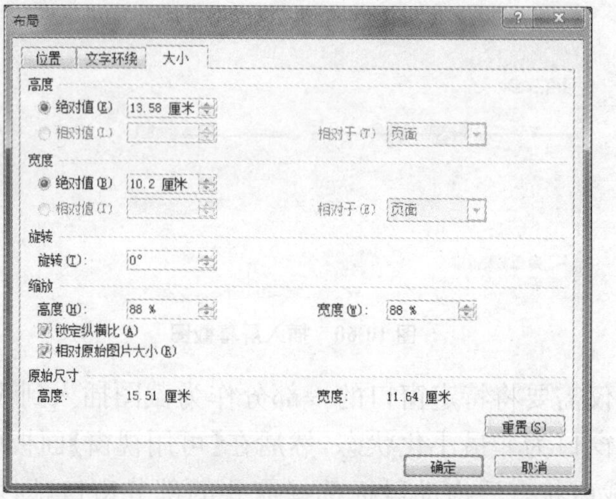

图 10-62 设置图片大小

用户可以根据需要设置图片的高度和宽度。如果勾选了【锁定纵横比】复选框,则调整高度时,宽度也会按比例自动调整,不会导致图片变形。最后单击【确定】按钮即可。

(2)调整图片角度 调整图片角度的常用方法有如下两种。

方法一:拖动图片旋转按钮。

选择图片后,图片上方会有一个绿色的旋转按钮,把鼠标指针移到旋转按钮上,当鼠标指针变为环状箭头 时,按住左键拖动鼠标即可旋转图片。

方法二:用命令按钮旋转图片。

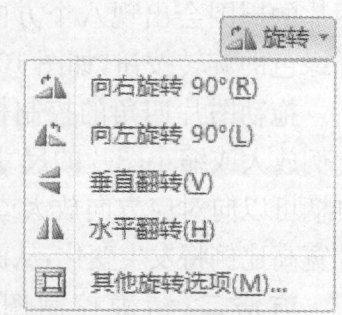

图 10-63 【旋转】下拉菜单

选择图片后,切换到图片工具的【格式】选项卡,单击【排列】组中的【旋转】按钮,在下拉菜单中选择一种旋转方式即可,如图 10-63 所示。

如果用户需要精确的旋转角度,则可以单击【其他旋转选项】命令,打开【布局】对话框后切换到【大小】选项卡,在【旋转】微调框中可以设置图片的旋转角度,设置完毕后单击【确定】按钮即可。

2. 设置图片样式

在 Word 中,用户可以给图片设置丰富的样式和效果,而不必总是依赖 Photoshop。

(1)为图片应用样式 选择图片后,切换到【格式】选项卡,在【图片样式】组中的【快速样式】表中有很多设计好的图片总体外观样式,如图 10-64 所示。单击其中一个即可以将该样式应用到图片上。

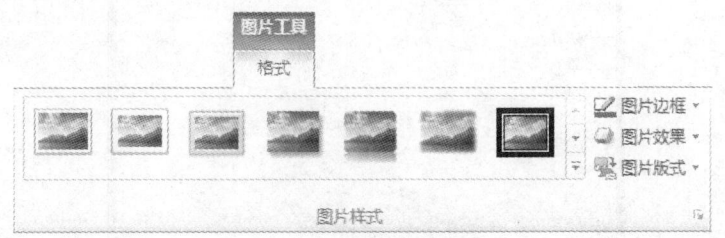

图 10-64 【图片样式】组

用户也可以根据需要自己设计图片外观。选择图片后,单击【图片边框】下拉按钮,在弹出的下拉菜单中可以为图片设置边框的颜色、边框线的粗细和线型。单击【图片效果】下拉按钮,则可以在弹出的下拉菜单及其子菜单中选择图片的视觉效果,如图 10-65 所示,可以设置阴影、发光、柔化边缘、棱台、三维旋转等效果。

(2)为图片设置艺术效果 选择图片后,切换到【格式】选项卡,单击【调整】组中的【艺术效果】,在弹出的列表中选择一种艺术效果即可,如图 10-66 所示。

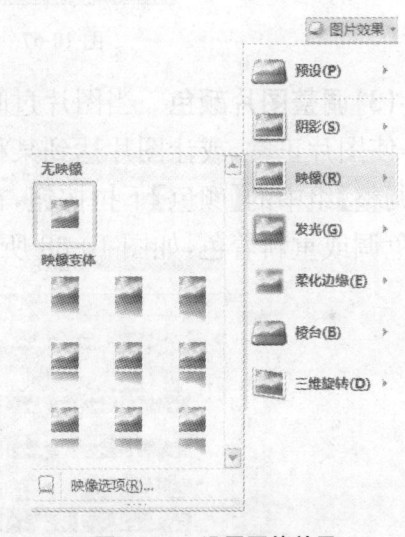

图 10-65 设置图片效果

图 10-66 为图片设置艺术效果

单击【艺术效果选项】命令,打开【设置图片格式】对话框,如图 10-67 所示。用户可以设置所选艺术效果的细节,设置完成后单击【关闭】按钮即可。

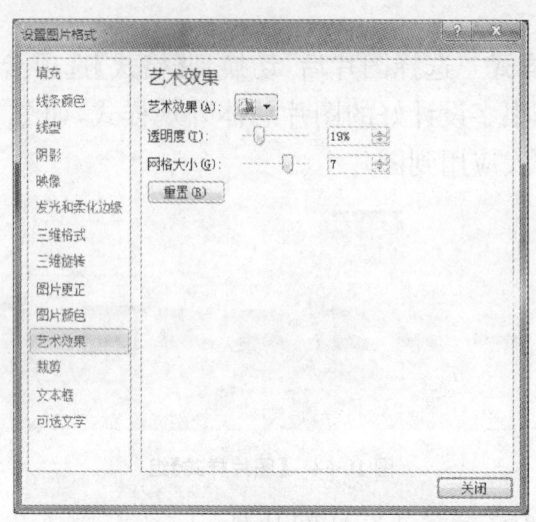

图 10-67　在对话框中调整艺术效果

(3)调整图片颜色　当图片过暗或曝光过度时,可以通过调整图片的色调、光线等使图片正常,或让图片达到某种效果。选择图片后,切换到【格式】选项卡,单击【调整】组中的【颜色】下拉按钮,在弹出的下拉列表中可以调整图片的颜色饱和度、色调或重新着色,如图 10-68 所示。

图 10-68　调整图片颜色

(4)删除图片背景　Word 的图片处理功能还可以将图片主题部分内容的背景删除。单击要删除背景的图片,切换到【格式】选项卡,单击【调整】组中的【删除背景】按钮,切换到【背景消除】选项卡,如图 10-69 所示。

在图片周围出现八个控制柄,拖动控制柄调整消除背景的范围,会被消除的部分被紫色覆盖。如果有些需要保留的部分也被紫色覆盖了,则单击【标记要保留的区域】按钮,当鼠标指针变成铅笔形状时,用它来单击需要保留的部分,这部

图 10-69 消除图片背景

分会标上"⊕"符号。相反,如果有些需要被清除的部分却没有被紫色覆盖时,则单击【标记要删除的区域】按钮,此时鼠标指针也变成铅笔形状,用它单击需要清除的部分,这部分会标上"⊖"符号。标记完成后单击【保留更改】按钮即可,删除背景后的效果如图 10-70 所示。

图 10-70 图片删除背景后的效果

(5) 图片更正 选择图片后,切换到【格式】选项卡,单击【更正】下拉按钮,在弹出的下拉列表中可以快速设置图片边缘的柔化和锐化、调整亮度和对比度,如图 10-71 所示。

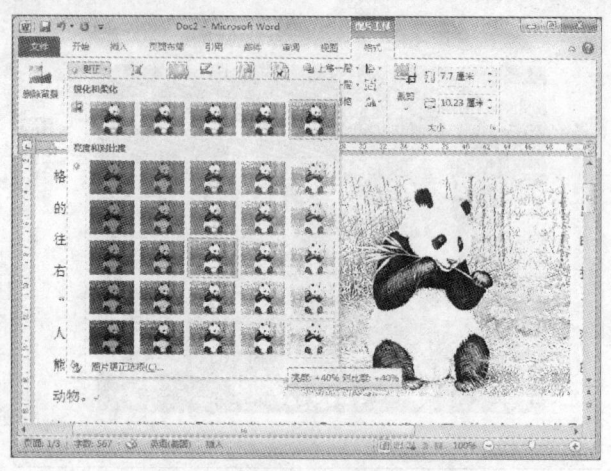

图 10-71　图片更正

(6) 用户自行设计图片样式 如果用户需要自己进一步设计图片的格式和样式,则选择图片后,切换到【格式】选项卡,单击【图片样式】组中的对话框启动按钮,打开【设置图片格式】对话框,如图 10-72 所示。

图 10-72　【设置图片格式】对话框

用户可以单击左侧功能列表中的功能命令,则右侧会出现该功能的设置面板,在设置面板中可以调整图片格式的各种参数。每次调整参数时,文档中的图片都会显示相应的效果。对设计效果满意后,单击【关闭】按钮即可。

3. 裁剪图片

当插入到 Word 文档中的图片太大或只需要其中一部分内容时,用户可以对图片进行裁剪。

(1)普通裁剪 选择图片后,切换到图片工具的【格式】选项卡,单击【大小】组中的【裁剪】按钮,会在图片周围出现八个黑色的剪裁控制柄,如图10-73所示。

将鼠标指针移到剪裁控制柄上,当指针变为"┌"或"┝"形状时,按住左键拖动鼠标即可对图片进行裁剪。

(2)把图片裁剪成不同形状 用户也可以把图片裁剪成不同的形状。单击【裁剪】下拉按钮,在下拉菜单中单击【裁剪为形状】命令,在其子菜单中选择一种形状即可,如图10-74所示。

图 10-73 剪裁控制柄

图 10-74 把图片裁剪为不同的形状

4. 设置图片的位置和文字环绕方式

插入的图片在文档中默认为嵌入文本行中,也就是插入在某一行文本中,图片属于这一行的内容,如图10-75所示。

用户也可以根据需要设置文字的环绕方式和位置。选择图片后,切换到图片工具的【格式】选项卡,单击【排列】组中的【位置】下拉按钮,在弹出的下拉列表中选择合适的图片位置即可,如图10-76所示。

在【位置】下拉列表中的文字环绕是【四周型文字环绕】,用户也可以设置其他环绕方式。选择图片后,单击【格式】选项卡的【自动换行】下拉按钮,在弹出的下拉菜单中选择一种环绕方式即可,如图10-77所示。

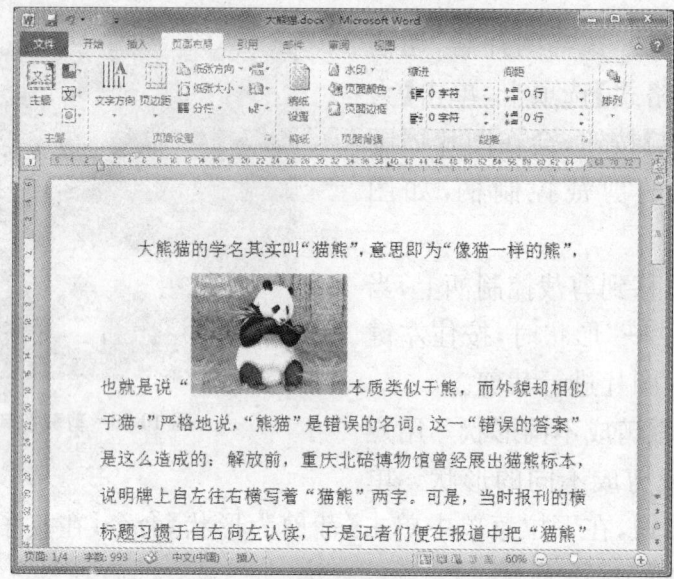

图 10-75　图片嵌入文本行中示例

图 10-76　设置图片在文档中的位置

　　如果对图片的位置没有精确的要求，则用户也可以在选择图片后用鼠标拖动图片来移动图片的位置。
　　如果需要对图片进行更细致的位置和环绕方式设置，则可以单击【自动换行】下拉菜单中的【其他布局选项】命令，打开【布局】对话框后切换到【文字环绕】选项卡，如图 10-78 所示。

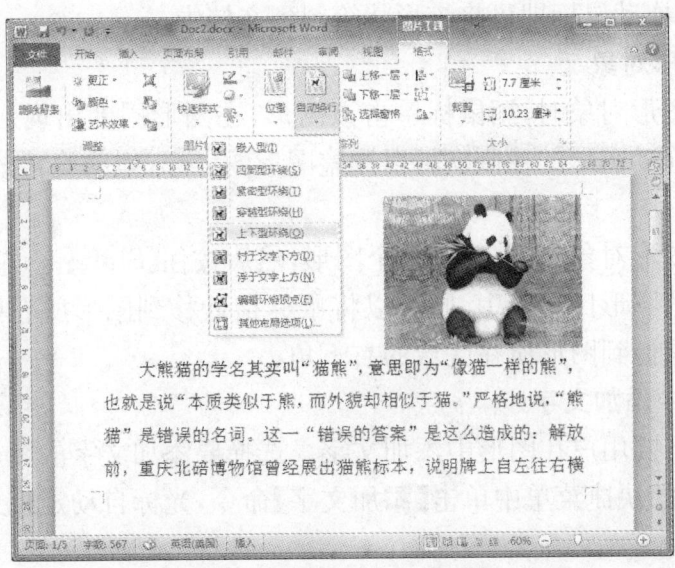

图 10-77 设置图片文字环绕方式示例

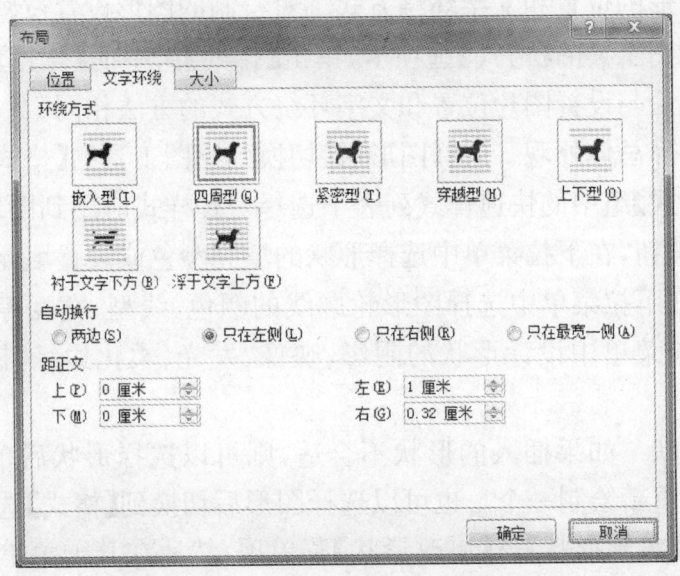

图 10-78 【布局】对话框-【文字环绕】选项卡

用户可以在【文字环绕】选项卡中选择环绕方式,设置自动换行的位置以及图片与正文的距离,设置完成后单击【确定】按钮即可。

10.4.3 绘制图形

1. 绘制图形

切换到【插入】选项卡,单击【插图】组中的【形状】按钮,在弹出的下拉列表中单击一种形状,将鼠标指针变为黑色"十"字形状,在文档中需要插入形状的位置按住鼠标左键，拖动鼠标即可将该形状绘制到文档中。

2. 选择图形对象

选择一个图形对象时，用鼠标单击该图形，在图形周围出现八个控制柄和一个旋转按钮。拖动图形的控制柄可以调整图形的大小，拖动旋转按钮可以调整图形的角度。

选择多个图形对象时，先选择一个图形，然后按住【Shift】键，单击其他图形即可。如果选择的图形比较集中，则可以将鼠标指针移到图形所在区域的左上角，按住左键拖动鼠标到图形所在区域的右下角。

3. 在图形中添加文字

很多时候需要用户在图形中添加文字。选择要添加文字的图形，用鼠标右击该图形，在弹出的快捷菜单中单击【添加文字】命令，光标自动定位到图形中，输入文字即可。

4. 编辑图形对象

(1) 设置图形的位置和文字环绕方式　对绘制的图形设置位置和文字环绕方式时，切换到绘图工具的【格式】选项卡，单击【排列】组中的【位置】和【自动换行】按钮，其使用方法与设置图片位置和文字环绕方式的方法相同。

(2) 设置图形总体外观　选择图形后，切换到绘图工具的【格式】选项卡，用户可以在【形状样式】组中的快速样式列表中选择一种样式应用到图形上；也可以单击【形状填充】按钮，在下拉菜单中选择形状的填充颜色或设置填充样式；单击【形状轮廓】按钮，在下拉菜单中选择图形轮廓线的颜色、线型、宽度等；单击【形状效果】按钮，在下拉菜单中设计形状的阴影、映像、发光、柔化边缘、棱台、三维旋转效果。

(3) 改变形状　如果插入的形状不合适，则可以选择形状后单击【Delete】键将其删除，然后重新绘制一个。也可以选择图形后切换到【格式】选项卡，单击【插入形状】组中的【编辑形状】→【更改形状】菜单项，然后在其子菜单中选择另外一个形状替换原来的形状。

通常也可能会遇到另外一种情况，就是Word提供的形状列表中没有用户需要的形状，这时用户可以先插入一个和需要的形状相似的形状，然后选择该形状，单击【编辑形状】→【编辑顶点】命令，这时在图形周围会出现黑色的控制柄，如图 10-79 所示。拖动控制柄就可以把图形修改为用户需要的形状。

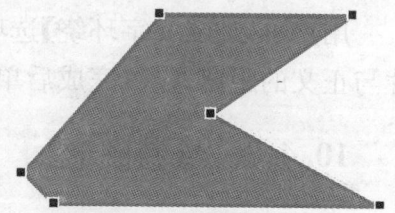

图 10-79　图形周围的控制柄

(4) 多个图形对象的操作 在 Word 文档中绘图,很多时候一个图形需要由多个图形对象来组成,有的时候一个图形会遮挡另一个,用户可通过移动它们的层次来改变遮挡关系。即选择上面的图形,切换到【格式】选项卡,单击【排列】组中的【下移一层】按钮或者选择下层的图形后单击【上移一层】按钮,即可让下面的图片遮住上面的图形。也可以单击【上移一层】(或【下移一层】)的下拉按钮,在下拉菜单中选择【置于顶层】(或【置于底层】)命令把图形放在所有图形的上面(或下面),如图 10-80 所示。

如果图形较多,则可以单击【排列】组中的【选择窗格】按钮打开【选择和可见性】窗格,如图 10-81 所示。

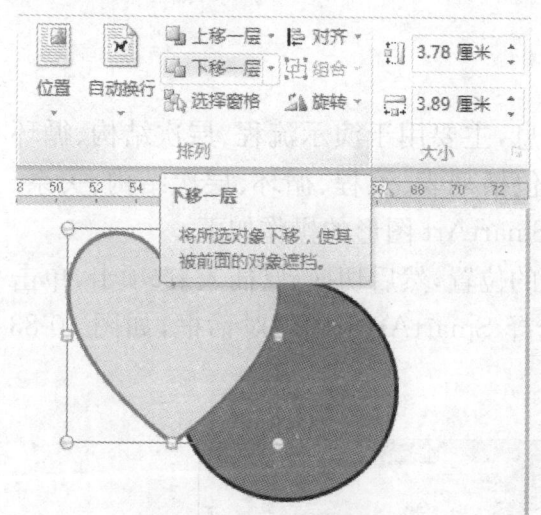

图 10-80 图形改变层次

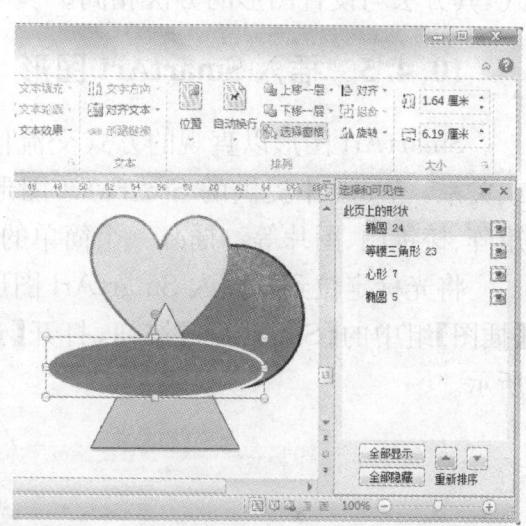

图 10-81 在选择窗格中设置图形的层次

选择【选择和可见性】窗格中的形状名称后,单击窗格下方的【上移一层】按钮▲或【下移一层】按钮▼可以改变图形的层次和遮挡情况。

选择多个图形后,单击【排列】组中的【对齐】下拉按钮,在弹出的下拉菜单中选择一种对齐方式,这样图形就可以自动对齐了。

选择多个图形后,在【格式】选项卡中单击【排列】组中的【组合】按钮,把所选的图形组合到一起后就可以将其作为一个整体进行移动等操作了。

5. 在画布上绘制图形

当文档中需要绘制多个图形来组成一个图时,可以切换到【插入】选项卡,单击【插图】组中的【形状】下拉按钮,在弹出的下拉菜单中选择【新建绘图画布】命令,在文档中建立一个画布,然后在画布上绘制图形,如图 10-82 所示。

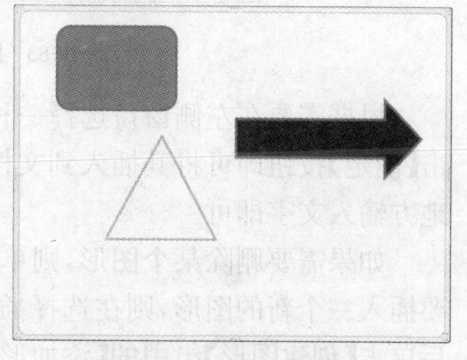

图 10-82 在画布上绘图

画布是一个容器,移动画布时,在画布上绘制的图形也一起移动。用户可以根据需要通过拖动画布的边缘来改变画的布大小。

10.4.4 插入艺术字

切换到【插入】选项卡,单击【文本】组中的【艺术字】按钮,在弹出的艺术字列表中单击一种艺术字样式,此时文档中会出现一个标有"请在此放置您的文字"虚线框,用户只需在框内输入文字即可。

选择插入的艺术字后,切换到【格式】选项卡,此时可以对艺术字设置各种样式,其方法与设置图形的方法相同。

10.4.5 插入 SmartArt 图形

SmartArt 图形以直观的方式交流信息,主要用于演示流程、层次结构、循环或关系。Word 中提供的 SmartArt 图形包括列表、流程、循环、层次结构、关系、矩阵、棱锥图、图片等。插入一个简单的 SmartArt 图形的操作如下:

将光标定位到要插入 SmartArt 图形的位置,然后切换到【插入】选项卡,单击【插图】组中的【SmartArt】按钮,打开【选择 SmartArt 图形】对话框,如图 10-83 所示。

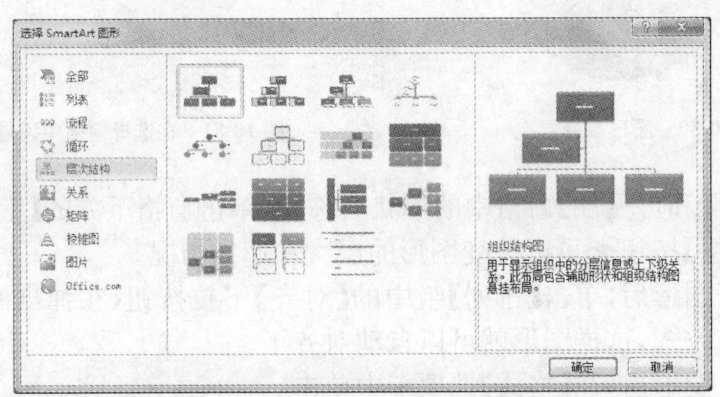

图 10-83 【选择 SmartArt 图形】对话框

根据需要在左侧窗口选择一种类型,然后在中间窗口选择该类型的图形,单击【确定】按钮即可将其插入到文档中,如图 10-84 所示。在图中标着"[文本]"的地方输入文字即可。

如果需要删除某个图形,则单击选择该图形后单击【Delete】键即可。如果需要插入一个新的图形,则在选择插入位置旁边的图形后切换到【设计】选项卡,然后单击【创建图形】组中的【添加形状】下拉按钮,在弹出的下拉菜单中选择插入形状的位置即可。

用户选择图形后,切换到【格式】选项卡可以为图形重新设置外观样式。

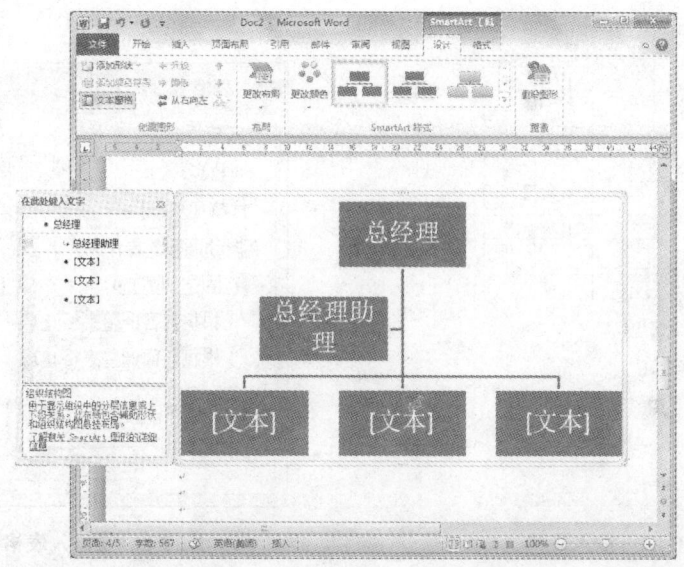

图 10-84　在文档中插入 SmartArt 图形

10.5　在文章里增加表格

10.5.1　插入表格

1. 自动插入表格

把光标定位在需要插入表格的位置后切换到【插入】选项卡,单击【表格】按钮,打开如图 10-85 所示的示意表格。

在示意表格中拖动鼠标可以直观地看到插入表格的行数和列数,释放鼠标后即可将表格插入文档。

2. 手动插入表格

定位光标后,切换到【插入】选项卡,单击【表格】→【插入表格】命令,打开【插入表格】对话框,如图 10-86 所示。

在【列数】和【行数】微调框中输入表格的列数和行数。在【"自动调整"操作】组中有三个选项,选择【固定列宽】后,在其右侧的微调框中可以输入列宽值;选择【根据内容调整表格】,则表格会根据内容来调整列宽;选择【根据窗口调整表格】,则创建的表格列宽以百分比为单位。最后单击【确定】按钮,即可在文档中插入表格。

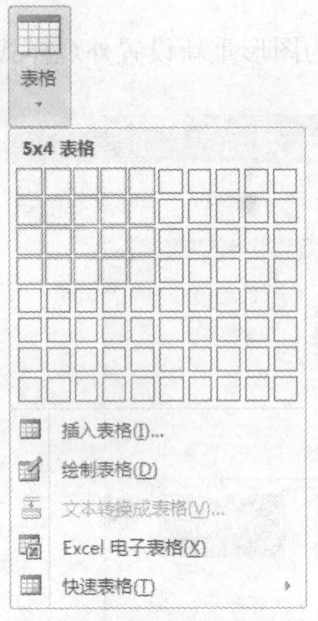

图10-85 插入表格

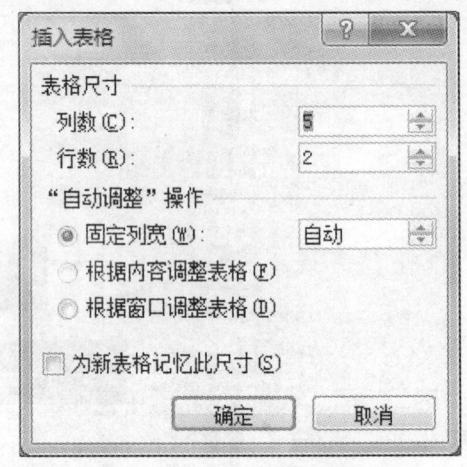

图10-86 【插入表格】对话框

10.5.2 编辑表格

1. 在表格中输入文本

把光标定位到表格的单元格中,即可输入文本。在一个单元格中输入完毕后,可以用鼠标或方向键或【Tab】键将光标定位到另一个单元格。

2. 选择表格

很多对表格的操作中都需要选择表格。选择一个表格时,将光标定位于其中即可。

选择多个表格时与选择文档相同,拖动鼠标即可选择连续的多个单元格,结合【Ctrl】键可以选择不连续的多个单元格。

把光标定位到某个单元格中,切换到【布局】选项卡,在【表】组中单击【选择】下拉按钮,根据需要在弹出的下拉菜单中单击【选择单元格】、【选择列】、【选择行】或【选择表格】。

选择整行或整列时,把鼠标放在行的左侧或列的上方,当鼠标变为箭头形状时,单击鼠标即可选择一行或一列,拖动鼠标则可选择连续的多行或多列。

3. 表格复制和移动

选择表格中的行、列或单元格后,切换到【开始】选项卡,单击【复制】或【剪切】按钮。然后将光标定位到目标位置后,单击【粘贴】下拉按钮,如图

10-87所示。

在【粘贴选项】中，包括【嵌套表】、【合并表格】、【以新行的方式插入】和【只保留文本】方式。当鼠标指针移动到粘贴方式上时，会在文档表格中显示插入效果。用户根据需要单击其中一种粘贴方式即可。

4. 表格的删除和插入

将光标定位到目标位置后，切换到表格工具的【布局】选项卡，在【行和列】组中选择插入位置，如图 10-88 所示。

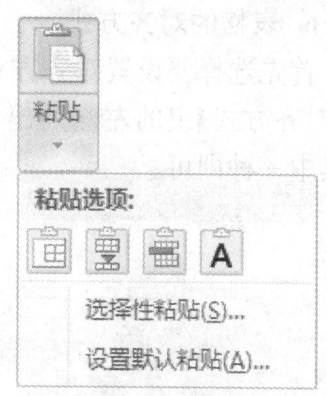

图 10-87　粘贴选项

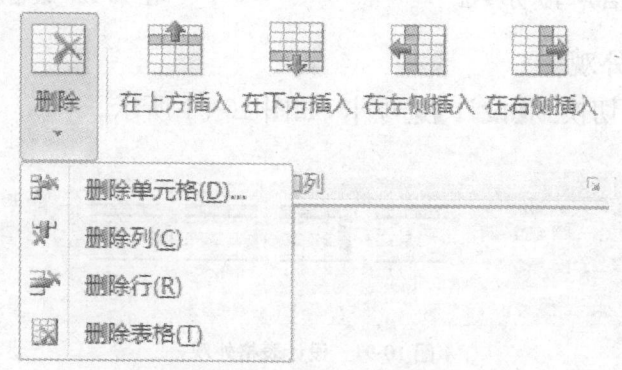

图 10-88　表格插入和删除

需要删除行、列或单元格、表格时，单击【删除】下拉按钮，在弹出的下拉菜单中选择删除方式即可。

如果需要插入一行表格，则可以根据需要选择【在上方插入】或【在下方插入】命令按钮；如果需要插入一列表格，则可以选择【在左侧插入】或【在右侧插入】命令按钮。

5. 合并与拆分单元格和表格

在 Word 中既可以把多个相邻单元格合并成一个，也可以把一个单元格拆分成多个。

合并单元格时，首先选择需要合并的多个相邻单元格，然后切换到【布局】选项卡，单击【合并】组中的【合并单元格】按钮即可，如图 10-89 所示。

拆分单元格时，首先选择需要拆分的单元格，单击【布局】选项卡的【拆分】单元格，打开【拆分单元格】对话框。在【行数】和【列数】微调框中输入拆分后的行数和列数，然后单击【确定】按钮即可。

如果需要把一个表格拆分成多个表格，则将光标定位到某行中，拆分后该行将会是下一个表格的首行，然后单击【布局】选项卡中【合并】组的【拆分表格】按钮即可。

6. 表格的对齐方式

首先选择要设置对齐方式的单元格或整个表格,然后切换到【布局】选项卡,在【对齐方式】组的左侧列出了九种对齐方式,如图 10-90 所示,用户根据需要单击其中一种即可。

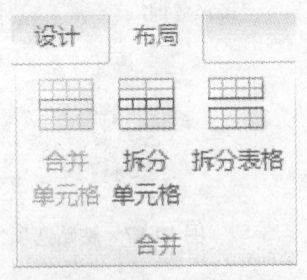

图 10-89　合并与拆分按钮

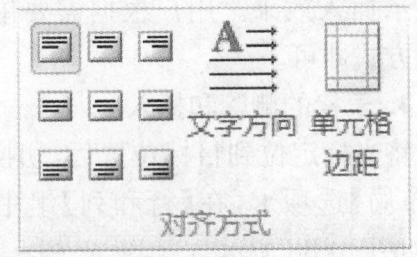

图 10-90　表格对齐方式

7. 设计表格外观

选择表格后,切换到【设计】选项卡,如图 10-91 所示。

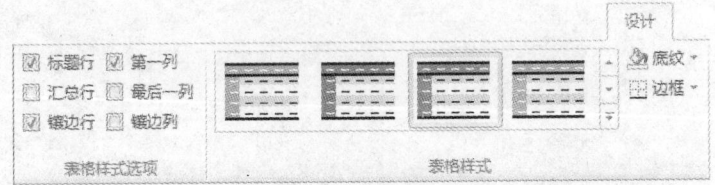

图 10-91　设计表格外观

在【表格样式】组中,选择一种表格样式可以应用到表格上。选择表格后,单击【底纹】下拉按钮,在弹出的下拉列表中可以为表格设置底纹颜色。

单击【边框】按钮,打开【边框和底纹】对话框,切换到【边框】选项卡可以为表格设置边框样式和颜色等,如图 10-92 所示。

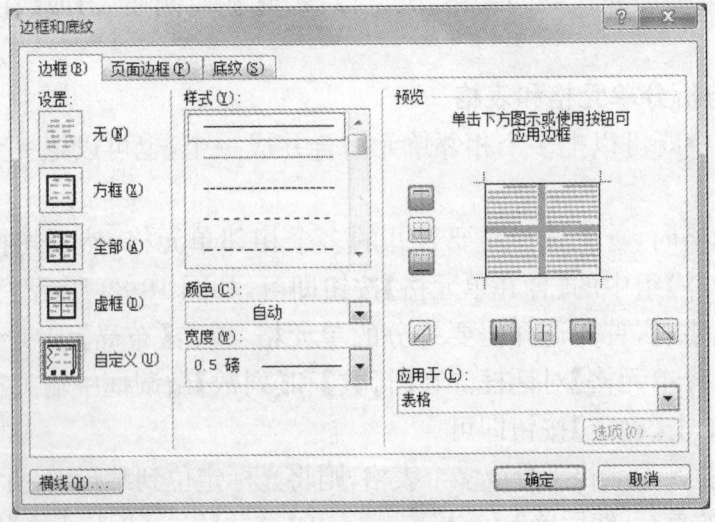

图 10-92　设置表格边框

如果切换到【底纹】选项卡，则可以为表格设置各种颜色和图案的底纹，如图 10-93 所示。

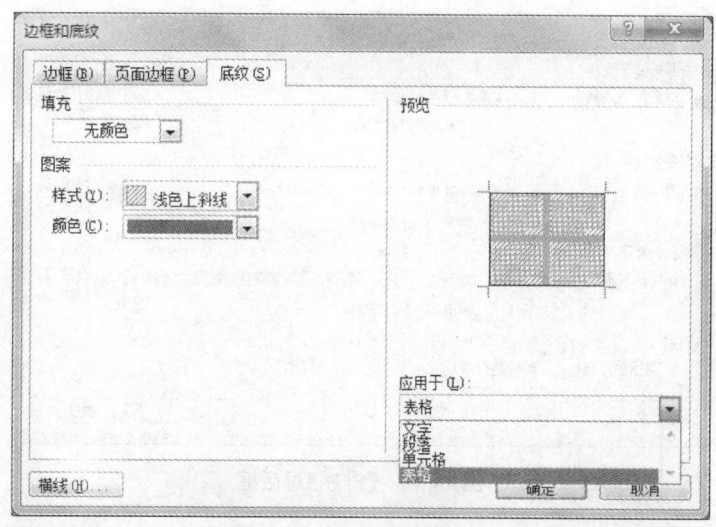

图 10-93　设置表格底纹

设置边框和底纹时，在【应用于】下拉列表中选择【表格】是对整个表格进行设置，如果选择【单元格】则是对选定的单元格进行设置。

8. 调整单元格大小

表格建立之后，可以调整每行的高度和每列的宽度。选择单元格之后，切换到【布局】选项卡，可以在【单元格大小】组中的【高度】微调框中输入单元格所在行的高度，在【宽度】微调框中可以设置所选单元格的宽度，如图 10-94 所示。

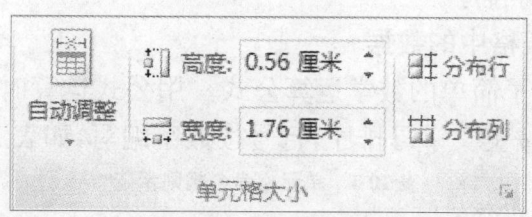

图 10-94　设置单元格大小

选择多个连续单元格后，单击【分布行】按钮会使所选单元格所在的行高平均分布，单击【分布列】则会使所选单元格在列上平均分布。

10.5.3　表格中数据的操作

如果表格中有数据，那么可以对数据进行简单的数学操作。

1. 表格中数据的排序

Word 提供对表格中的数据按拼音、笔画、日期或数字等进行排序的功能。选择表格,切换到【布局】选项卡,单击【数据】组中的【排序】按钮,打开【排序】对话框,如图10-95所示。

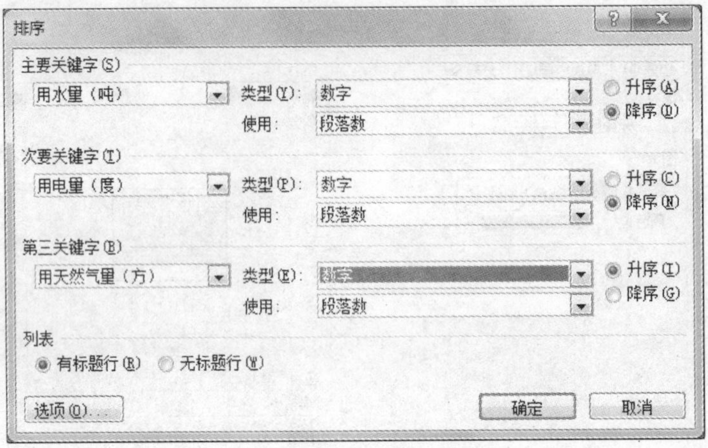

图10-95 【排序】对话框

如果有标题行,则选择【有标题行】单选按钮,否则选择【无标题行】单选按钮。然后在【主要关键字】下拉列表中选择排序的主关键字,主要关键字不能为空。在【次要关键字】和【第三关键字】下拉列表中选择次要关键字和第三关键字,这两项可以为空。分别在关键字右侧的【类型】下拉列表中选择关键字的数据类型,并选择按升序还是降序排列。设置完成后单击【确定】按钮,表格中的数据即可自动排序。

如果需要对表格中的一部分数据排序,则可以选择要排序的行,之后单击【排序】按钮对所选行进行排序。

2. 用公式计算表格中的数据

在Word中提供了简单的数学运算公式。用公式运算时,对单元格的命名按列号行号编写,列号按英文字母排序,行号按数字编写,如表10-1所示。

表10-1 单元格命名规则示范

	A	B	C	D	E
1	A1	B1	C1	D1	E1
2	A2	B2	C2	D2	E2
3	A3	B3	C3	D3	E3
4	A4	B4	C4	D4	E4

将光标定位于需要填写运算结果的单元格中,然后切换到【布局】选项卡,单击【数据】组中的【公式】按钮,打开【公式】对话框,如图10-96所示。

在【公式】文本框中,默认函数为SUM(ABOVE),即光标所在单元格上面所有数字的求和。如果不需要求和,则要将默认的公式删掉,但是"="符号要保留。

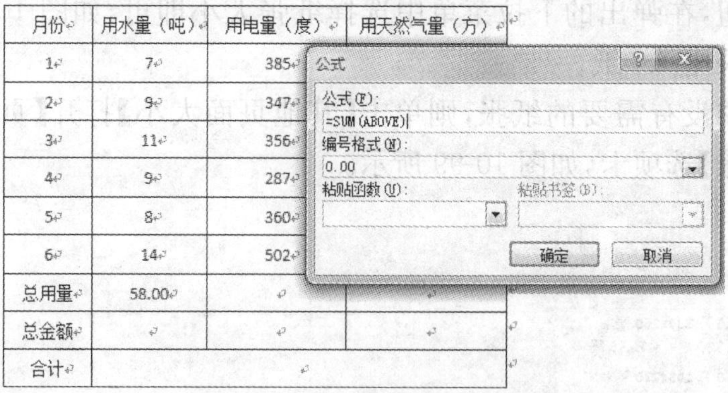

10 使用办公软件丰富退休生活 275

图 10-96 用公式计算单元格数据

然后单击【粘贴函数】下拉列表,在弹出的下拉列表中选择需要的函数,将函数粘贴到【公式】文本框中,并在函数后的括号中输入参数,如图 10-97 所示。

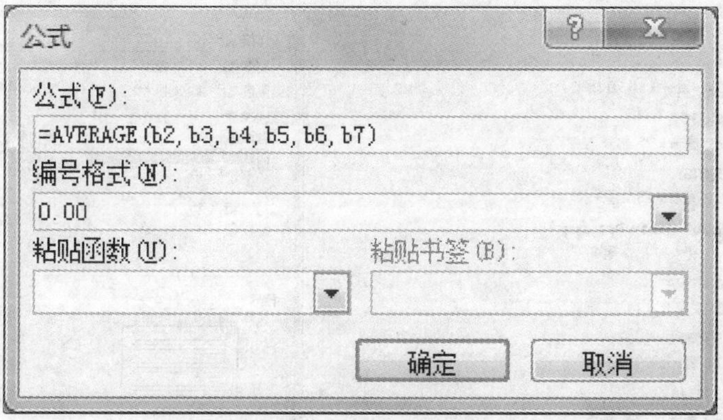

图 10-97 粘贴函数示例

函数参数是参与运算的单元格的名称,参数之间用逗号隔开,这里的逗号必须是英文输入法下的逗号。在【编号格式】下拉列表中可以设置数据的格式。设置完毕后单击【确定】按钮,函数结果即可出现在当前单元格中。

10.6 把文章打印在纸上

10.6.1 页面设置

如果文档需要打印出来,那么用户就要做些设置工作,比如设置纸张大小、纸张方向和页边距等。

1. 设置纸张大小

打开需要打印的文档后,切换到【页面布局】选项卡,单击【页面设置】组中的

【纸张大小】按钮，在弹出的下拉菜单中选择纸张大小即可，如图 10-98 所示。一般公文文档多采用 A4 纸。

如果菜单中没有需要的纸张，则单击【其他页面大小】打开【页面设置】对话框，切换到【纸张】选项卡，如图 10-99 所示。

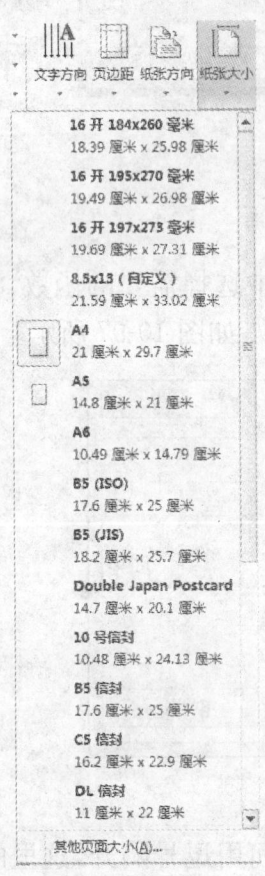

图 10-98 选择纸张大小

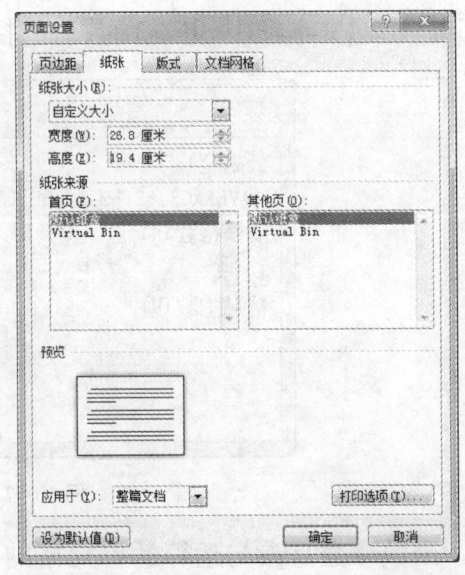

图 10-99 【页面设置】对话框-【纸张】选项卡

如果文档中有【下一页】分节符，则用户可以在【应用于】下拉列表中选择【本节】，然后为本节设置纸张大小，从而可以为每节设置不同的纸张大小。用户既可以在【纸张大小】下拉列表中选择纸张大小，也可以先单击【自定义大小】命令，然后在【宽度】和【高度】微调框中输入纸张的宽度和高度。设置完毕后，单击【确定】按钮即可。

2. 设置纸张方向

切换到【页面布局】选项卡，单击【纸张方向】按钮，在弹出的下拉菜单中选择【横向】或【纵向】。

3. 设置页边距

页边距就是文档编辑区域的边缘与纸张边缘的距离。在【页面布局】选项卡中单击【页边距】按钮,在弹出的下拉菜单中选择合适的页边距即可,如图 10-100 所示。

用户也可以在弹出的下拉菜单中选择【自定义边距】命令,打开【页面设置】对话框,切换到【页边距】选项卡,如图 10-101 所示。

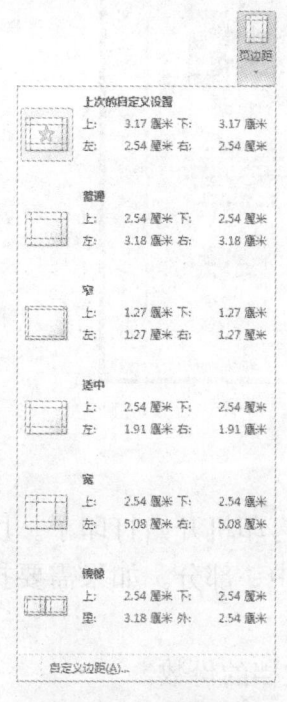

图 10-100 设置页边距

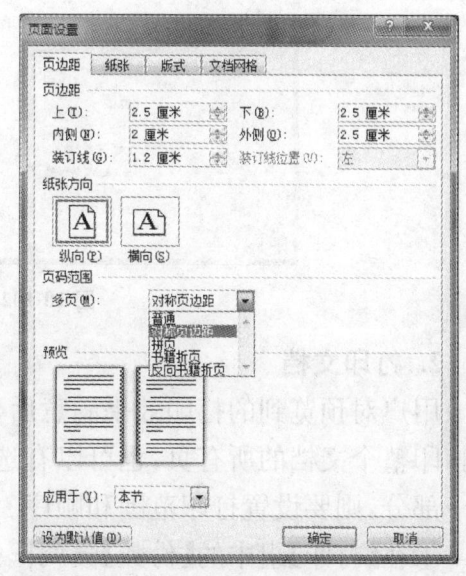

图 10-101 【页面设置】对话框-【页边距】选项卡

先在【应用于】下拉列表中选择设置的应用范围,然后在【页边距】组中设置上、下、内侧、外侧的页边距,在【装订线】微调框中输入装订线的宽度,在【装订线位置】下拉列表中选择装订线在左边还是上边。在【页边距】选项卡中也可以设置纸张的方向。在【页码范围】下拉列表中可以设置页边距的格式。页边距格式一般选择【普通】即可;如果选择【对称页边距】,则打印时相邻两页的左右页边距是对称的,适用于双面打印并需要侧面装订的情况;【拼页】则是相邻两页的上下页边距对称。

10.6.2 打印文档

1. 打印预览

对于已设置好页面的文档,打印之前可以预览到其效果。切换到【文件】选项卡,单击【打印】按钮,如图 10-102 所示,在打印窗口右侧可以预览到打印效果。用户如果对打印效果不满意,则可以单击中间窗口的【页面设置】,打开【页面设置】对话框重新设置。

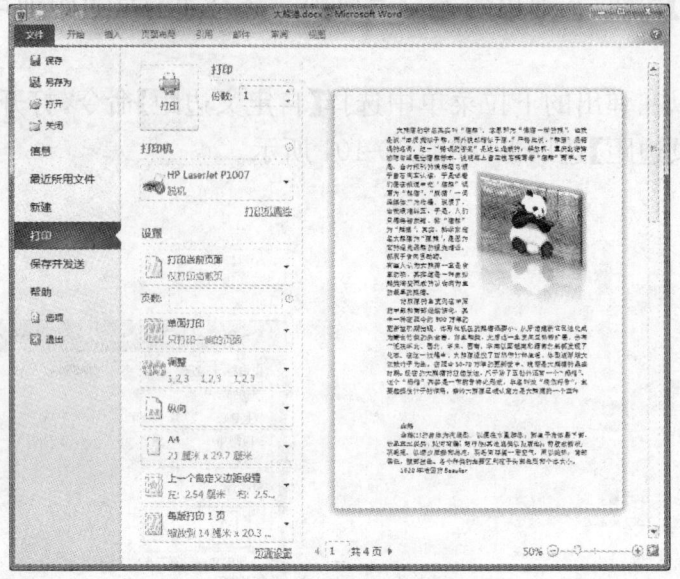

图 10-102　打印预览文档

2. 打印文档

用户对预览到的打印效果满意后，就可以连接打印机开始打印了。用户既可以打印整个文档的所有页，也可以有选择地打印其中一部分。如果需要打印文档的一部分，则要设置打印范围和顺序。

①在【打印】组中的【份数】微调框中设置打印文档的份数。

②切换到【文件】选项卡，单击【打印】命令，在中间窗口可以设置打印范围和顺序，单击【设置】组的打印范围按钮，在下拉列表中选择打印范围，如图 10-103 所示。

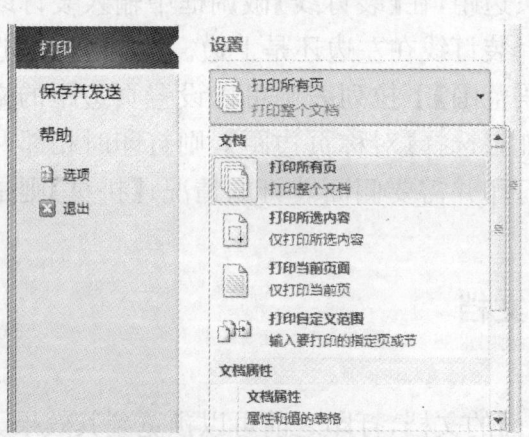

图 10-103　设置打印范围

用户既可以选择【打印所有页】打印整个文档；也可以选择【打印当前页】只打

印当前一页；如果在文档中选择了内容，则可以选择【打印所选内容】来打印所选内容。单击【打印自定义范围】，并在下面的【页数】文本框中输入页码或页码范围，页码之间用逗号隔开，页码范围的起止页码间用短横线隔开。例如"1，3，5-12"（第1页、第3页和第5至12页），"p1s1，p1s2"（打印第1节第1页和第2节第1页），"p1s2-p3s5"（打印第2节第1页至第5节第3页）。

③默认情况下，在纸张的单面打印，打印完一页后自动打印下一页。如果需要双面打印，则可以单击【单面打印】按钮，如图10-104所示。在下拉菜单中选择【手动双面打印】，则会在打印完一面以后提示换面。

④当打印多份时，打印顺序默认为逐份打印，即打印完一份后再打印另一份。如果用户单击【调整】按钮，在下拉列表中选择【取消排序】，则打印顺序是逐页打印，即打印完一页的多份后再打印另一页的多份。

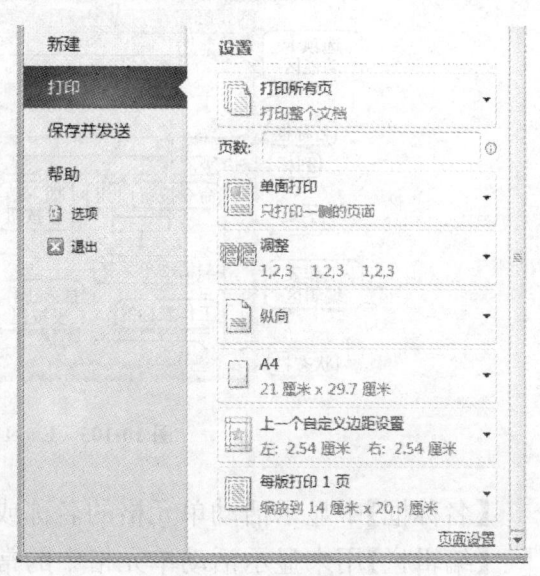

图10-104　打印设置

⑤打印时，默认每版打印一页。如果需要缩放打印，则可以单击【每版打印1页】按钮，在下拉列表中选择缩放版式。设置完毕后，单击【打印】按钮，即可开始打印。

10.7　Excel入门

10.7.1　认识Excel

Excel是Microsoft公司推出的功能强大的电子表格处理软件，是Office办公软件的重要组件之一，主要用于对数据进行处理与分析。

工作簿是Excel 2010用来存储和处理数据的文件，扩展名是xlsx。

工作表是工作簿的重要组成部分，一个工作簿中可以包括一个或多个工作表，用户的所有操作都是在各个工作表中进行的。当前正在编辑的工作表称为活动工作表。

每个工作表由1 048 576行和16 384列组成，列和行交叉形成的每个网格称为单元格。列的标号以字母A、B、C、……、Z或字母组合AA、AB、AC、……、AZ、

BA、BB、BC……表示，行号用自然数 1、2、3、……表示；单元格则以其所处位置的列号和行号来表示，如 B7、AC37 等。

Excel 2010 工作界面如图 10-105 所示。

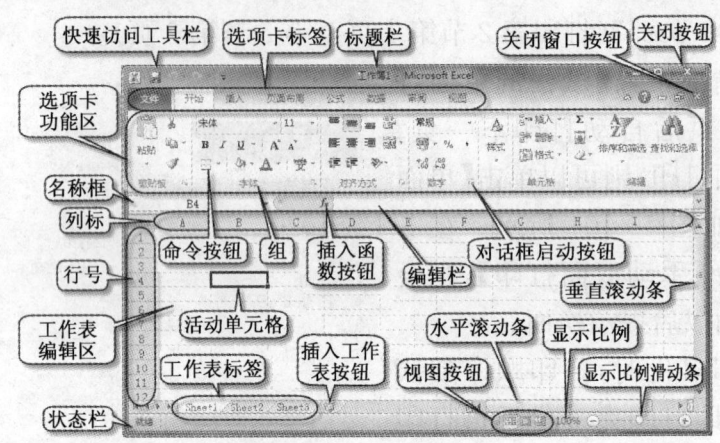

图 10-105　Excel 2010 工作界面

【名称框】中显示活动单元格的名称或所选区域的行数×列数。

【编辑栏】用来显示活动单元格中的常数、公式或文本内容等。

【工作表编辑区】是指由单元格组成的区域，是编辑数据的区域。

【工作表标签】用来显示工作表的名称。

【行号】和【列标】是该行和该列的编号。

【活动单元格】是当前正在编辑的单元格。每张工作表某一时刻只有一个活动单元格，在屏幕上以粗黑框显示。

【插入函数】按钮可以用来插入函数。

【插入工作表】按钮用来在工作簿中插入新的工作表。

其他界面元素与 Word 界面元素相同，在此不再赘述。

10.7.2　启动、退出 Excel 2010

1. 启动 Excel 2010

启动 Excel 2010 的常用方法有以下三种。

方法一：单击【开始】按钮→【所有程序】→【Microsoft Office】→【Microsoft Office Excel 2010】，即可启动 Excel 2010 程序。

方法二：双击桌面上的 Excel 2010 快捷方式图标，即可启动 Excel 2010 程序。

方法三：双击桌面上或文件夹中要打开的 Excel 工作簿即可。

提示：方法一和方法二在启动 Excel 2010 的同时会自动建立一个新的空白工作簿，命名为"工作簿 1"。

2. 退出 Excel 2010

退出 Excel 2010 时，单击【文件】选项卡，在弹出的菜单中单击【退出】命令或单击窗口右上角的【关闭】按钮 即可。

10.7.3 创建新工作簿

启动 Excel 时，系统会自动创建一个空白工作簿，并临时命名为"工作簿×"。用户也可以根据需要自己创建新的工作簿，操作如下：

切换到【文件】选项卡，单击【新建】命令。在【可用模板】窗格中选择【空白工作簿】，单击右侧列表框中的【创建】按钮，即可新建一个工作簿，如图 10-106 所示。

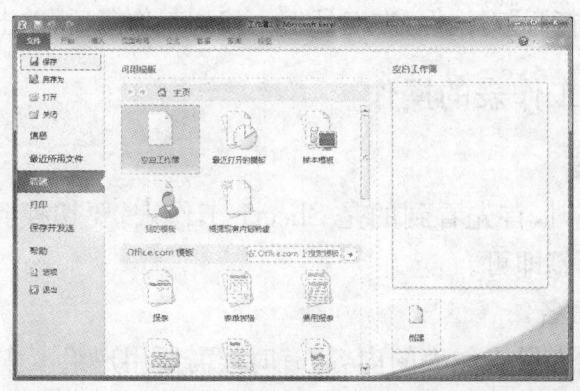

图 10-106 创建新的工作簿

默认情况下新创建的工作簿中包含三个工作表，分别命名为"Sheet1"、"Sheet2"、"Sheet3"。如果需要，用户也可以修改默认的新建工作簿中工作表的数量。切换到【文件】选项卡，在弹出的菜单中单击【选项】命令，打开【Excel 选项】对话框，如图 10-107 所示。单击左侧【常规】命令，然后在右侧【包含的工作表数】微调框中设置所需的数值即可。

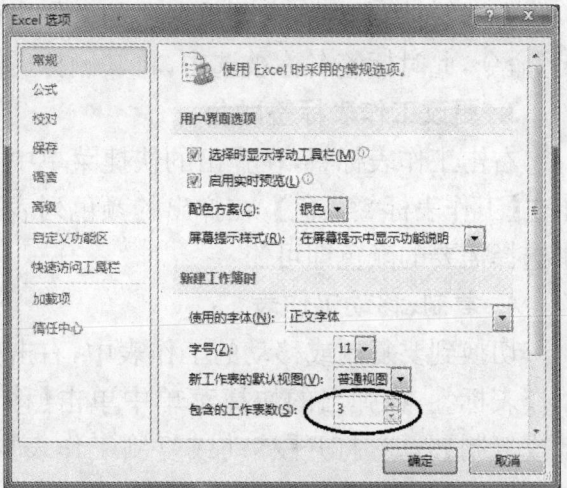

图 10-107 【Excel 选项】对话框

10.7.4 保存、关闭和打开工作簿

1. 保存工作簿

保存工作簿时，切换到【文件】选项卡，单击【保存】按钮，打开【另存为】对话框，然后找到要保存工作簿的目录，在【文件名】文本框中输入工作簿的名称，单击【保存】按钮即可。单击快速工具栏中的【保存】按钮，同样可以打开【保存】对话框进行保存。

2. 关闭工作簿

要关闭当前工作簿，可以先切换到【文件】选项卡，然后单击【关闭】命令，或单击窗口右上角的【关闭窗口】按钮即可。如果工作簿尚未保存，则在关闭时会提示保存。

3. 打开工作簿

启动 Excel 后，要打开磁盘上的工作簿，首先要切换到【文件】选项卡，然后单击【打开】命令，打开【打开】对话框，在对话框中找到工作簿后，单击【打开】按钮即可。

10.7.5 对工作表的操作

1. 切换工作表

新创建工作表时，首先看到的是 Sheet1 工作表，要切换到其他工作表中，单击相应工作表的标签即可。

2. 工作表重命名

为了更直观地表示工作表的内容，有时候需要用户给工作表重新命名。

方法一：切换到要重命名的工作表中，双击该工作表标签，当其名称为选中状态或光标定位在标签中时，将原来的名称删掉输入新的名称即可。

方法二：用鼠标右击要重命名的工作表标签，在弹出的快捷菜单中单击【重命名】命令，此时标签名称被选中，将其删掉后输入新名称即可。

3. 更改工作表标签颜色

右击工作表标签，在弹出的快捷菜单中单击【工作表标签颜色】，在弹出的颜色列表中选择需要的颜色即可。

4. 复制、移动工作表

切换到要复制或移动的工作表中，右击工作表标签，在弹出的快捷菜单中单击【移动或复制】命令，打开【移动或复制工作表】对话框，如图 10-108 所示。

如果需要复制所选工作表，则要勾选

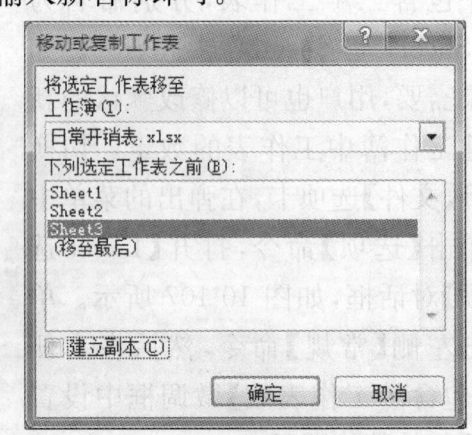

图 10-108 【移动或复制工作表】对话框

【建立副本】复选框;移动所选工作表时则不要勾选该复选框。

在【将选定工作表移至工作簿】下拉列表中列出了当前工作簿的名称和已经打开的所有工作簿的名称以及【新工作簿】选项。

选择【新工作簿】后单击【确定】按钮会新建一个工作簿,并将所选工作表复制或移动到其中。

如果要将所选工作表复制或移动到其他工作簿中,或在本工作簿中复制或移动,则单击相应工作簿名称,并在【下列选定工作表之前】列表中选择目标位置,单击【确定】按钮即可。

5. 插入、删除工作表

(1)插入工作表

方法一:单击工作表标签后面的【插入工作表】按钮,在最后位置插入一个新的工作表。

方法二:切换到【开始】选项卡,单击【单元格】组中的【插入】下拉按钮,在弹出的下拉菜单中选择【插入工作表】命令,则可以在当前活动工作表前面插入一个新的工作表。

方法三:右击工作表标签,在弹出的快捷菜单中选择【插入】命令,打开【插入】对话框,切换到【常用】选项卡,选择【工作表】,单击【确定】按钮即可。

(2)删除工作表

方法一:切换到【开始】选项卡,单击【单元格】组中的【删除】下拉按钮,在下拉菜单中选择【删除工作表】即可以把当前工作表删除。

方法二:右击要删除的工作表标签,在弹出的快捷菜单中单击【删除】命令即可。

10.8　编辑 Excel 电子表格

10.8.1　输入数据

1. 输入方法

选定单元格使其成为活动单元格后,可输入数据或文本,输入完成后单击【Enter】键。或选择单元格后,将光标定位于编辑栏中,输入或修改数据或文本后单击编辑栏左侧的输入按钮。

2. 显示

当输入的内容超出了单元格宽度时,如果右侧相邻的单元格中没有任何内容,则超出的部分延伸到右侧单元格中;如果右侧相邻单元格中有内容,则超出部分被隐藏起来,增加列宽或设置单元格自动换行即可全部显示。设置自动换行的方法是选择单元格后,切换到【开始】选项卡,单击【对齐】组中的【自动换行】按钮。

当输入一个较长的数字时,单元格中将以科学计数法表示(如 1.23E+17)。如果表格中填满了"♯"号时,表示该列宽度不够,调整列宽即可。

3. 输入有格式要求的数据

(1)数字 输入负数时,在数字前面加一个"-"号,或者将数字用"( )"括起来。例如:负数"-8"可以输入"-8",也可以输入"(8)"的形式。

输入分数时,要在分数前面加上"0"和一个空格,否则系统会认为是日期。例如:2/3 的输入格式是"0 2/3"。

输入小于 1 的小数时,可以省略整数位的"0"。例如:0.123 可以输入为".123"。

(2)日期和时间 输入日期时,通常以"/"或"-"分隔年、月、日。年份通常以两位数来表示,如果输入时省略了年份,则系统会默认为当前的年份。例如:2012 年 3 月 13 日的输入格式为"12/3/13"或"12-3-13"。

输入时间时,用":"(英文半角状态的冒号)分隔时、分、秒。例如:3 时 45 分 23 秒输入为"3:45:23"。用户使用十二小时制来显示时间时,如果是上午输入时间,其时间后要加上空格和"AM",如果是下午则要加上空格和"PM"。

如果在同一个单元格中输入日期和时间,则要将日期和时间用空格分隔。

4. 输入特殊符号

在实际应用中可能会需要输入特殊符号,如℃、‰等。用户可以用软键盘输入,也可以切换到【插入】选项卡,单击【符号】组中的【符号】按钮,打开【符号】对话框,从符号列表中选择需要的特殊符号,然后单击【插入】按钮。

5. 快速填充数据

很多时候用户需要在连续多个表格中填入相同内容或有规律的序列等,用 Excel 的自动填充功能就可以快速实现。

(1)填充相同内容 首先将需要重复填充的数字输入到填充区域的第一个单元格中,然后选中该单元格,其周围出现黑色粗线框,并且在右下角有一个黑色的小方块——填充控制点,如图 10-109 左图所示。

将鼠标指针移到填充控制点上,当鼠标指针变为"十"字时,左右或上下拖动鼠标,在同一行或同一列上会有一个虚线框跟随鼠标指针移动,该虚线框就是放开鼠标后的填充区域,如图 10-109 中、右图所示。

以上方法适用于相同数字填充同一行或同一列单元格。如果在填充区域的

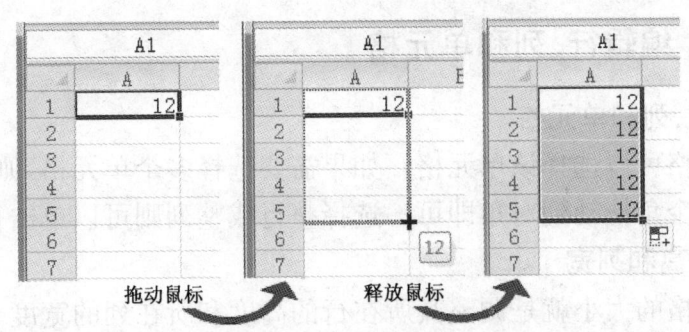

图 10-109　拖动鼠标填充单元格

第一个单元格输入的不是数字而是"星期一"、"一月"、"汉字或字符与数字结合"的格式,如:"房间 101",则拖动鼠标的同时要按住【Ctrl】键才能填充相同内容,否则将产生一个"星期一"到"星期日"或"一月"到"十二月"的循环序列,或根据单元格中的数字产生等差序列。

(2)填充序列　有时需要用户在单元格中填充一些序列,如等差、等比序列,日期等。操作方法如下:

在填充区域的第一个单元格中输入序列中的第一个数据,并选定该单元格。切换到【开始】选项卡,单击【编辑】组中的【填充】下拉按钮,在弹出的下拉菜单中选择【系列】命令,打开【序列】对话框,如图 10-110 所示。

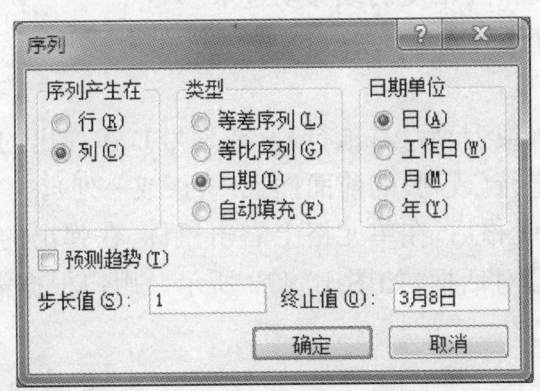

图 10-110　【序列】对话框

在【序列产生在】中选择序列产生的方向;在【类型】中选择序列的类型;在【步长值】文本框中输入序列的步长,即相邻两个单元格数据的差或比值;在【终止值】文本框内输入序列的最后一个数值。如果用户在打开【序列】对话框之前选定了填充区域,则【终止值】可以为空。单击【确定】按钮。

选择【日期】类型,当【日期单位】选择【日】、【月】、【年】时,序列按日、月、年增加;选择【工作日】时,序列中将不包括星期六和星期日。

10.8.2　编辑行、列和单元格

1. 选择行、列和单元格

单击单元格可以选择该单元格。如果需要选择多个单元格，则将鼠标指针从被选区域的一个角拖动到对角即可。选择整行或整列则可以单击行号或列号。

2. 调整行高和列宽

调整单元格的大小就是调整其所在行的高度和所在列的宽度。

把鼠标指针移到行号上方或下方，当鼠标指针变为带上下方向箭头的十字"✛"形状时，上下拖动鼠标可以调整行高；把鼠标指针移到列号左侧或右侧，当鼠标指针变为带左右方向箭头的十字"✛"形状时，左右拖动鼠标可以调整列宽。

用户也可以精确地设置行高和列宽。设置行高（或列宽）时，右击行号（或列号），在弹出的快捷菜单中单击【行高】（或【列宽】）命令，打开【行高】（或【列宽】）对话框，输入行高（或列宽）后单击【确定】按钮即可，如图 10-111 所示。

3. 复制和移动

首先选择需要复制或移动的行、列或单元格，切换到【开始】选项卡，单击【剪贴板】组中的【复制】或【剪切】按钮。然后单击目的区域中的第一个单元格，再单击【粘贴】按钮即可将单元格复制或移动过来。

4. 插入和删除行、列或单元格

（1）插入操作

方法一：选择行（或列）后，右击行号（或列号），在弹出的快捷菜单中单击【插入】命令，则会在选定行（或列）的前面插入一行（或一列）。

方法二：选择单元格后，在单元格上右击鼠标，在弹出的快捷菜单中单击【插入】命令，打开【插入】对话框，如图 10-112 所示。用户根据需要选择一个单选按钮，单击【确定】即可。

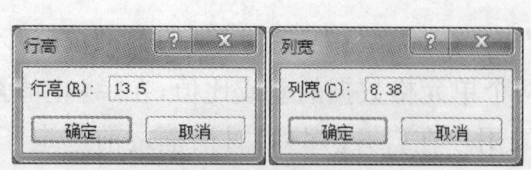

图 10-111　【行高】和【列宽】对话框

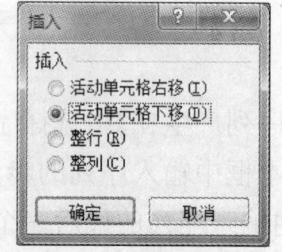

图 10-112　【插入】对话框

选择单元格后切换到【开始】选项卡，在【单元格】组中单击【插入】→【插入单元格】也可以打开【插入】对话框。

(2)删除操作

方法一:选择行、列或单元格后,按【Delete】键可以清除其内容。

方法二:选择行(或列)后,右击选择的行(或列),在弹出的快捷菜单中单击【删除】命令可以删除该行(或该列)。

方法三:选择单元格后,右击该单元格,在弹出的快捷菜单中单击【删除】命令,打开【删除】对话框,如图10-113所示。用户根据需要选择单选按钮,单击【确定】即可。

5. 合并单元格

实际应用中,有时需要把多个单元格合并成一个单元格。选择需要合并的多个连续单元格,切换到【开始】选项卡,在【对齐方式】组中单击【合并后居中】下拉按钮,打开下拉菜单,如图10-114所示。

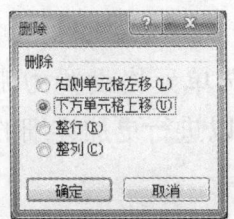

图10-113 【删除】对话框

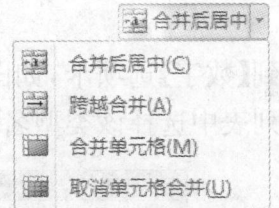

图10-114 合并单元格菜单

下拉菜单中有四个命令项,用户根据需要选择一个即可。

【合并后居中】是将选择的多个单元格合并成一个较大的单元格,并将新单元格的内容居中,通常用于创建跨列标签,如图10-115所示。

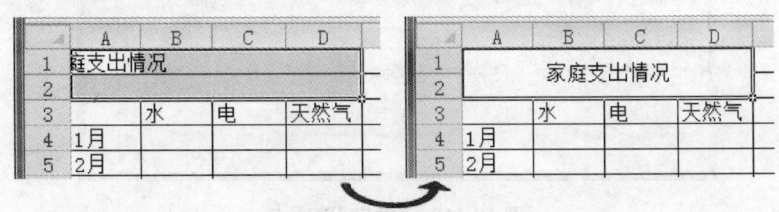

图10-115 单元格合并后居中

【跨越合并】是将所选单元格的每行合并成一个大单元格,如图10-116所示。

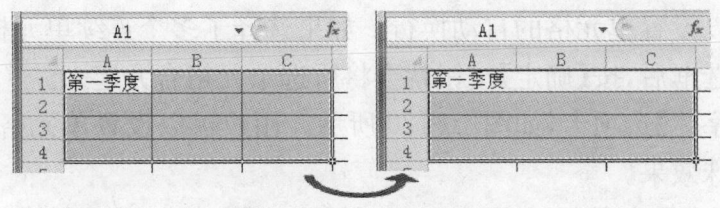

图10-116 单元格跨越合并

【合并单元格】是将所选单元格合并为一个单元格，如图 10-117 所示。

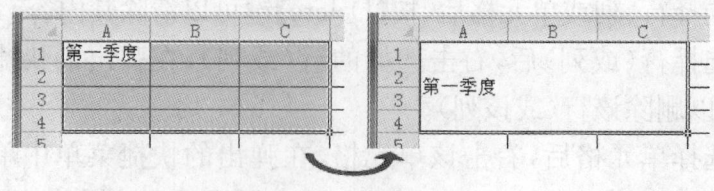

图 10-117　合并单元格

选择合并后的单元格，单击【取消单元格合并】会将合并操作取消。

6. 设置单元格格式

选择单元格后，切换到【开始】选项卡，在【单元格】组中单击【格式】下拉按钮，在弹出的下拉菜单中单击【设置单元格格式】命令，打开【设置单元格格式】对话框，可以设置所选单元格的数据格式、对齐方式、字体格式、边框、填充颜色和效果等。

切换到【数字】选项卡，如图 10-118 所示。将所选单元格设置为哪类数据就从【分类】列表中选择该类型名称，然后在右侧窗口可以进行更加详细的设置。

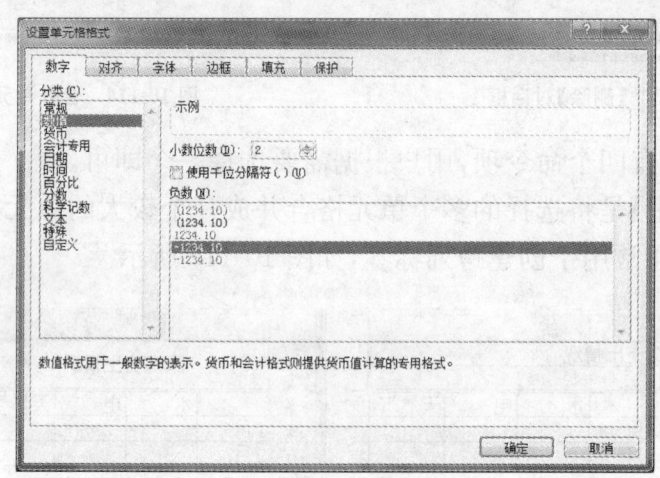

图 10-118　【数字】选项卡

切换到【对齐】选项卡，如图 10-119 所示。用户可以设置文本的水平对齐方式和垂直对齐方式，并且可以在【方向】框中通过直观旋转来设置文本方向，在【文本控制】中可以设置单元格的自动换行。如果选择了多个连续单元格，则勾选【合并单元格】复选框后，按【确定】按钮就会将所选单元格合并起来。

切换到【字体】选项卡，如图 10-120 所示。用户可以设置单元格内的字体、字形、字号及特殊效果。

切换到【边框】选项卡，如图 10-121 所示。用户可以设置所选单元格的边框格式、样式以及边框线颜色等。

10 使用办公软件丰富退休生活

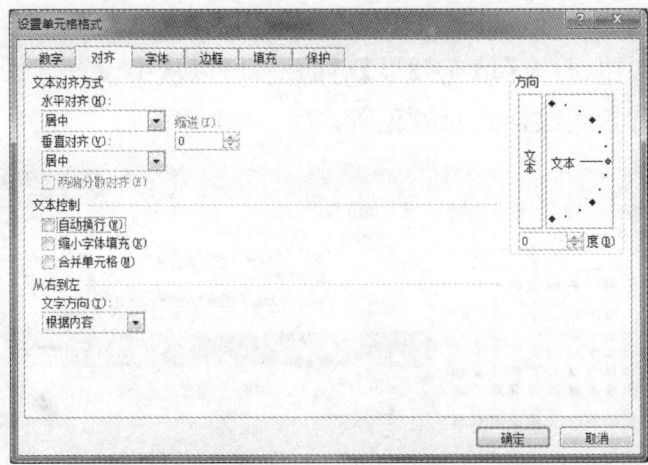

图 10-119 【对齐】选项卡

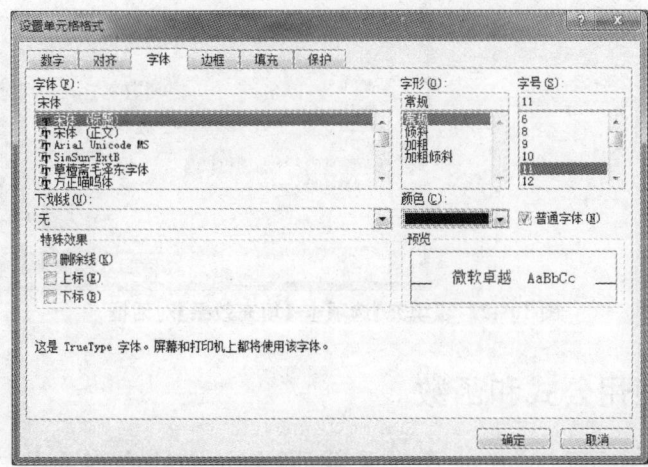

图 10-120 【字体】选项卡

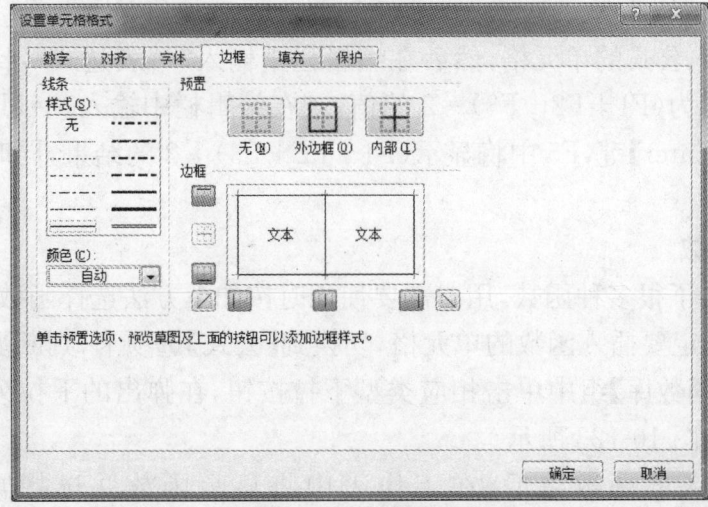

图 10-121 【边框】选项卡

切换到【填充】选项卡，如图10-122所示。用户可以为单元格设置背景颜色，单击【填充效果】按钮，打开【填充效果】对话框，可以从中设置背景色的效果，也可以设置单元格的背景底纹样式及颜色等。

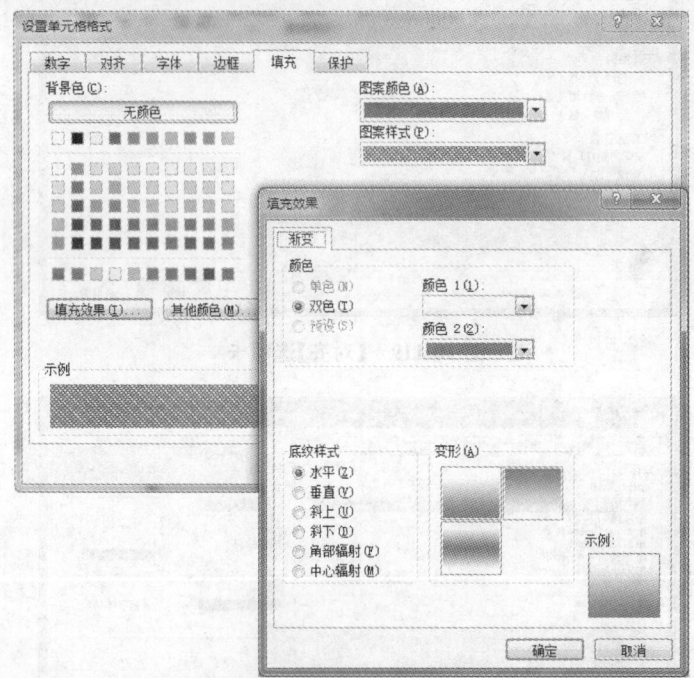

图10-122 【填充】选项卡-【填充效果】对话框

10.8.3 使用公式和函数

在Excel表格中可以输入公式或函数，即单元格的内容为公式或函数计算的结果。

1. 输入公式

选定要输入公式的单元格，然后在编辑栏中输入"＝表达式"，比如要使单元格F5中的内容为(F1＋F2＋F3)＊2的值，则在编辑栏中输入"＝(F1＋F2＋F3)＊2"，然后按【Enter】键，F5中将显示(F1＋F2＋F3)＊2的结果，同时编辑栏也将显示此公式。

2. 插入函数

Excel提供了很多种函数，用户需要使用时按如下方法选择函数即可。

方法一：选定要插入函数的单元格，切换到【公式】选项卡，判断要插入的函数类型，然后在【函数库】组中单击相应类型下拉按钮，在弹出的下拉列表中选择要插入的函数，如图10-123所示。

选择要插入的函数之后，在工作表中将显示函数并选择默认参数，如图10-124所示。

10　使用办公软件丰富退休生活　　　　291

图 10-123　输入函数-1

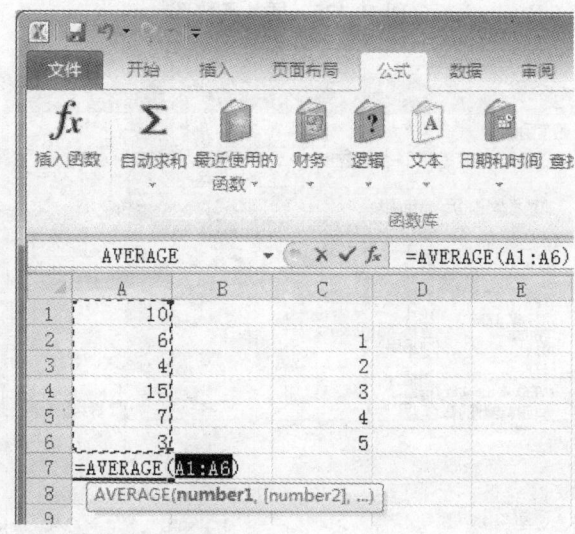

图 10-124　插入函数-2

　　接下来,拖动鼠标选择参与运算的单元格,在函数参数列表中会出现单元格名称,并且光标在参数后面闪烁,然后按【Enter】键即可得出函数结果。
　　如果参与运算的单元格不是连续的,则选择一部分单元格后,在函数参数列表后输入逗号,继续选择下一部分单元格,如图 10-125 所示。
　　选择完所有参数后,按【Enter】键即可。
　　方法二:首先选定要插入函数的单元格,然后单击编辑栏左侧的【插入函数】按钮 f_x,打开【插入函数】对话框,如图 10-126 所示。
　　在【或选择类别】下拉列表中选择需要的函数所属的类别,在【选择函数】列表中会显示该类别的所有函数,选择需要的函数后单击【确定】按钮,打开【函数参数】对话框,如图 10-127 所示。

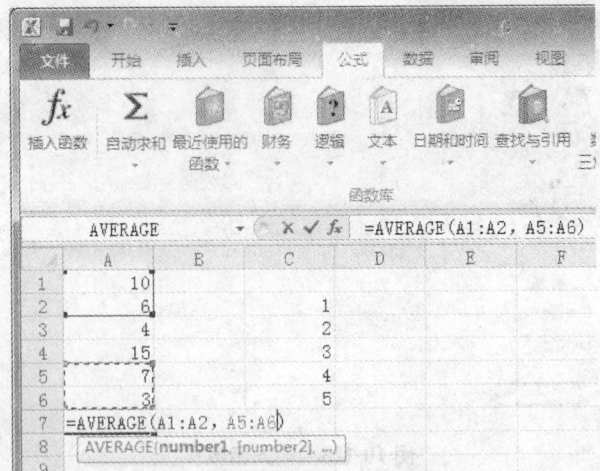

图 10-125　插入函数-3

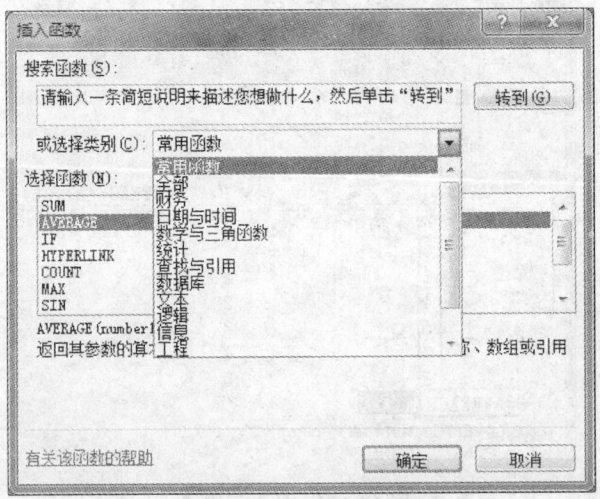

图 10-126　【插入函数】对话框

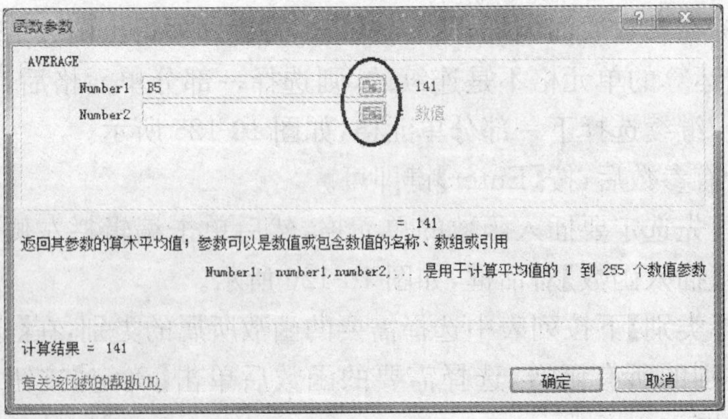

图 10-127　【函数参数】对话框

单击【Number1】右侧的折叠按钮进入选择参数状态,【函数参数】对话框将折叠起来,如图 10-128 所示。

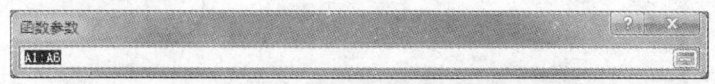

图 10-128　折叠【函数参数】对话框

拖动鼠标选择参与运算的单元格,再次单击【折叠】按钮,对话框展开恢复原状。

如果参与运算的单元格不在同一个连续区域内,则在【Number1】中选择了一个区域后,单击【Number2】右侧的折叠按钮选择下一个区域,……,直至选择完所有参数为止。最后单击【确定】按钮即可。

3. 公式或函数的自动填充

如果对多个连续单元格使用相同的函数,则可以把函数自动填充。选择输入的第一个函数,然后左右或上下拖动其控制点,即可将函数填充到同一列或同一行其他单元格中。填充公式或函数时,参数会保持与被填充单元格的相对位置。例如,如果公式是"F5=(F1+F2)*3",那么将它填充到单元格 G5 中,就是"G5=(G1+G2)*3"。

10.8.4　对数据操作

Excel 电子表格主要用于处理数据,用户经常会需要用其对数据进行排序、筛选、分类汇总等。

1. 数据排序

在 Excel 工作表中对数据排序时,如果只有一列数据,则在选择参与排序的区域后,单击【数据】选项卡中【排序和筛选】组的【升序】按钮或【降序】按钮即可。

对有多个关键字的表格排序时,首先选择排序区域,然后切换到【数据】选项卡,单击【排序和筛选】组中的【排序】按钮,打开【排序】对话框,如图 10-129 所示。

在【排序】对话框中单击【主要关键字】下拉按钮,在下拉列表中选择排序的主要关键字;在【排序依据】下拉列表中选择排序的依据;在【次序】下拉列表中选择升序排序还是降序排序,最后单击【确定】按钮即可。

单击【添加条件】按钮可以添加次要关键字,如图 10-130 所示。用同样的方法设置好次要关键字,然后单击【确定】按钮即可。

系统默认排序的方向是按列排序,如果用户需要按行排序,则单击【选项】按钮,打开【排序选项】对话框,如图 10-131 所示。用户可以设置排序方向和排序方法。

中老年人学电脑·基础篇

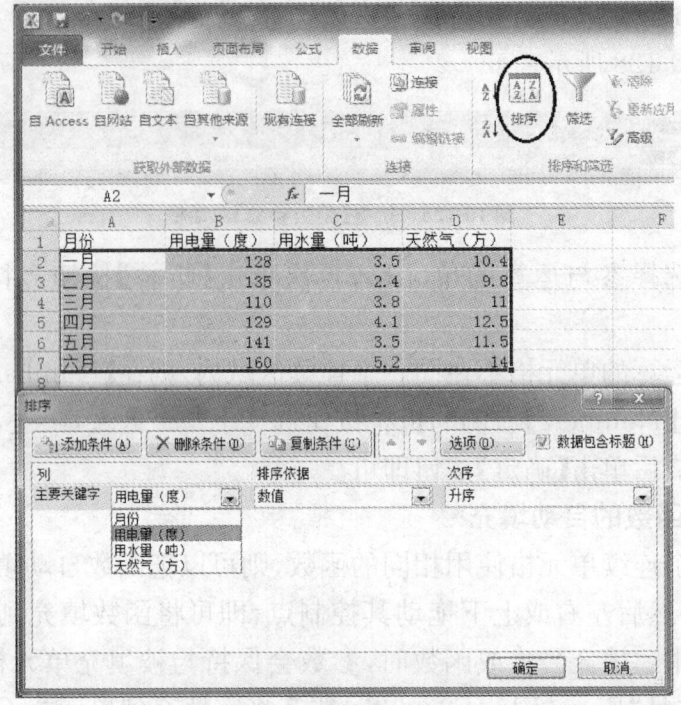

图 10-129　数据排序

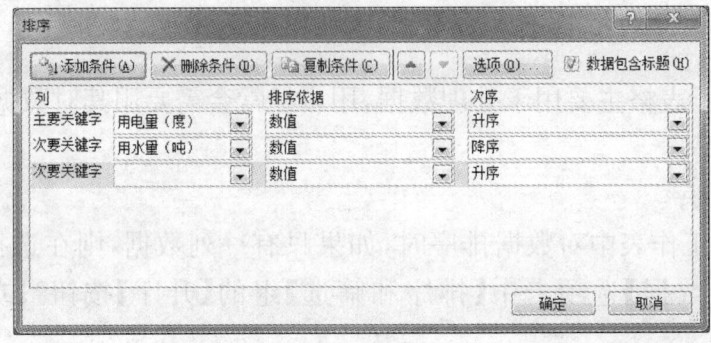

图 10-130　在【排序】对话框中添加条件

2. 数据筛选

数据筛选就是筛选出满足某种条件的数据。

(1)自动筛选　首先选择数据区域,然后切换到【数据】选项卡,单击【排序和筛选】组中的【筛选】按钮,则在数据区域的每列都会出现一个下拉按钮。单击某列的下拉按钮,弹出下拉菜单如图 10-132 所示。

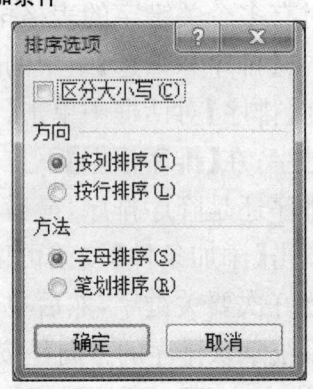

图 10-131　【排序选项】对话框

10 使用办公软件丰富退休生活 295

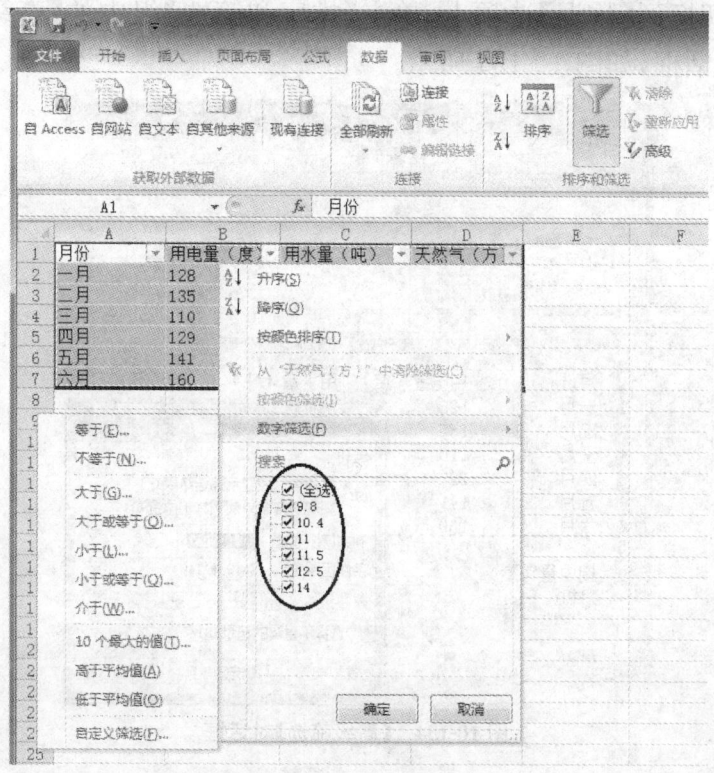

图 10-132 数据自动筛选

在列表中选择数字前面的复选框,单击【确定】按钮后将筛选出所选数据记录。

单击【数字筛选】菜单项,在弹出的菜单中选择条件,打开【自定义自动筛选方式】对话框,如图 10-133 所示。

图 10-133 【自定义自动筛选方式】对话框

在对话框中输入筛选条件,然后单击【确定】按钮即可。

再次单击【筛选】按钮可取消自动筛选。

(2)高级筛选 高级筛选功能不但能完成自动筛选的功能,而且还可以将筛选出来的数据放到指定位置。高级筛选操作步骤如下:

第一步:选取空白单元格,在其中输入筛选条件。输入筛选条件时,要将列标题与条件写到同一列的相邻两个单元格中。

第二步：切换到【数据】选项卡，单击【排序和筛选】组中的【高级】按钮，打开【高级筛选】对话框，如图 10-134 所示。

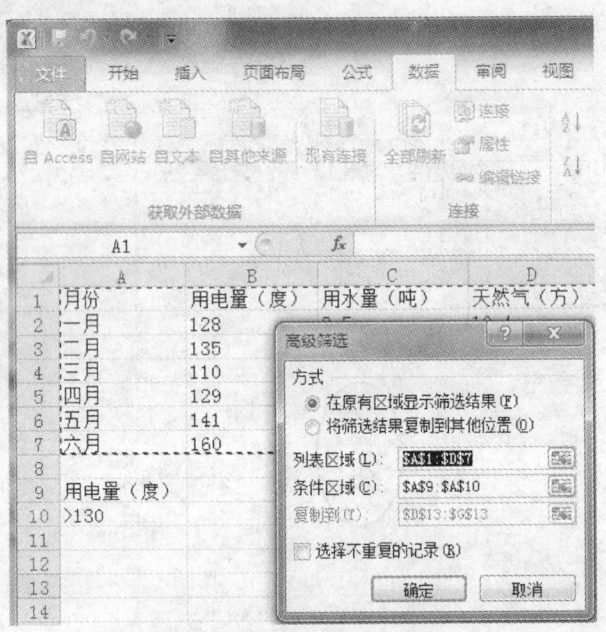

图 10-134　【高级筛选】对话框

第三步：在【方式】组合框中根据需要选择一个单选按钮。单击【列表区域】文本框右侧的折叠按钮，对话框被折叠；在工作表中选定被筛选区域后，再次单击折叠按钮展开对话框。单击【条件区域】文本框右侧的折叠按钮，在工作表中选择筛选条件所在的单元格，如图 10-135 所示，选择完毕后单击折叠按钮展开对话框。

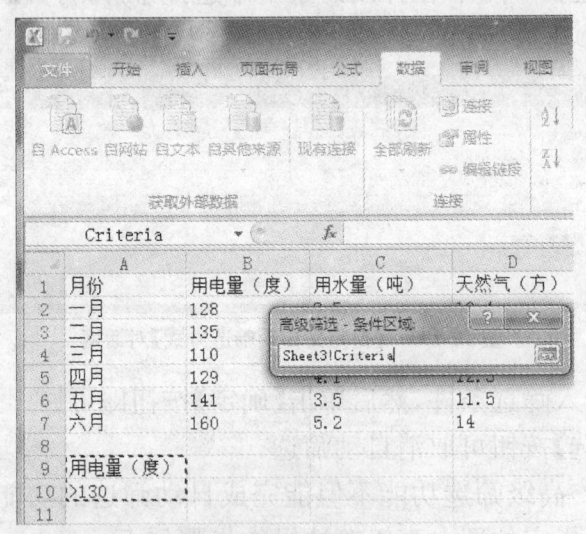

图 10-135　选择条件区域

如果选择了【将筛选结果复制到其他位置】单选按钮，则还要单击【复制到】文本框右侧的【折叠】按钮,在工作表中指定将筛选结果复制到哪个区域,然后单击该区域左上角的单元格即可。

第四步:单击【确定】按钮。如果要将筛选结果显示在原有区域中,则可以切换到【数据】选项卡,单击【排序和筛选】组中的【清除】按钮即可将数据全部显示出来。

3. 分类汇总

首先对将要分类汇总的列排序例如按"用水量(吨)"字段升序排序。

切换到【数据】选项卡,在【分级显示】组中单击【分类汇总】按钮,打开【分类汇总】对话框,如图 10-136 所示。

在【分类字段】下拉列表中选择分
类字段【用水量(吨)】,在【汇总方式】下拉列表中选择汇总方式【计数】,在【选定汇总项】列表中选择汇总项【用水量(吨)】,然后单击【确定】按钮。汇总结果如图 10-137 所示,即对"用水量(吨)"字段相同的进行计数。

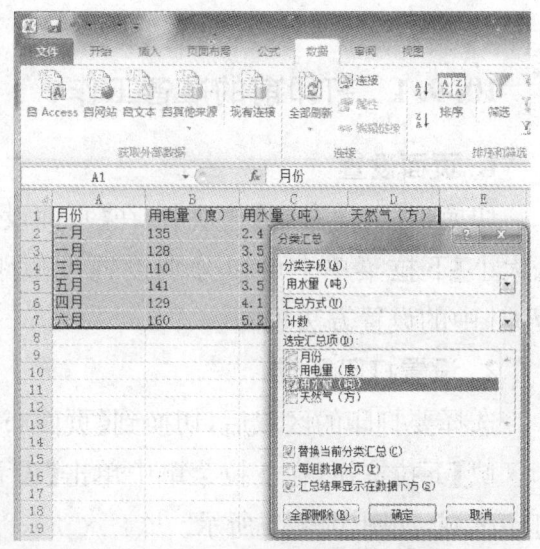

图 10-136 【分类汇总】对话框

图 10-137 分类汇总结果示例

分类汇总后选择数据区域,打开【分类汇总】对话框,单击【全部删除】按钮即可删除分类汇总结果。

10.9 打印 Excel 表格

10.9.1 打印前的准备工作

1. 页面设置

切换到【页面布局】选项卡，在【页面设置】组中的【页边距】、【纸张方向】和【纸张大小】下拉菜单中可以分别设置页边距、纸张方向和纸张大小，设置方法与 Word 中的设置方法相同。

2. 设置打印区域

选择要打印的区域后，切换到【页面布局】选项卡，单击【页面设置】组中的【打印区域】下拉按钮，在下拉菜单中单击【设置打印区域】即可将所选单元格设置为打印区域，如图 10-138 所示。

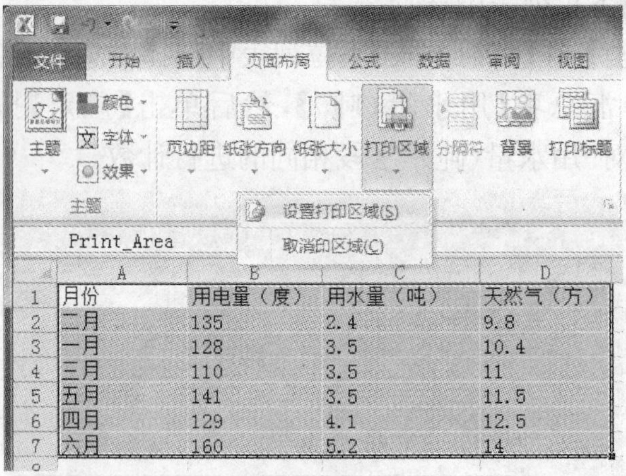

图 10-138 设置打印区域

10.9.2 打印

切换到【文件】选项卡，单击【打印】命令，如图 10-139 所示。

在【设置】组中，用户可以选择要打印的工作表；如果已经选定了打印内容，则可以选择【打印选定区域】。用户也可以调整打印顺序、纸张方向、纸张大小、页边距等。设置完成后，在【份数】微调框中输入打印份数，单击【打印】按钮即可开始打印。

10 使用办公软件丰富退休生活 299

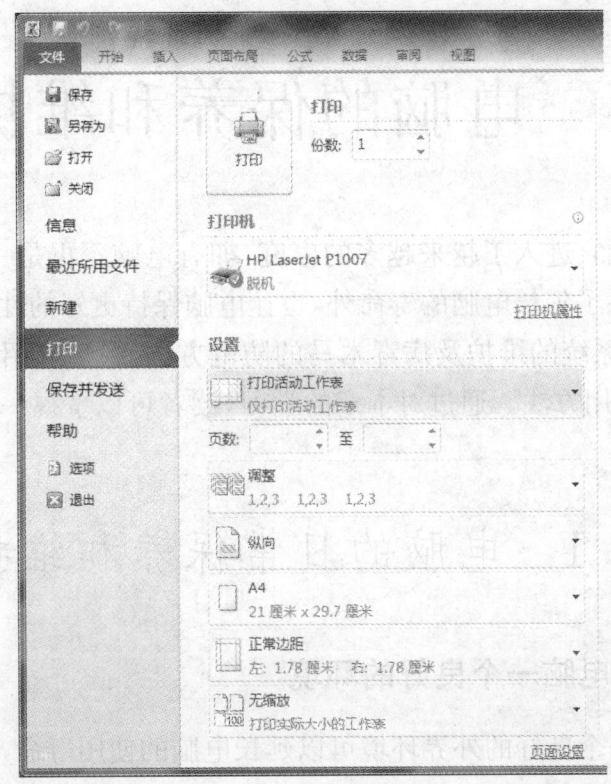

图 10-139 打印工作表

11 电脑的保养和维护

电脑的普及让它进入了越来越多的家庭,拥有电脑不再是一件奢侈的事情。良好的日常维护除了延长电脑的寿命外,也让电脑保持更好的性能。本章将介绍电脑的日常养护、系统的维护及病毒木马的防范方法,最后介绍360杀毒软件和360安全卫士的使用方法。通过对本章的学习,读者可以掌握一些常用的电脑保养和维护的方法。

11.1 电脑的日常保养和维护

11.1.1 给电脑一个良好的环境

为电脑提供一个良好的外界环境可以延长电脑的使用寿命,使电脑的性能更稳定。

1. 电脑的工作环境要保持干燥

电脑的主机、显示器、键盘和鼠标等都是由许多精密的电子元件组成的,因此务必要将电脑放置在干燥的地方,更不要将液体喷洒在电脑各部分上,以防止潮湿引起电路短路。在较为潮湿的环境中,如南方的梅雨季节,每周至少要开机两个小时,以保持电脑工作环境的干燥。

2. 电脑要放置在通风凉爽的位置

电脑在运行过程中,CPU会散发大量的热量,如果不能及时散热会导致CPU因温度过高而工作异常,因此应将电脑放置在通风凉爽的位置,且离墙壁的距离应不小于20cm。

3. 电脑应放置在清洁的房间内

灰尘对电脑的任何部分都是有害的。灰尘进入电脑主机、显示器或鼠标、键盘内都会导致它们的工作异常,所以除了要保持良好的清洁外,还应该给电脑准备一个防尘罩。

4. 电脑要远离其他电器

电脑在运行时会产生电磁波和磁场,因此要将电脑放置在离电视机等电器远一点的地方,以防止电脑的显示器和电视机屏幕相互磁化,影响显示效果。

5. 电脑的放置位置要稳固

不要把电脑放置在摇晃、易于坠落的地方。

11.1.2 养成良好的操作习惯

初学者养成良好的电脑操作习惯，不仅有利于保持电脑的健康，也有利于保证自己的工作效率。

1. 按正确的顺序开/关机

电脑在刚加电和断电的瞬间会产生较大的电冲击给主机发送干扰信号，从而导致主机无法启动或出现异常，因此为了避免主机中的部件受到较大的电冲击，在开机时应该先给外部设备加电，然后再给主机加电。也就是开机时先打开显示器等外部设备，然后再打开主机。关机时则相反，即先关掉主机，然后再关掉显示器等外部设备。但是如果个别计算机先开外部设备（特别是打印机），则主机无法正常工作，这种情况下应该采用相反的开机顺序。另外还要注意，使用 Windows 操作系统的电脑在关机时应尽量正常关机，也就是在【开始】菜单中选择【关机】命令来关机。如果遇到死机的情况，则应先按下【Ctrl+Shift+Delete】组合键进行"软启动"；如果不能"软启动"，则可按下【RESET】键来"硬启动"；如果仍然不能解决问题，这时就可以"硬关机"，即长按主机电源开关按钮若干秒。

2. 不要带电拔插硬件

在电脑运行过程中，不要随便移动电脑的各种设备，不要拔插各种接口卡，也不要装卸外部设备和主机之间的信号电缆。如果用户需要进行上述各种操作，则必须在关机切断电源的情况下进行。

3. 拔插外部设备避免动作粗暴

现在使用频繁的外部设备接口一般是 USB 接口，拔插外部设备时不要用蛮力，不要摇晃，否则会导致接口松动，对电脑造成损伤。U 盘或移动硬盘不使用时，尽量安全删除后再拔下来。

4. 保持电脑桌面清爽

电脑桌面是用户工作的平台，用户可以把一些项目放在桌面上，方便操作。但是桌面上放置过多项目会使桌面凌乱，让用户眼花缭乱。因此尽量不要在桌面上放置过多项目，以保持桌面的清爽。

5. 重要文件不要放在 C 盘上

操作系统通常安装在 C 盘上，这也就意味着一旦系统出问题需要重装时，C 盘上所存储的任何文件都会消失。因此重要文件最好存储在其他磁盘上。

6. 养成建立文件夹的习惯

电脑中存放文件很多时，用户查找起来就会很困难。因此最好养成建立文件夹的习惯，把文件分门别类地存放到文件夹中，便于以后使用文件时快速查找。

11.1.3 主机的日常保养

主机是电脑的重要组成部分，我们平时所说的CPU、主板、硬盘等都在主机里面。对主机的日常保养，除了前面所说的要有良好清洁的环境和良好的操作习惯外，还要注意使主机保持良好的通风以利于散热，但是不要打开着机箱盖运行电脑，不要振动机箱，不要让机箱内混入杂物，也不要把主机当桌子使用，不要在机箱上放置重物，不要在电脑工作时突然关机、断电等。如果电压不稳定且又没有UPS时，则最好不要开机。电脑运行时不要搬动主机。

11.1.4 液晶显示器的日常保养

1. 不要触摸、按压液晶显示屏

为了防止反光，液晶显示器的表面都有专门的涂层，触摸会破坏涂层，影响显示效果。按压液晶显示屏则有可能损伤显示器内部的液晶体，给显示器造成不可逆转的损伤。同时也要避免硬物划伤液晶显示屏。

2. 清洁

用柔软的布蘸专用清洁剂或清水轻轻擦拭，不要把清洁剂直接喷在显示屏上，以免流入屏幕内部造成短路。

3. 关闭显示器

不要长时间让显示器停留在同一个画面上。液晶显示器长时间加电会产生大量热量，加速显示器内液晶体的老化甚至损伤。所以不要让显示器长时间停留在同一个画面上，即使关机后也要关闭显示器电源。

4. 不要私自拆卸显示器

即使在关机状态下，显示器内也仍然带有大约1000V的电压，私自拆卸显示器是很危险的。

11.1.5 鼠标和键盘的保养

鼠标和键盘是两种最常用的人机交互设备，它们的正常使用和维护对计算机的正常工作是很重要的。使用鼠标和键盘一般要注意如下事项：

1. 避免强烈的阳光照在鼠标上

目前流行的鼠标是光电鼠标，这种鼠标是靠内部的发光装置发出光线照在鼠标底部的表面上，接收装置会接收反射回来的光，鼠标内部的芯片则会对接收到的反射光进行分析，从而得出鼠标运行的路径。所以强烈的阳光照射在鼠标上会干扰鼠标对反射光的分析，从而引起鼠标失灵。

2. 选择合适的鼠标垫

光电鼠标也要使用鼠标垫,一方面可以为鼠标减震,延长使用寿命,另一方面可以让鼠标更灵活。选择鼠标垫时,不要选择透明或太光滑或太粗糙的鼠标垫,透明鼠标垫会导致光线不能反射回来,太光滑或太粗糙的鼠标垫则会使反光不正常,都会导致鼠标失灵。一般选择表面有细密纹路的布面橡胶鼠标垫即可。

3. 保持鼠标和鼠标垫的清洁

使用光电鼠标时,注意鼠标底部和鼠标垫的清洁,以免污垢附着到鼠标内的发光装置或光线接收装置上引起鼠标失灵。

4. 保持键盘的清洁

过多灰尘会影响键盘的正常工作,杂物落入键盘的缝隙中也容易损伤键盘,因此要定期清洁键盘表面的污垢。一般灰尘等污垢可以用潮湿柔软的棉布擦拭,对于顽固污渍则可以使用柔软棉布蘸取中性的清洁剂擦拭,不要使用酒精或有机清洁剂。清洁完毕将键盘自然晾干后再使用。

5. 谨防将液体洒到键盘上

大多数键盘都没有防水设计,一旦有液体进入键盘内部,会引起键盘内电路短路或锈蚀,使键盘受损。为了延长键盘的使用寿命,一定要防止将液体洒到键盘上,清洁键盘时使用的湿布也要拧干,不要滴水。一旦有液体进入键盘,用户应尽快关机并将键盘从主机接口拔下来。

6. 使用鼠标键盘不粗暴

为了延长鼠标或键盘的使用寿命,要尽量避免摔碰和强力拉扯鼠标或键盘的导线。单击鼠标或键盘的按键时不要用力过度,以免损坏按键的弹性。

7. 防止电池伤害无线鼠标键盘

对于无线鼠标或键盘,其内部要使用电池,如果长时间不使用电池,则应将电池取出,以防止因电池漏液而损伤鼠标或键盘。

11.1.6 光驱的保养

1. 尽量不要使用质量差的 VCD 光盘和游戏光盘

使用质量差的光盘会迫使激光头不停地摇摆跳动,增加机械磨损。用光驱观看 VCD 光盘或玩光盘游戏时,光驱必须连续数小时不停地读取数据和纠错,这样也会增加光驱的磨损,用户可以将影片拷贝到硬盘上观看。

2. 及时将光驱中不用的光盘取出

只要光盘在光驱中,光驱就会一直高速旋转待命,即使不读盘也不会因此而停下来。这样会加大光驱部件的磨损,缩短光驱的使用寿命。

3. 对光驱动作要轻,不要强行开关

光驱的盘托非常单薄,因此取放光盘时动作要轻,同时要避免碰撞盘托,以防盘托变形或断裂。开关光驱时,要用按键或电脑上的弹出命令,避免用手强行将托盘推回光驱。

4. 保持光驱清洁

灰尘对光驱的读盘质量和寿命也有很大影响,所以要保持光驱的清洁。用户除了要保持室内清洁外,还要经常清洁光驱内部。光驱机械部件一般用棉签擦拭即可,但是不要使用酒精等清洁剂。激光头的清洁可以用皮鼓吹去灰尘或请专业人员清理。

5. 不要让光驱长期闲置

虽然使用光驱会造成磨损,但是如果光驱长期处于闲置状态下,激光头就会落尘生霉点,影响其性能,所以用户要定期使用光驱。

6. 光驱工作时不要振动或突然关机

光驱工作时,激光头离盘片表面只有几微米距离,一旦发生较大振动则会导致激光头与盘片撞击,损毁光驱。光驱在工作时是高速旋转的,如果突然关闭电源同样会造成激光头与盘片猛烈摩擦受损。

11.1.7 笔记本电脑的保养

笔记本电脑的日常保养除了前面所叙述的内容外,还有其他需要注意的一些事项。

1. 不要把笔记本电脑当托盘使用

需要搬动笔记本电脑时,不要为了省事把一些杂物放在笔记本上一起搬。因为很多笔记本电脑的顶盖强度不足以承重,当把杂物尤其是较重的物品放在笔记本上时会引起顶盖变形,影响甚至损伤显示屏。

2. 携带笔记本时,使用专用的笔记本包

携带笔记本外出,难免磕磕碰碰,也可能会遇到恶劣天气,所以要选择厚实、软硬适度的笔记本包。好的笔记本包可以对不小心的磕碰起到缓冲作用,减小碰撞的力度,有效保护笔记本。有些笔记本包采用了防水面料,可以防止雨水对笔记本内部元部件和液晶屏的侵蚀。另外笔记本包内尽量不要放置螺丝刀、钥匙等尖锐物品,以免对笔记本造成伤害;电源线、外接鼠标、光盘等物品也要放在包内专用的小袋中,防止对笔记本造成挤压损伤,同时也可以使笔记本外壳免于被划伤。

3. 防止振动,注意散热

笔记本相对台式机小巧轻便,移动方便,但是在笔记本读硬盘和光驱时不要移动笔记本,尤其不要在摇晃的交通工具上使用笔记本。在柔软性物体(如床、沙

发、地毯等)表面使用笔记本的时候,注意不要妨碍笔记本的散热功能,另外还要防止这些物体所产生的静电损伤笔记本内部元器件。

4. 避免按压触摸

笔记本电脑的显示屏是液晶的,所以也要避免按压、触摸和划伤,尽量不要让显示器长时间停留在同一个画面上,长时间不用时要设置屏保或关机。

5. 笔记本触摸板

触摸板是笔记本电脑的指针定位设备,用户可以通过手指在触摸板上的滑动来控制光标的移动。它是一种对压力敏感的装置,如果不妥善保护会很容易损坏。一般来说,触摸板的表面有一层保护层以增加耐磨性,保护层只要破损一点,其他部分很快就会脱落,失去了保护层的触摸板就很脆弱了。因此要注意触摸板的洁净,避免沾染尘土、液体、油脂等污物,不要用脏污的手指使用触摸板,更不要将杂物、重物放在触摸板或其按键上,尤其要注意防止尖锐物品划伤保护层。

6. 笔记本电脑电池的保养

(1)充电注意事项　为笔记本电脑的电池充电,要选择同型号或厂家指定型号的电源适配器,保持电池和电源适配器的良好通风散热,不要包裹适配器。

尽量在关机状态下充电,充电完成后,充电指示灯熄灭或变成绿色,这时最好将电源适配器拔掉,最好在充电完成 30min 后再使用电池。另外,最好不要间歇性充电,也就是不要频繁拔插适配器,以免影响电池的性能。

(2)使用注意事项　装卸电池时一定要将电源切断,并将笔记本电脑关机后再装卸,否则可能会导致电池被烧坏。

目前电脑电池多以锂离子电池为主,其最大优点就是没有记忆效应,所以用户不必担心此问题。若电力没有用完也可以充电,但建议用户偶尔将电池用至系统警告电力不足时再充电,这样对电池使用的可靠度有所帮助。

非专业维修人员不要试图打开或维修电池,因为电池内有精密的控制电路,暴力下容易造成精密电路损坏。笔记本电池中含有锂离子,如果使用或处理不当则可能会发生爆炸。

若长时间使用电源供应器作为电源供应,则最好取下电池并妥善保管,单独用电源供应器操作,需外出使用电脑时再装入电池使用。

安装笔记本随机附带的电源管理软件能够更好地发挥电池的作用和保护电池。

(3)电池存放须注意　如果长时间不用电池,请注意保养。不要将电池放在高温及潮湿的地方,如太阳直射的汽车内或火源旁边,应保持干燥、通风。拆下的电池保存时还要注意防尘防震,因为电池拆下后更容易进入大量灰尘,从而导致再次使用时接触不良;震动容易将电池内精密的电子零件及电池芯损伤,所以最好使用适当的容器单独存放,不要和杂物放置在一起。

若长期不使用电池,则应将电池的电量充电60%~80%保存,并定期取出使用,以保持锂离子的化学活性,最好约一个月就将电池做一次充放电,然后再充电保存。

11.2 系统的维护

系统的安全工作无论做得多么好,在使用过程中也难免不出问题。所以为系统和数据做好备份就很重要了,即使数据或系统遭到破坏,用户也可以通过还原将损失降到最低。

11.2.1 系统备份与还原

在Windows 7中,常用的系统备份工具有Windows 7自带的还原点和GHOST软件。还原点表示系统文件的存储状态,它记录了某一时刻计算机系统中所包含的文件。Windows 7中可以有一个或多个还原点。GHOST是一款硬盘备份还原工具。

1. 利用还原点备份与还原系统

(1)创建还原点

第一步:单击【开始】→【控制面板】,打开控制面板,如图11-1所示。

图11-1 控制面板

11 电脑的保养和维护 307

第二步：将查看方式改为【类别】，单击【系统和安全】链接，打开【系统和安全】窗口，如图 11-2 所示。

图 11-2 【系统和安全】窗口

第三步：单击【系统】链接，打开【系统】窗口，如图 11-3 所示。

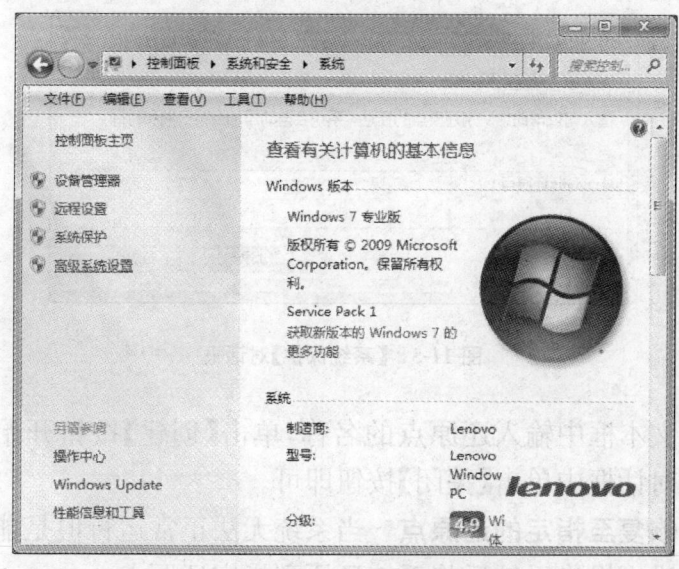

图 11-3 【系统】窗口

第四步：单击【高级设置】链接，弹出【系统属性】对话框，切换至【系统保护】选项卡，如图 11-4 所示。

第五步：在【保护设置】列表框中选择系统所在分区，然后单击【创建】按钮，弹

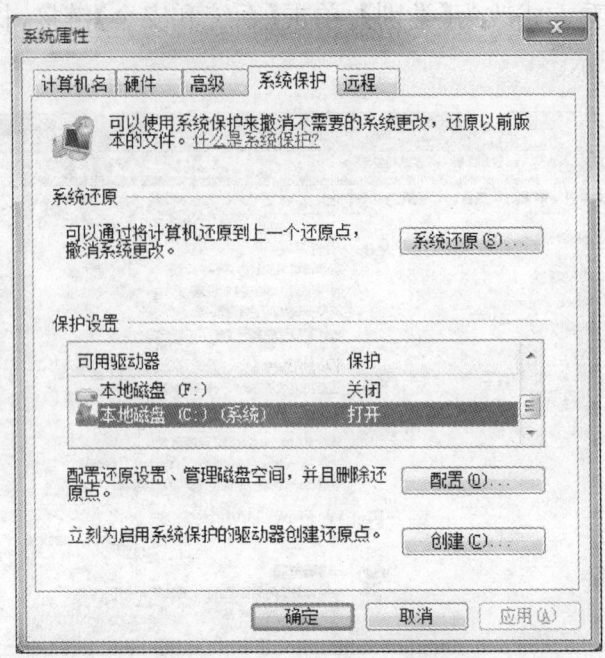

图 11-4 【系统属性】对话框—【系统保护】选项卡

出【系统保护】对话框,如图 11-5 所示。

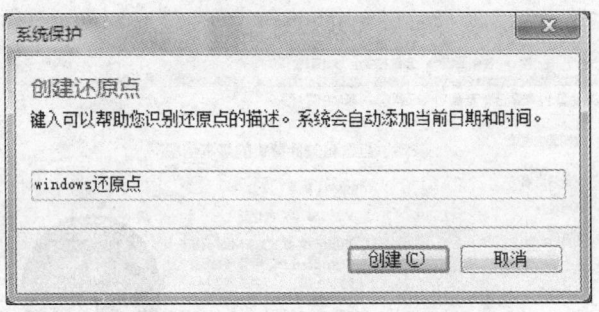

图 11-5 【系统保护】对话框

第六步:在文本框中输入还原点的名称,单击【创建】按钮开始创建。创建完成后,在弹出的对话框中单击【关闭】按钮即可。

(2)将系统恢复至指定的还原点 当系统无法正常运行但是能进入系统桌面时,用户可以在进入操作系统后将系统还原到指定还原点。

第一步:右击桌面上的【计算机】图标,在弹出的快捷菜单中单击【属性】命令,打开【系统】窗口;单击【高级设置】链接,打开【系统属性】对话框,切换到【系统保护】选项卡,单击【系统还原】按钮,打开【系统还原向导】对话框,单击【下一步】按钮,打开对话框选择还原点,如图 11-6 所示。

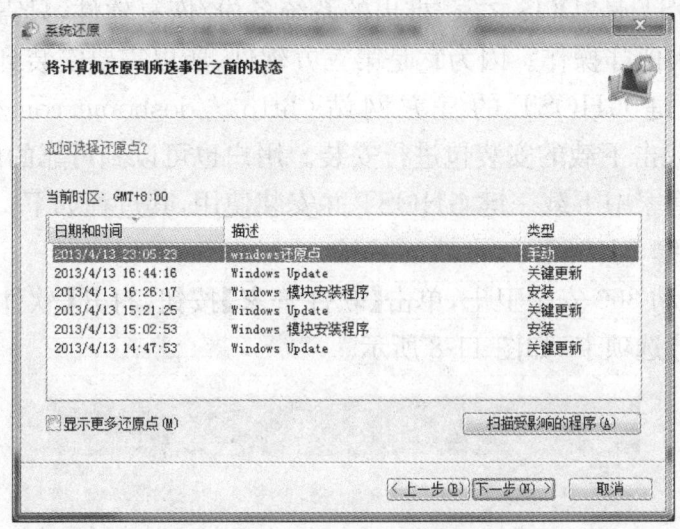

图 11-6　选择还原点

第二步：选择手动创建的还原点，单击【下一步】按钮，打开对话框确认还原点，如图 11-7 所示。

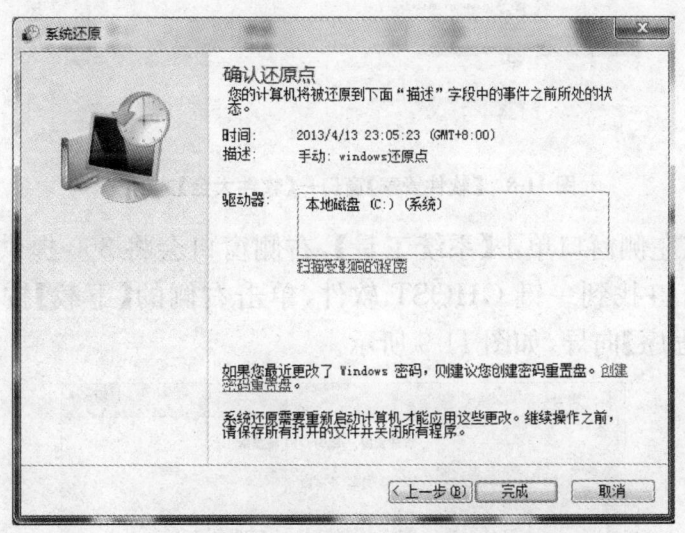

图 11-7　确认还原点

第三步：确认无误后，单击【完成】按钮，弹出对话框提示用户启动系统还原后将不能中断，单击【是】按钮开始还原系统。

第四步：系统还原成功后会自动重新启动，并弹出对话框提示还原成功，单击【关闭】按钮即可。

2. 用一键 GHOST 备份和恢复系统

当无法进入系统桌面的时候，就不能够利用 Windows7 自带的还原点还原系统了，这时可以选择第三方软件来备份和恢复系统。

一键GHOST是"DOS之家"推出的系统备份/恢复软件,只需按一个键就能实现全自动无人值守操作。因为它是第三方软件,所以需要安装到电脑上用户才能使用。到一键GHOST的官方网站(http://doshome.com/yj)下载一键GHOST,然后双击下载的安装包进行安装。用户也可以到可靠的网站去下载,例如在360软件管家中下载一键GHOST并安装使用,其过程如下:

(1)安装一键GHOST

第一步:启动360安全卫士,单击【软件管家】按钮,打开【软件管家】窗口,切换到【软件大全】选项卡,如图11-8所示。

图11-8 【软件管家】窗口—【软件大全】选项卡

第二步:在左侧窗口单击【系统工具】,右侧窗口会将360提供的工具软件列出来,在右侧窗口找到一键GHOST软件,单击右侧的【下载】按钮,打开【一键GHOST安装程序】向导,如图11-9所示。

图11-9 【一键GHOST安装程序】向导1

11 电脑的保养和维护 311

第三步：单击【下一步】按钮，打开【许可协议】对话框，选择【我同意该许可协议的条款】，然后单击【下一步】按钮，打开如图 11-10 所示对话框。

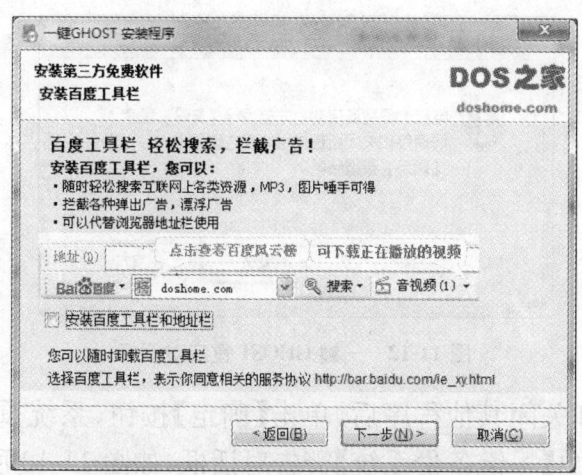

图 11-10 【一键 GHOST 安装程序】向导 2

第四步：用户可以根据自己的需要勾选或取消【安装百度工具栏和地址栏】前的复选框，然后单击【下一步】按钮，打开【准备安装】对话框。

第五步：单击【下一步】按钮开始安装一键 GHOST，安装完成后弹出对话框，用户根据自己的需要勾选或取消【立即运行一键 GHOST】和【设置 doshome.com 网址导航为主页】，最后单击【完成】按钮。

(2) 用一键 GHOST 备份系统

第一步：如果用户安装一键 GHOST 时选择了【立即运行一键 GHOST】，则单击【完成】按钮后将立即运行一键 GHOST，否则需要用户从【开始】菜单将其打开运行，如图 11-11 所示。

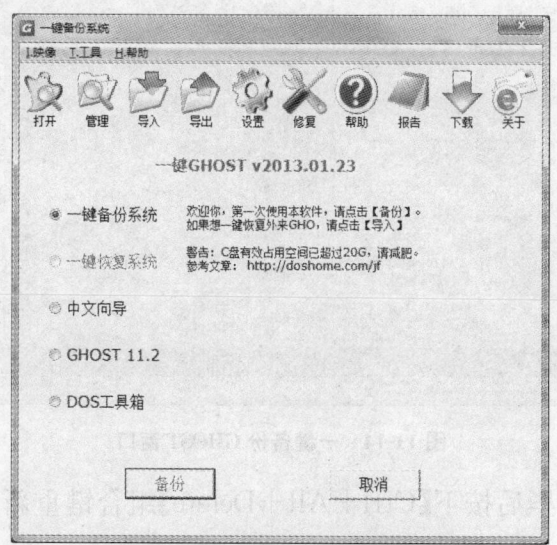

图 11-11 【一键备份系统】对话框

第二步：选择【一键备份系统】，单击【备份】按钮，打开提示对话框如图 11-12 所示。

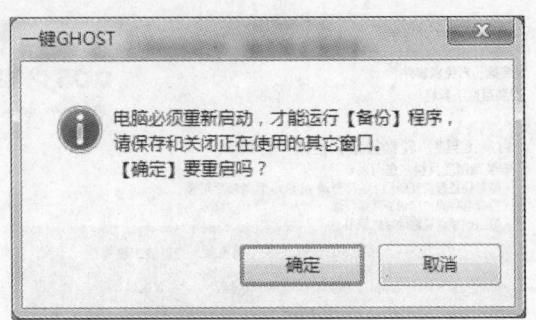

图 11-12　一键 GHOST 重启对话框

第三步：保存和关闭其他程序后，单击【确定】按钮，系统重新启动，快速跳过三个额外菜单后弹出【一键备份系统】警告对话框，如图 11-13 所示。

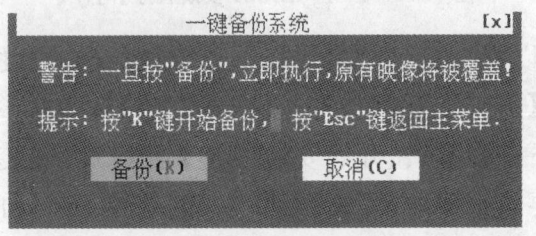

图 11-13　【一键备份系统】警告对话框

第四步：用户如果决定要备份，则可以单击【K】键或不必理会，等倒计时完毕后即出现 GHOST 窗口，开始备份系统，如图 11-14 所示，用户须耐心等待。

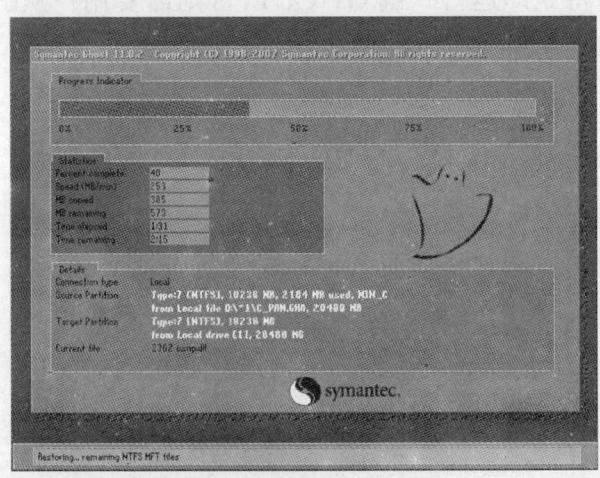

图 11-14　一键备份 GHOST 窗口

第五步：备份完毕后按下【Ctrl＋Alt＋Delete】组合键重新启动即可。

(3)用一键 GHOST 恢复系统　启动计算机后,在 Windows 启动管理器界面选择【一键 GHOST】项,系统会快速跳过三个菜单后弹出【一键恢复系统】警告对话框,如图 11-15 所示。

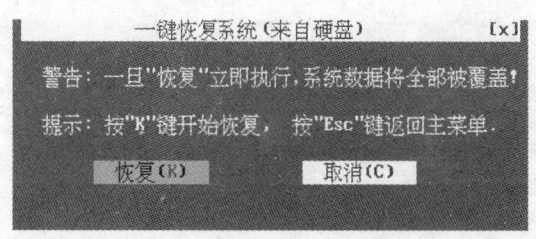

图 11-15　【一键恢复系统】警告对话框

按【K】键或等倒计时结束出现 GHOST 窗口后开始恢复系统,仍然以进度条显示恢复进度。用户仍然需要耐心等待。恢复完成后,重新启动计算机即可。

11.2.2　修补系统漏洞

由于技术人员的缺陷或硬件存在的设计缺陷及不兼容性,使 Windows 系统难以避免地出现漏洞,黑客就是抓住这些漏洞来入侵计算机的。所以微软公司在发布 Windows 操作系统后陆续发布了大量系统漏洞补丁,用户既可以通过 Windows 自带的 Windows Update 功能修补系统漏洞,也可以利用第三方软件来修复系统漏洞。

1. 利用 Windows Update 修补漏洞

第一步:单击【开始】→【控制面板】命令,打开 Windows 7 系统控制面板,将查看方式设置为【大图标】,如图 11-16 所示。

图 11-16　打开控制面板

第二步：单击【Windows Update】链接，进入【Windows Update】界面，计算机不会自己检查更新，所以当用户单击【检查更新】命令时，计算机开始自动检测要安装的系统漏洞补丁。检测完毕后会显示重要更新和可选更新的补丁数量，如图11-17所示。

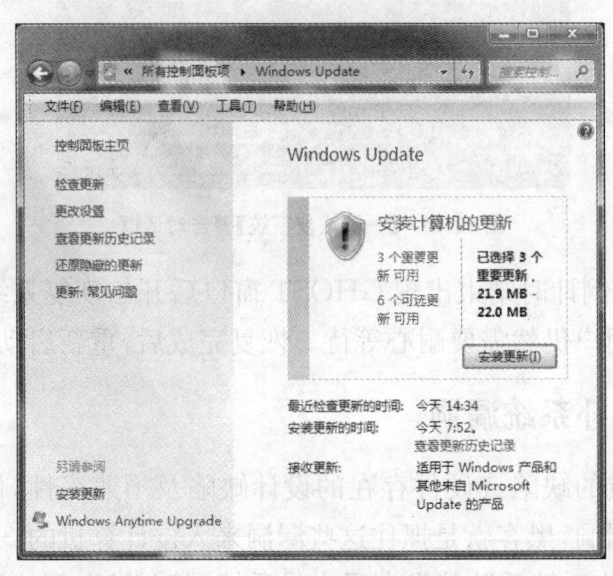

图 11-17　检测更新结果

第三步：单击【x 个重要更新可用】链接，打开【选择希望安装的更新】选项卡，如图 11-18 所示。选择所有重要漏洞补丁，单击【可选】标签，则会显示可选的更新，用户可以根据自己的需要来选择。

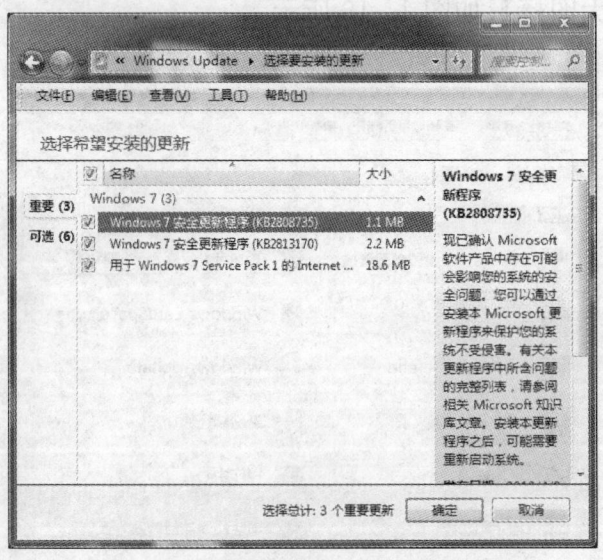

图 11-18　【选择希望安装的更新】窗口

第四步：选择完毕后单击【确定】按钮，返回图 11-17 所示界面，单击【安装更新】按钮开始安装所选择的的漏洞补丁。

第五步：安装完成后，提示重新启动计算机。将其他程序关闭后，单击【立即重新启动】按钮重新启动计算机即可。在关机的过程中，计算机会自动配置安装的漏洞补丁，这时不要突然断电或强制关机，否则会造成漏洞补丁安装失败。

2. 让系统自动更新

Windows 操作系统提供了自动更新功能，只要 Microsoft 公司发布了系统漏洞补丁，它就能自动下载并安装该漏洞补丁。开启自动更新方法如下：

第一步：在图 11-17 所示的窗口中单击【更改设置】命令，打开【更改设置】对话框，如图 11-19 所示。

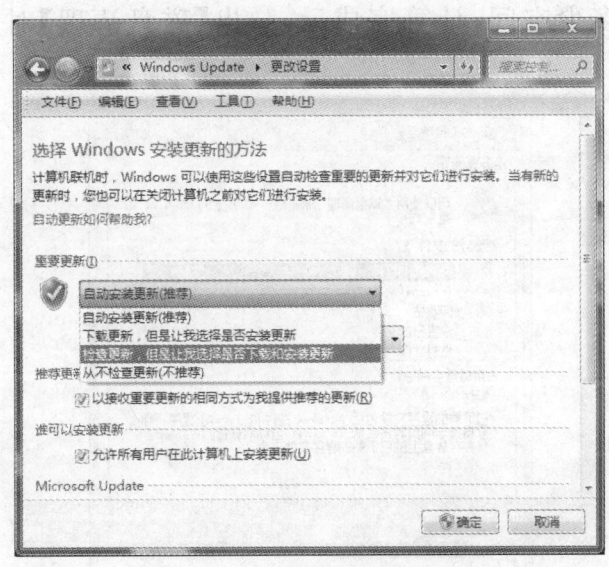

图 11-19 【更改设置】对话框

第二步：在【重要更新】选项组中单击【自动安装更新（推荐）】按钮，在下拉列表框中有四个选项，包括【自动安装更新（推荐）】、【下载更新，但是让我选择是否安装更新】、【检查更新，但是让我选择是否下载和安装更新】、【从不检查更新（不推荐）】，用户可以根据自己的需要选择其中一个。

第三步：最后单击【确定】按钮即可。

3. 用第三方软件进行系统优化

利用优化软件可以帮助用户快速安全地完成系统垃圾的清理、清理注册表垃圾、清理痕迹、关闭不必要的进程等工作，从而实现系统的优化。目前常用的系统优化软件有 Windows 优化大师、超级兔子、360 安全卫士等，这些软件都能完整地维护系统，后续章节里介绍了 360 安全卫士的用法供用户参考。

11.3 磁盘维护

11.3.1 清理磁盘垃圾

电脑使用时间长了就会产生垃圾文件,这些垃圾文件会影响到电脑的性能,所以用户要经常清理磁盘。

Windows 7 自带了清理磁盘的功能,方法如下:

第一步:在桌面上双击【计算机】图标,用鼠标右击要清理的磁盘,在弹出的快捷菜单里单击【属性】命令,打开【磁盘属性】对话框,单击【磁盘清理】按钮,开始计算磁盘上能释放多少空间,计算完成后,弹出【磁盘清理】对话框,如图 11-20 所示。

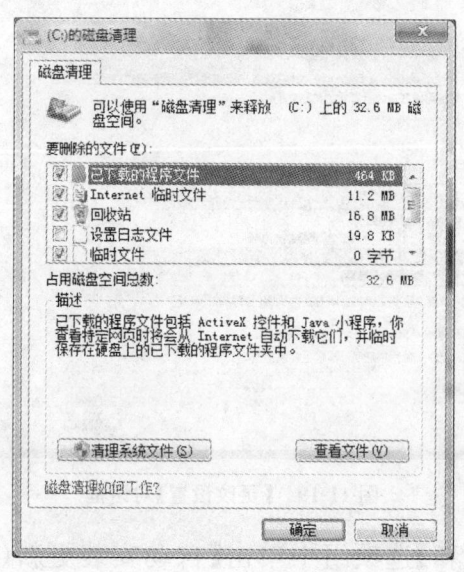

图 11-20 【磁盘清理】对话框

第二步:在【要删除的文件】列表中勾选将要删除的文件,单击【确定】按钮,弹出对话框询问用户确定要永久删除这些文件吗,然后单击【删除文件】按钮开始清理磁盘。

磁盘的清理工作也可以由第三方软件来完成,比如 360 安全卫士、Windows 7优化大师等都有清除系统垃圾的功能。

11.3.2 整理磁盘碎片

电脑使用久了,磁盘上就会保存大量的文件。这些文件并不是保存在一个连续的磁盘空间上,而是把一个文件分散地放在许多地方,这些零散的文件被称作"磁盘碎片"。这些碎片会降低整个 Windows 的性能,每次读写文件时,磁盘触头都要来回移动,浪费时间。因此 Windows 提供了整理磁盘碎片的程序。

在 Windows 7 中,整理磁盘碎片的方法如下:

单击【开始】→【所有程序】→【附件】→【系统工具】→【磁盘碎片整理程序】命令,打开【磁盘碎片整理程序】对话框,如图 11-21 所示。

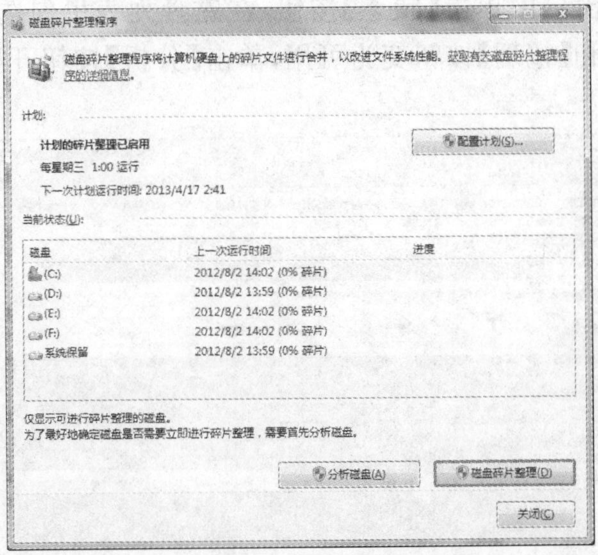

图 11-21 【磁盘碎片整理程序】对话框

在磁盘列表中选择要整理的磁盘,为了更好地确定磁盘是否需要立即进行碎片整理,因此首先要分析磁盘。单击【分析磁盘】按钮,开始分析磁盘。如果碎片量较多,则单击【磁盘碎片整理】按钮开始整理磁盘碎片,其耗时较长,需要用户耐心等待。

注:整理磁盘碎片的时候要关闭其他所有的应用程序,包括屏幕保护程序,最好将虚拟内存的大小设置为固定值。不要对磁盘进行读写操作,因为一旦磁盘的文件有改变,将重新开始整理,反复浪费时间。另外整理磁盘碎片的频率要控制合适,过于频繁的整理也会缩短磁盘的寿命,一般经常读写的磁盘分区一周整理一次即可。

11.3.3 用 Smart Defrag 整理磁盘碎片

用 Windows 7 自带的整理碎片功能耗时太长,而 Smart Defrag 是一款免费的碎片整理程序,能够有效地帮助用户轻松整理碎片。它采用先进的 Express Defrag 技术,不仅整理碎片速度非常快,而且还能够对磁盘的文件系统进行优化。

IObit Smart Defrag 还借助静默整理技术在后台利用计算机的空闲时刻自动进行碎片整理。

IObit Smart Defrag 在安装完毕后双击桌面图标即可启动该软件,软件安装后,其默认设置是启动时自动运行,所以软件在启动后会自动分析系统中的磁盘分区列表、磁盘状态信息等,分析完毕后会显示分析报告,并向用户提出建议。

1. 以整理 D 盘为例介绍怎样用 Smart Defrag 整理磁盘

第一步:在主窗口中单击【状态】按钮,在磁盘列表里勾选 D 盘前面的复选框,则【分析】按钮和【整理】按钮变为可用,单击【分析】按钮开始分析 D 盘,如图 11-22 所示。

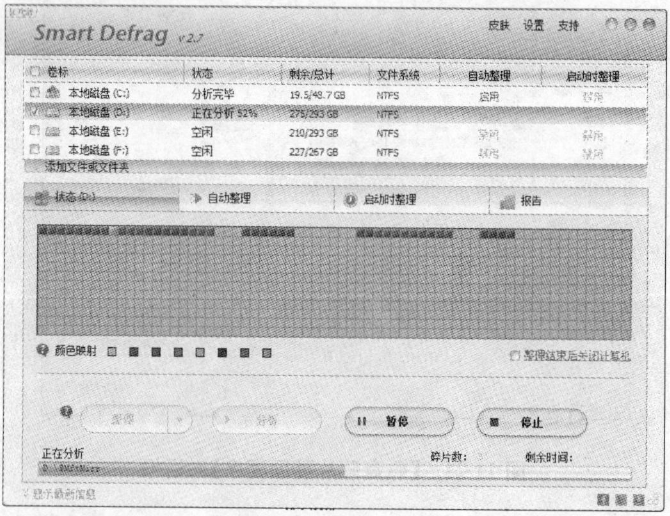

图 11-22 分析 D 盘

第二步:分析完毕后会显示分析报告,如图 11-23 所示。

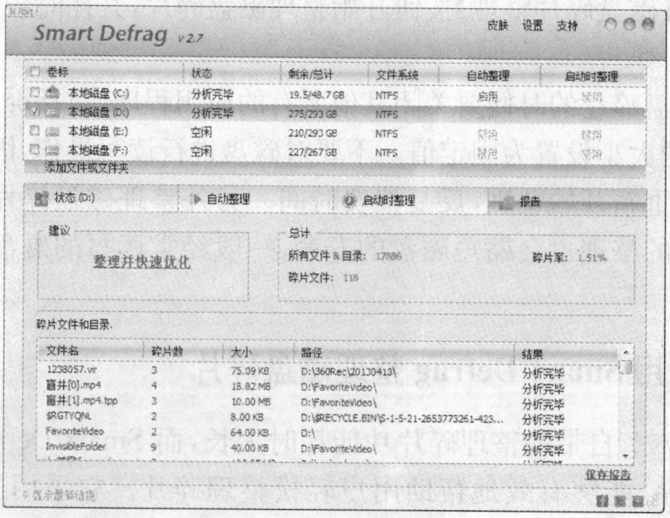

图 11-23 D 盘分析报告

第三步：向用户报告 D 盘的分析结果，包括碎片文件的数量、大小、路径以及碎片率等。当碎片率达不到系统设定的界限时，在【建议】组合框中提示无须整理，否则可以单击【建议】组合框中的【整理并快速优化】链接，此时 Smart Defrag 开始整理 D 盘并显示整理进度，如图 11-24 所示。

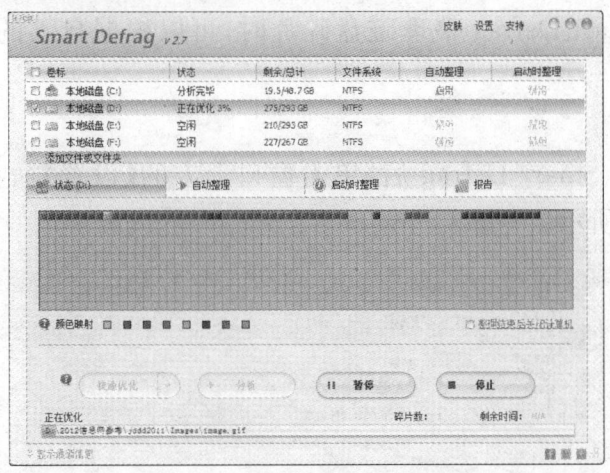

图 11-24　Smart Defrag 整理 D 盘

第四步：整理完毕后显示整理报告，向用户报告整理结果、整理文件数量和所花费的时间等，用户可以继续整理其他磁盘或退出 Smart Defrag。

2. 启用自动整理方式

第一步：把磁盘设置为自动整理方式是指 Smart Defrag 会在计算机空闲时自动整理该磁盘的碎片，用户无须单击【整理】按钮。

第二步：启动 Smart Defrag 后，在磁盘列表中单击选择其【自动整理】项为"禁用"的某个磁盘，比如这里选择的是 D 盘，然后单击磁盘列表下方的【自动整理】按钮，切换到【自动整理】界面，如图 11-25 所示。

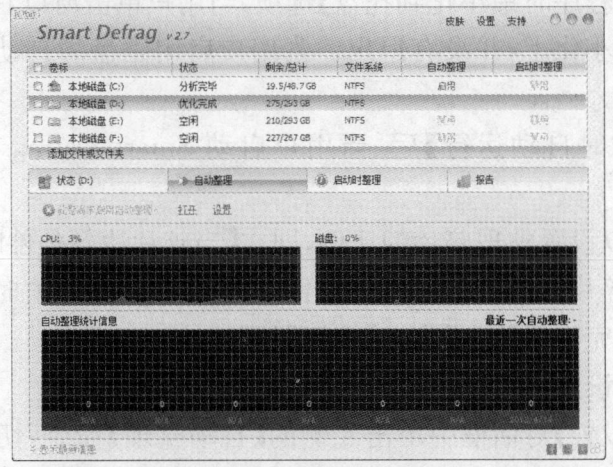

图 11-25　设置自动整理

第三步：用户会看到界面中显示"此卷尚未启用自动整理"，单击其右侧的【打开】命令即可。同样对于已经启用自动整理的磁盘来说，选择该盘后单击【自动整理】按钮，单击【关闭】命令就可以关闭该盘的自动整理功能。

3. Smart Defrag 设置

用户使用 Smart Defrag 整理磁盘碎片时，可以根据自己的习惯和需要进行设置。

(1) 全局设置

第一步：启动 Smart Defrag 后，单击窗口上方的【设置】命令，打开【设置】对话框，如图 11-26 所示。

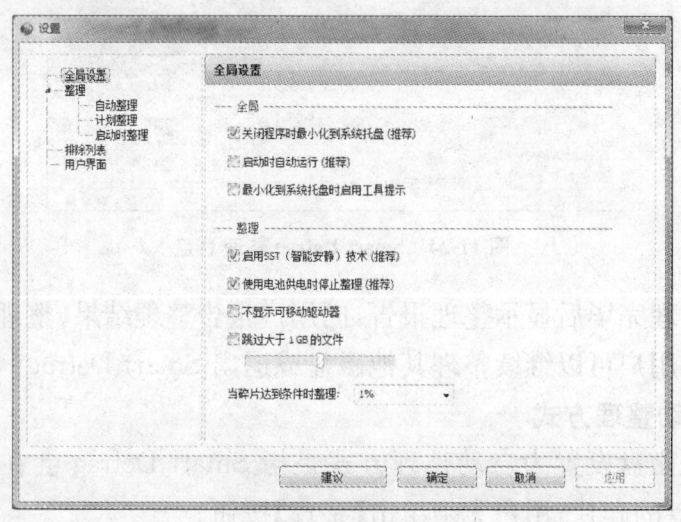

图 11-26 【设置】对话框

第二步：用户可以根据自己的需要来勾选或取消选项。

①勾选【关闭程序时最小化到托盘】选项，当用户单击窗口右上角的【关闭】按钮时，程序只是最小化了，并没有退出。当用户启用磁盘的自动整理功能时需要勾选该项。

②勾选【启动时自动运行】后，当用户启动 Smart Defrag 时会自动分析系统盘。

③用户也可以设置整理碎片的比例，即在【当碎片达到条件时整理】右侧的下拉列表框中选择碎片的比例，则当分析出碎片的比例达到该值时就要整理了。

第三步：设置完毕后单击【确定】按钮即可。

(2) 自动整理设置

第一步：在【设置】对话框中单击左侧的【自动整理】命令，切换到【自动整理】窗口，如图 11-27 所示。

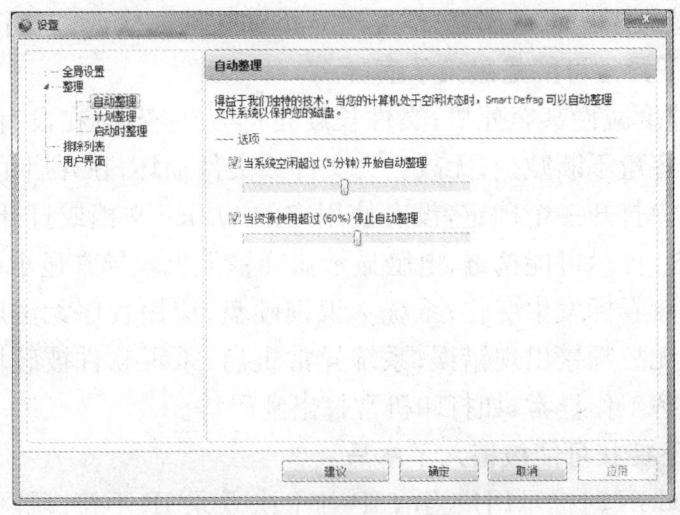

图 11-27 【设置】对话框

第二步:用户可以按系统空闲时间和资源使用率来设置 Smart Defrag 自动整理的时机,一般使用建议的设置即可。用户如有特殊需要,也可以通过滑动条自行设置。设置完毕后,单击【确定】按钮。

11.4 电脑病毒和木马的防范

电脑病毒、木马是计算机和网络世界中客观存在、不可忽视的破坏性成分,用户只要使用电脑和 Internet,就必须对电脑病毒和木马有一定的认识,掌握一些防范和查杀它们的方法。

11.4.1 了解电脑病毒和木马

电脑病毒是人为编写的一段程序,具有破坏性、复制性和传染性。电脑病毒会破坏计算机的功能和数据,影响计算机的使用。计算机的复制性是指电脑病毒具有复制自身的能力。电脑病毒更加有害的是它具有传染性,它会通过各种渠道从已被感染的电脑扩散到未被感染的电脑。

"木马"也是病毒文件,但是它不会自我繁殖,也不会主动去感染其他文件。木马的传播方式是将自己伪装后吸引用户下载执行,这样用户的电脑上就会有几个端口被打开了,"黑客"就可以通过这些端口进入感染了"木马"的电脑,用户电脑的安全和隐私就全无保障了。

11.4.2 电脑感染病毒或木马后的症状

怎样判断电脑感染了病毒或木马呢? 一般来说,电脑出现如下一些现象后就可以怀疑是否感染了病毒或木马,需要运行杀毒软件来检查一下了。

1. 出现以下异常可能是感染了病毒

系统运行速度减慢甚至死机;文件长度自己发生变化;在没有安装任何软件的情况下,硬盘容量不断减少;无故丢失文件或文件损坏;在开启了宏病毒防护功能的情况下,用户打开一个确定,没有使用宏的 Office 文档或打开多个文档时都会发出安全警告,提示可能携毒;电脑显示器屏幕上出现异常显示;计算机自动发出异常声响;磁盘卷标发生变化;系统不识别硬盘;应用程序无法启动;时钟逆向计时;操作系统无故频繁出现错误;系统异常重启;杀毒软件被破坏,防火墙被禁用;一些外部设备工作异常,如打印机常打出乱码等。

2. 出现以下症状可能被植入了木马

登录 QQ、MSN 时提示用户当前 IP 与上次登录 IP 不符;玩网络游戏时发现装备丢失或与上次下线时位置不符,甚至密码丢失;登录邮箱、QQ 号等发现密码丢失;鼠标不受自己控制,甚至鼠标指针自己移动或单击等操作;电脑运行速度突然变慢,且硬盘灯在闪烁,这可能是黑客在读硬盘;电脑无故自己重新启动;更新或卸载杀毒软件时,界面一闪而过,提示已完成等。

总之当电脑无故出现各种异常时,用户都要考虑其是否感染了病毒或木马。

11.4.3　电脑病毒的传播途径

电脑病毒的传播途径,常见的主要有三种,即通过移动设备传播、通过局域网传播和通过 Internet 传播。

通过移动设备传播是指病毒通过连接到电脑上的 U 盘、移动硬盘及手机等存储设备传播扩散。由于 U 盘外形越来越小巧而容量越来越大,所以其成为广泛使用的移动存储设备,同时也为病毒的寄生提供了更宽裕的空间。

处于局域网中的电脑能互相发送数据,如果发送数据的电脑感染了病毒,那么接收方的电脑也将感染该病毒,病毒因此可能会很快地在整个网络中传播。

当用户在 Internet 上接收电子邮件、浏览网页或下载软件时都可能感染病毒,防不胜防。随着 Internet 的使用越来越普及,Internet 已成为目前最主要的病毒传播途径之一。

11.4.4　电脑病毒及木马的预防

只要使用电脑,只要使用 Internet,那么病毒和木马就是用户必须要面对的。防范病毒和木马,首先可以借助一些技术手段。

1. 及时更新 Windows 安全补丁

编写病毒和木马的人一般都是电脑高手,他们对电脑的了解程度非常深,对操作系统也了如指掌。很多病毒和木马都是利用了 Windows 操作系统的安全漏洞，所以微软公司也不断地发布系统漏洞补丁，用户既可以用 Windows 系统自带的 Windows Update 功能修复系统漏洞，也可以利用第三方软件（如 360 安全卫士、超级兔子等）来修复系统漏洞。

2. 安装杀毒软件和防火墙并实时更新病毒库

杀毒软件也称为反病毒软件或防毒软件，它可以实时监控和扫描磁盘，可以帮助用户检查并清除病毒和木马等。防火墙是一种安装在用户的电脑和外部网络之间的保护屏障，可以帮助用户阻挡一些攻击等。提供杀毒软件和防火墙的公司都会提供实时在线升级功能，提供最新的病毒库，用户要做的就是及时升级病毒库，以便能对新产生的病毒和木马进行有效防范。目前的杀毒软件和防火墙有很多种，如 AntiVir（小红伞）、360 杀毒、360 安全卫士、卡巴斯基、Windows 木马清道夫等。

3. 建立防范意识

在互联网上，病毒和木马永远走在杀毒软件的前面，永远都是先有了病毒和木马后才有杀毒软件，用户才会更新病毒库，所以不会有任何一款杀毒软件和防火墙能查杀和抵御所有的病毒和木马，因此建立防范意识也尤其重要。用户使用电脑和 Internet 时要注意以下事项：

(1) 打开 U 盘前先杀毒　由于 U 盘的广泛使用使其成为病毒的主要传播途径之一。U 盘插入电脑后，不能直接双击 U 盘的图标来打开 U 盘，因为一旦 U 盘感染病毒，这样的操作会导致病毒自动运行，从而让使用 U 盘的电脑感染病毒。所以在使用 U 盘前最好先使用杀毒软件进行扫描，确保 U 盘中没有病毒。或者使用另外的方式打开 U 盘，一种方式是右击 U 盘图标，在弹出的快捷菜单中单击【打开】命令；另一种方式是在资源管理器左侧的文件夹列表中执行打开操作，这两种方式都不会触发病毒。

(2) 打开陌生人发来的电子邮件要谨慎　电子邮件以其方便性和廉价的特点成为 Internet 中广泛使用的通信工具，用户不必经过任何权限验证就可以向别人的电子邮箱里发送电子邮件。每个网站的邮箱都有自己的杀毒方式，所以邮件本身是没有病毒的。但是一般来说，免费邮箱是不对邮件里的附件查杀病毒的，也正因为如此，许多不法分子将含有病毒或木马的文件作为电子邮件的附件发送给其他用户，一旦用户下载并运行这个附件，就会导致电脑感染病毒或木马。所以当电子邮箱中收到陌生人的 E-mail 或者广告邮件时，不要随便打开。即使是熟人发送来的附件，下载后也要先扫描病毒，然后再决定是否运行附件。

(3) 对 QQ 上传送的文件和网页链接也要谨慎接收　QQ 是目前国内使用广泛的即时通信工具，也具有传送文件的功能，有些不法分子会将木马和正常文件捆绑在一起,然后将捆绑后的文件通过 QQ 发送给攻击对象,或者向用户发送含有病毒或木马的网页链接,一旦用户单击该链接,那么网页上的病毒或木马就会感染用户的电脑。所以当无故接收到 QQ 传送的文件时,如果是熟人,一定要先问清情况;如果是陌生人发来的,则可以拒绝接收。当有人发来网页链接时,也一定要谨慎,不要随意单击链接进入网页。

(4)不要轻易打开网页上的广告 有些不法分子会在 Internet 上建立流氓下载网站,当用户选择下载某软件时,其实下载的是木马程序或病毒。还有些不法分子会租用正常的软件下载网站上面的广告位,然后在广告位上植入木马,一旦用户单击这些植入木马的广告位,木马或病毒就会入侵用户的电脑。所以要下载某种软件时,最好在其官方网站下载。

(5)隐藏自己的 IP 地址 有很多黑客软件是利用 IP 地址攻击对方的,所以在 Internet 上隐藏自己的 IP 地址也可以在一定程度上防止被攻击。

(6)保证防毒软件和防火墙与系统一起启动 用户一定要保证防毒软件和防火墙随着系统的启动而启动,做到实时防护,这样就可以保证绝大多数的病毒和木马无法入侵自己的电脑。

11.4.5 电脑病毒和木马的查杀

用户的电脑一旦感染了病毒或木马,就只能借助于杀毒软件来查杀了。用杀毒软件查杀病毒时,为了更彻底地查杀病毒,首先要将杀毒软件和病毒库升级到最新版本,接着先用快速查杀进行杀毒,最后再用全盘查杀来杀毒。

11.5 "流氓"软件的识别和清除

处于 Internet 中的电脑用户除了受到病毒和木马的困扰和危害外,流氓软件也是不可忽视的,用户同样深受其害。

11.5.1 识别"流氓"软件

流氓软件又称为恶意软件,是指未经用户许可自动安装在用户电脑或其他终端上的一类软件。电脑被植入流氓软件后,会出现如下情况。例如,用户上网时,不断跳出窗口让鼠标失灵;有时浏览器上莫名其妙增加了许多工具按钮;当用户打开指定的网页时,网页变成不相干的奇怪画面或广告页面,更有甚者会有黄色网站自动弹出。流氓软件是介于正常软件和病毒之间的一种软件,有些流氓软件不会影响用户电脑的正常使用,只是在启动浏览器的时候会多弹出来一个网页,从而达到宣传的目的。但是有的流氓软件一旦被成功植入电脑,将会导致系统运行效率降低或账户密码丢失,用户需要格外提防。

流氓软件通常具有如下特点。

强制安装:流氓软件通常是在未经用户许可或用户毫不知情的情况下强行或秘密安装在用户的电脑上的。

难以卸载:流氓软件不提供通用的卸载方式,用户无法用常规的卸载方式将其卸载,或难以彻底卸载。

劫持浏览器或搜索引擎:有些流氓软件不经用户许可,私自修改用户浏览器或其他相关设置,迫使用户访问特定网站,导致用户无法正常上网或自动修改搜索引擎结果,在搜索引擎结果中添加自己的广告或加入网站链接等。

广告弹出:很多流氓软件在未明确提示用户或未经用户许可的情况下,利用安装在用户电脑上的软件不断弹出广告。

恶意收集用户信息:未明确提示用户或未经用户许可,恶意收集用户信息,记录用户上网习惯或窃取用户账号密码。

恶意卸载:不明确提示或不经用户许可,误导甚至欺骗用户卸载非恶意软件。

11.5.2 "流氓"软件的防范

虽然有些流氓软件是在用户毫不知情的情况下安装的,但是多一些防范意识也可以避免一些流氓软件的侵袭。防范流氓软件的措施有如下几种。

1. 不登录不良网站

不良网站通常就是流氓软件的聚集地,所以避开不良网站也就避开了很多流氓软件。

2. 下载软件时选择要谨慎

下载软件的时候最好到正规的网站或软件开发商的官方网站下载。不要随意下载一些免费软件或共享软件,因为一些免费软件很可能存在安全问题。也不要被一些小软件的宣传所迷惑而下载,因为用户在使用这个小软件的时候,也许流氓软件已经同时悄悄地潜伏到电脑中了。

3. 仔细阅读安装提示

有时候用户下载一些应用软件会被要求安装一些插件,一般会有安装提示,这时候用户要看清楚安装选项,不需要的就可以把前面的"√"去掉。另外,用户在浏览某个网站或观看视频时,也会提示是否安装某种插件,否则不能正常浏览或观看,这个时候就要格外小心,不要轻易确定安装,换个网站也许就有相同的内容却不需要安装插件。

11.5.3 清除"流氓"软件

大多数情况下,用户不能确定自己的电脑中是否已经潜伏了流氓软件,而流氓软件又不能通过正常的卸载方法删除,所以需要用户用专门的流氓软件查杀工具来经常检查和清理,如 360 杀毒、360 安全卫士、超级兔子等。如果有些流氓软件很多次都无法清理掉,则用户可以重新启动电脑,切换到安全模式下后再使用查杀软件做一次清理,一般都能清理干净。

11.6 使用 360 系列软件维护系统

360 系列软件是奇虎 360 公司提供的一系列软件产品,对于个人计算机来说,常用的是 360 杀毒软件和 360 安全卫士。360 系列软件都可以到 360 官方网站(http://www.360.cn/)上免费下载。

11.6.1 360 杀毒软件

360 杀毒是完全免费的杀毒软件,它创新性地整合了五大领先防杀引擎,包括国际知名的 BitDefender 病毒查杀引擎、小红伞病毒查杀引擎、360 云查杀引擎、360 主动防御引擎、360QVM 人工智能引擎。五个引擎智能调度,为用户提供全时全面的病毒防护,不但查杀能力出色,而且能第一时间防御新出现的病毒木马。

360 杀毒目前支持的操作系统包括:Windows XP SP2 以上(32 位简体中文版)、Windows Vista(32 位简体中文版)、Windows 7(32/64 位简体中文版)、Windows 8(32/64 位简体中文版)、Windows Server 2003/2008。

1. 安装和卸载 360 杀毒软件

(1)安装

第一步:安装 360 杀毒的过程很简单,首先进入 360 杀毒官方网站下载安装包,双击运行下载好的安装包,弹出 360 杀毒安装向导,如图 11-28 所示。

图 11-28 360 杀毒安装向导

第二步：安装路径按照默认设置即可，勾选【我已阅读并同意软件安装协议】复选框，然后单击【立即安装】即可开始安装，安装完成后就可以运行360杀毒程序了。

（2）卸载

第一步：卸载360杀毒时，只需要单击【开始】→【所有程序】→【360安全中心】→【360杀毒】→【卸载360杀毒】命令，如图11-29所示。

第二步：弹出【卸载确认】对话框，如图11-30所示。单击【卸载】单选按钮即可开始卸载。

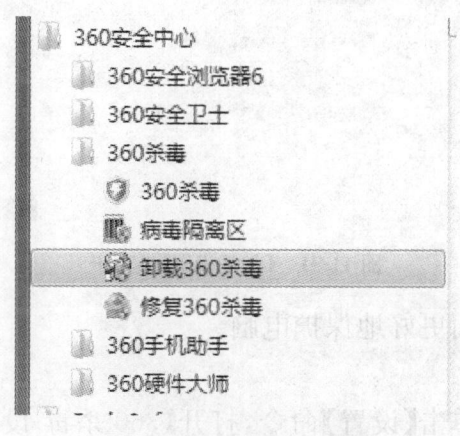

图11-29　卸载360杀毒

图11-30　360杀毒【卸载确认】对话框

第三步：卸载完成后会提示用户重新启动，这时用户可以根据自己的情况选择是否立即重启。重新启动后，360杀毒即可彻底卸载。

2. 让360杀毒随着系统一起启动

通常安装完360杀毒后，默认设置是随着系统一起启动。如果这个设置被修改了，则用户可以通过如下方法修改设置。在360杀毒主界面单击【设置】命令，打开【360杀毒-设置】对话框，单击【常规设置】命令，如图11-31所示。

勾选【登录Windows后自动启动】前面的复选框，即可让360杀毒随着系统

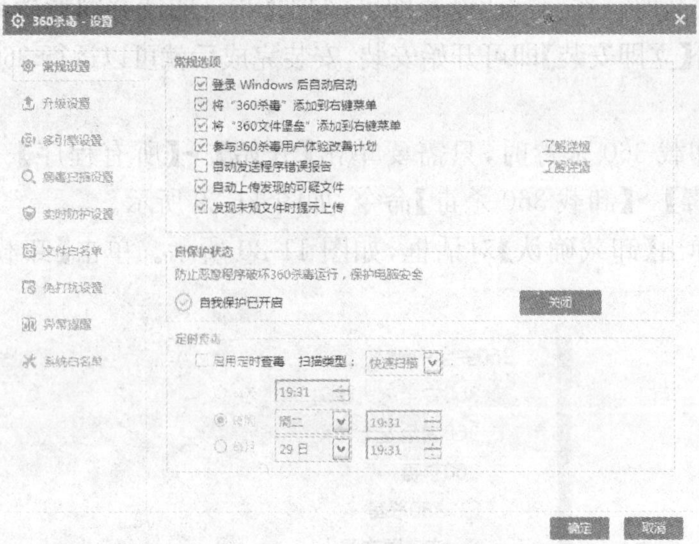

图 11-31 【常规设置】选项卡

的启动而自动启动,从而更好地保护电脑。

3. 升级病毒库

启动 360 杀毒后,单击【设置】命令,打开【360 杀毒-设置】对话框,单击【升级设置】命令,打开【升级设置】选项卡,如图 11-32 所示。

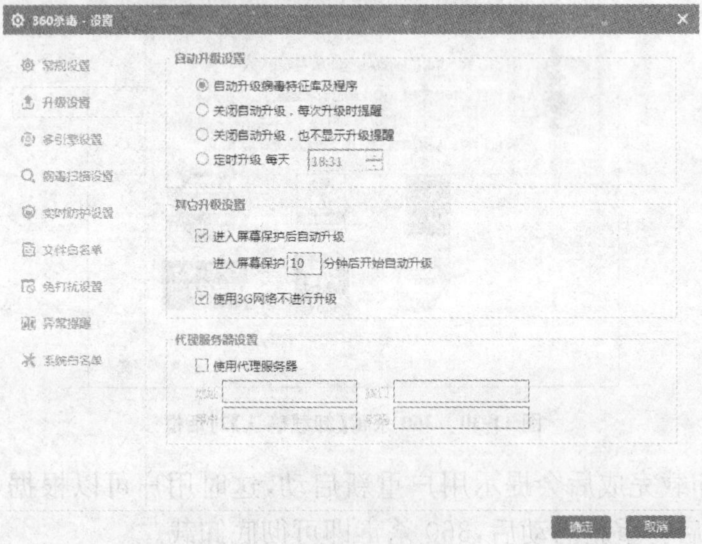

图 11-32 【升级设置】选项卡

在【自动升级设置】组中选择升级方式后,单击【确定】按钮即可。一般情况下,360 杀毒安装完成后,默认设置为【自动升级病毒特征库及程序】,360 杀毒会在有升级可用时自动下载并安装升级文件。

11 电脑的保养和维护 329

用户如果关闭了自动升级功能,则也可以手动升级,在 360 杀毒主界面上单击【检查更新】命令即可。

如果用户的电脑无法在线自动升级,则也可以到 360 杀毒官方网站(http://sd.360.cn/)下载离线病毒库进行升级。

4. 用 360 杀毒软件查杀病毒

启动 360 杀毒,主界面如图 11-33 所示。

图 11-33 360 杀毒主界面

360 杀毒通过主界面可以直接使用【快速扫描】、【全盘扫描】、【自定义扫描】和常用工具栏。其中,【自定义扫描】下还有以下几种扫描方式:【桌面】、【我的文档】、【Office 文档】、【光盘】等;工具栏中包括【宏病毒查杀】、【电脑门诊】等,单击【更多工具】按钮即可看到全部可用工具。当然,随着软件的升级,界面会有变化,功能会更强大。

【快速扫描】是扫描 Windows 系统目录及 Program Files 目录;【全盘扫描】可以用来扫描所有磁盘;【自定义扫描】是扫描用户指定的目录,单击【自定义扫描】命令会弹出【选择扫描目录】对话框,如图 11-34 所示,在这里用户可以指定扫描目录。

主界面右下角的常用工具栏里的工具能帮助用户解决电脑上经常遇到的问题。360 杀毒还提供了另外一种扫描方式,即右键扫描,也就是当用户在文件或文件夹上单

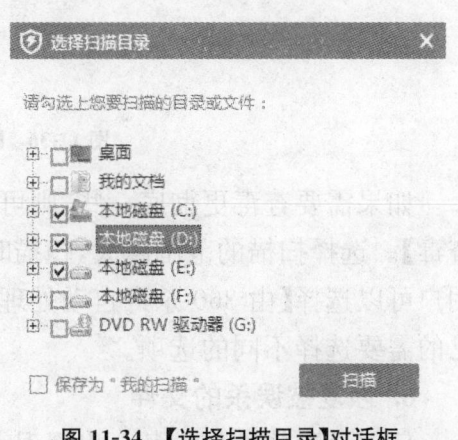

图 11-34 【选择扫描目录】对话框

击鼠标右键时,在弹出的快捷菜单里可以选择【使用360杀毒扫描】对选中文件或文件夹进行扫描。

用户根据需要选择扫描方式后即可开始扫描,扫描完成后显示扫描结果,如图11-35所示。单击【确认】按钮即可。

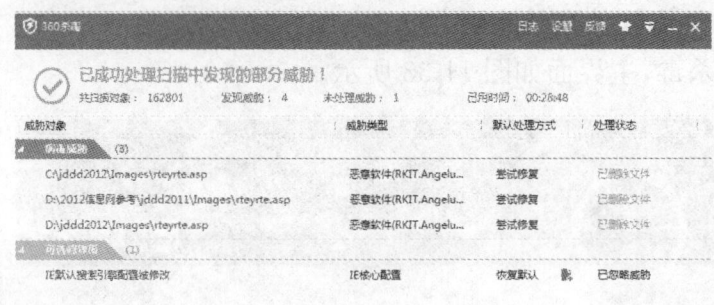

图11-35　360杀毒扫描结果

5. 病毒扫描设置

用户可以根据需要设置使用360杀毒软件查杀病毒时扫描文件的类型以及发现病毒后的处理方式等。单击主界面中的【设置】命令,打开【360杀毒-设置】对话框,单击【病毒扫描设置】命令,打开选项卡如图11-36所示。

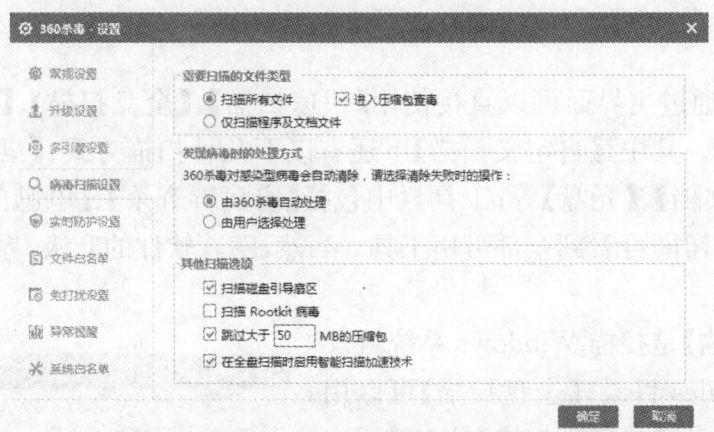

图11-36　【病毒扫描设置】选项卡

如果需要查毒更彻底一些,则可以选择【扫描所有文件】,并勾选【进入压缩包查毒】。选择扫描的范围越大,扫描时耗时就越多。当杀毒软件清除病毒失败时,用户可以选择【由360杀毒自动处理】或【由用户选择处理】,总之用户可以根据自己的需要选择不同的选项。

6. 恢复被误杀的文件

任何杀毒软件都难免会出现误杀的现象,即将某些不含病毒的文件当作病毒删除掉。360为了减少误杀的损失,则会将被删除的文件备份在隔离区内,如果出现了误杀,用户可以在主界面中单击【查看隔离区】命令,打开隔离区,如图11-37所示。

图11-37　360杀毒-隔离区

如果有误杀的文件,则可以选择其左侧的复选框,然后单击【恢复所选】按钮即可。用户也可以勾选【全选】复选框后,单击【删除所选】按钮将隔离区清空。

7. 处理病毒

360杀毒扫描到病毒后,会首先尝试清除文件所感染的病毒,如果无法清除,则会提示用户删除感染病毒的文件。木马和间谍软件由于并不采用感染其他文件的形式,而是其自身即为恶意软件,因此会被直接删除。

在处理过程中,由于不同的情况,有些感染文件无法被处理,则需要采取其他方法来处理这些文件。

①如果感染病毒的文件存在于360杀毒无法处理的压缩文档中,则就无法对其中的文件进行病毒清除或删除文件。这种情况下,用户可以使用针对该类型压缩文档的相关软件将压缩文档解压到一个目录下,然后使用360杀毒对该目录下的文件进行扫描及清除,完成后再使用相关软件重新压缩成一个压缩文档。

②对于有密码保护的文件,360杀毒无法将其打开进行病毒清理。用户可以先去除文件的保护密码,然后再使用360杀毒进行扫描及清除。

③如果感染病毒的文件正在被其他应用程序使用,则360杀毒无法清除其中的病毒或删除文件,这时就需要用户先退出使用该文件的应用程序,然后再使用360杀毒重新对其进行扫描清除。

④如果感染病毒的文件太大,超出了文件恢复区的大小,则文件无法被备份到文件恢复区,这时用户就可以删除系统盘上的无用程序和数据,增加可用磁盘空间,然后再次尝试。如果文件不重要,也可选择删除文件,不进行备份。

8. 用 360 文件堡垒防止重要文件被误删

很多用户都遇到过这种情况,电脑里珍藏的照片、重要的文件找不到了,很有可能是被误删了,360 文件堡垒就是防止文件被误删除的。

第一步:在 360 杀毒主界面上单击【更多工具】按钮,显示更多工具,然后单击【系统安全】组中的【文件堡垒】按钮,在打开的【360 文件堡垒】窗口中单击【开启保护】按钮,进入【添加想要保护的文件或目录】页面,如图 11-38 所示。

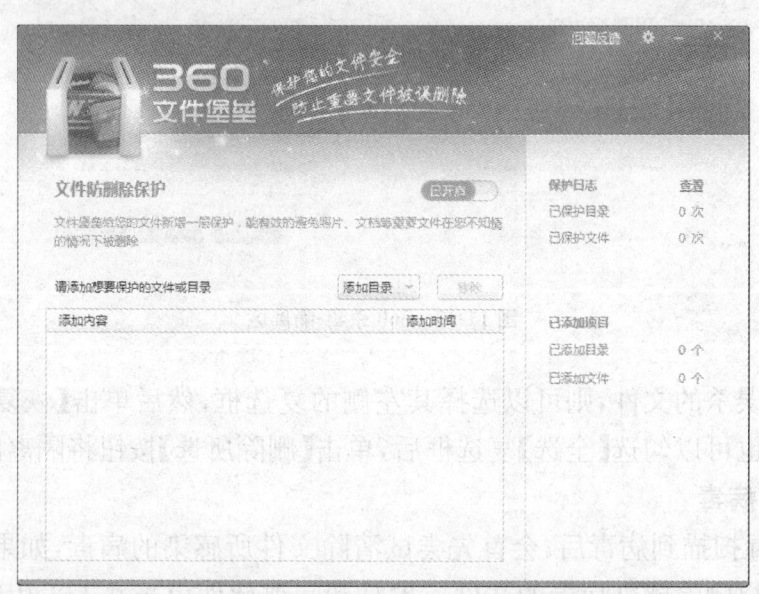

图 11-38　添加想要保护的文件或目录页面

第二步:单击【添加目录】按钮,打开【浏览文件夹】对话框,如图 11-39 所示。

第三步:选择要保护的文件或目录后,单击【确定】按钮返回上级对话框。单击【文件防删除保护】右边的开关按钮,使它处于"已开启"状态,关闭窗口即可。

11.6.2　360 安全卫士

360 安全卫士是一款强大的计算机安全辅助工具,它不仅能够查杀木马、修复系统漏洞,而且还可以清除系统中潜在

图 11-39　【浏览文件夹】对话框

的流氓软件,将 IE 浏览器恢复到正常运行状态。

1. 设置自动开启防火墙和自动升级

安装 360 安全卫士后,首先要保证 360 安全卫士在开机时就启动防火墙功能。启动 360 安全卫士,单击右上角的【主菜单】按钮,在打开的主菜单上单击【设置】命令,打开【设置】窗口,在【升级方式】选项卡中选择【自动升级主程序和备用木马到最新版本】,切换到【高级设置】选项卡,如图 11-40 所示。勾选【开机时自动开启木马防火墙】复选框。

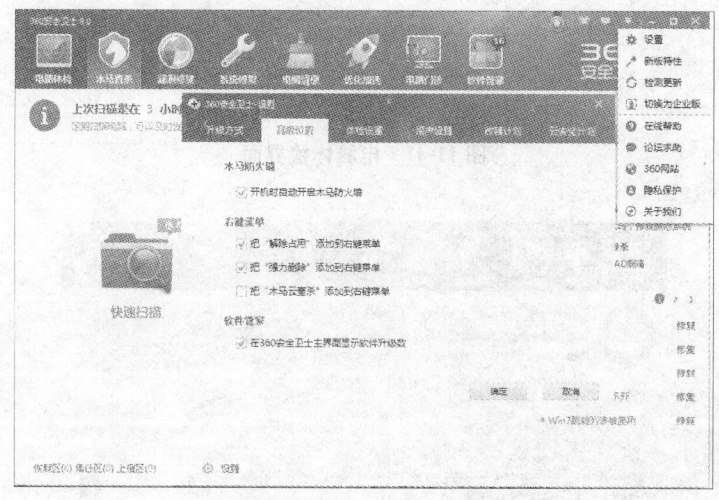

图 11-40　360 安全卫士【设置】窗口

2. 电脑体检

360 安全卫士提供的体检功能可以全面地检查用户电脑的各项状况,让用户快速全面地了解自己的电脑,并且可以提醒用户对电脑做一些必要的维护。体检完成后,360 安全卫士会提交给用户一份优化电脑的意见,用户可以根据需要对电脑进行优化,也可以便捷地选择一键优化。

第一步:启动 360 安全卫士后,单击【电脑体检】按钮进入体检界面,如图 11-41 所示。

第二步:单击【立即体检】按钮,开始进行电脑体检。体检完毕后会显示出体检结果,如图 11-42 所示。单击【一键修复】按钮,360 安全卫士开始自动清理和优化系统。

3. 用 360 安全卫士查杀木马

启动 360 安全卫士后,单击【木马查杀】按钮,切换到查杀木马的界面,用户可以根据需要选择【快速扫描】、【全盘扫描】和【自定义扫描】方式。【快速扫描】方式是扫描系统内存、开机启动项等关键位置,快速查杀木马。【全盘扫描】则是扫描

中老年人学电脑·基础篇

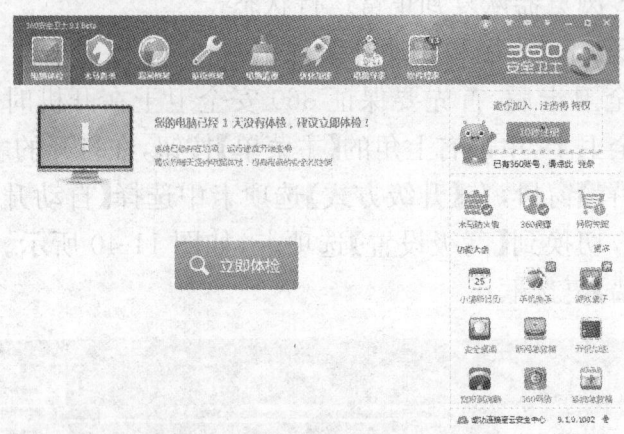

图 11-41　电脑体检界面

图 11-42　电脑体检结果

全部磁盘文件,全面查杀木马及其残留,耗时较长。【自定义扫描】是扫描指定的文件或文件夹,单击【自定义扫描】按钮,在弹出的【扫描区域设置】对话框中选择要扫描的文件或文件夹,单击【开始扫描】按钮即可。扫描完成后会显示扫描结果,如果出现了疑似木马,用户可以选择是删除文件还是加入信任区。

4. 用 360 安全卫士修复系统漏洞

启动 360 安全卫士后,单击【漏洞修复】按钮开始扫描系统漏洞,扫描完成后显示扫描结果,如图 11-43 所示。高危漏洞补丁默认为选中,用户也可以根据需要在【其他及功能性更新补丁】列表中选择需要安装的更新,然后单击【立即修复】按钮,开始下载并安装补丁。

补丁安装完成后,窗口提示重新启动电脑后补丁才能生效,用户可以根据情况立即重启电脑或稍后自己重启电脑。

11　电脑的保养和维护 335

图 11-43　360 安全卫士漏洞修复

5. 让 360 安全卫士自动检查更新

启动 360 安全卫士后,单击【漏洞修复】按钮,切换到漏洞修复界面,单击下方的【设置】命令,打开【360 漏洞修复】对话框,如图 11-44 所示。在【扫描提示和修复方式】组中选择【开机自动扫描,发现高危漏洞及时提示】选项,用户也可以根据自己的需要选择其他方式。最后单击【确定】按钮即可。

当用户下次启动电脑后,360 安全卫士会自动检测计算机是否有系统漏洞,如果检测到则会弹出提示对话框,列出需要安装的漏洞补丁,如图 11-45 所示。单击【一键修复】按钮,即可开始修复漏洞。

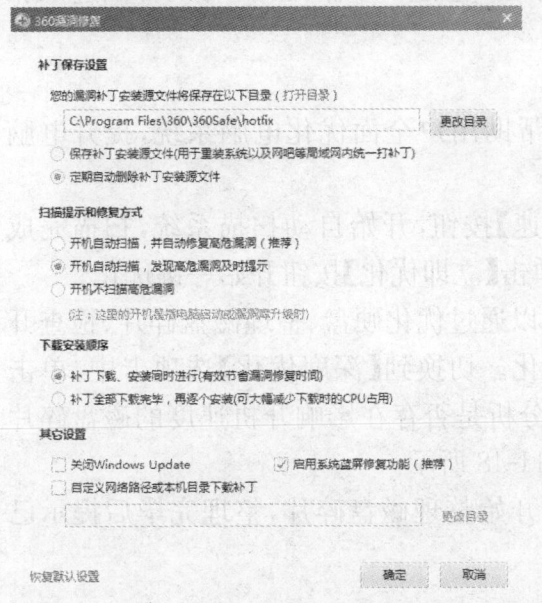

图 11-44　【360 漏洞修复】对话框

图 11-45　安全卫士发现安全漏洞

6. 电脑清理

启动360安全卫士后,单击【电脑清理】按钮,进入电脑清理界面,单击【一键清理】选项卡标签,切换到【一键清理】选项卡,如图11-46所示。【一键清理】能帮用户同时完成【清理垃圾】、【清理插件】、【清理痕迹】以及【清理注册表】的功能。

图11-46 【一键清理】选项卡

单击【一键清理】按钮,360安全卫士开始扫描并清理系统中的垃圾、插件和痕迹等。

需要注意的是,出于安全考虑,【一键清理】只提供默认安全的清理选项,它没有将用户自定义的选项包括进来,所以当用户想进一步清理时,可以分别进入相应的选项卡自定义清理。

7. 优化加速

360安全卫士的优化加速功能可以帮助用户全面优化电脑系统,提升电脑速度。

启动360安全卫士后,单击【优化加速】按钮,开始自动扫描系统,扫描完成后,显示出扫描结果,如图11-47所示。单击【立即优化】按钮开始一键优化。

如果用户想进一步给电脑加速,则可以通过优化硬盘、整理磁盘碎片、检查开机异常的软件等方法对电脑进行深度优化。切换到【深度优化】选项卡中,单击【开始扫描】按钮,360安全卫士开始扫描分析是否存在影响开机速度的磁盘碎片等,分析完成后会显示出分析结果,如图11-48所示。

单击【深度优化】按钮,360安全卫士开始整理磁盘碎片,整理完毕后提示已完成优化,单击【完成优化】按钮即可。

8. 系统修复

当用户遇到浏览器主页、开始菜单、桌面图标、文件夹、系统设置等出现异常

图 11-47 优化加速扫描结果

图 11-48 深度优化

时,使用 360 安全卫士的系统修复功能可以找出问题出现的原因并修复问题。

启动 360 安全卫士后,单击【系统修复】按钮,切换到【系统修复】选项卡,然后单击【常规修复】按钮,360 安全卫士开始扫描系统,扫描完成后显示出扫描结果,如图 11-49 所示。

图 11-49 系统修复

用户可以根据自己需要将项目直接删除或恢复默认。用户也可以选择项目复选框后单击【立即修复】按钮，360安全卫士开始修复系统。

如果常规修复不能解决问题，则360安全卫士还提供了人工服务。单击【电脑专家】按钮，打开【360专家】窗口，如图11-50所示。

图11-50 【360专家】窗口

用户可以在这里查找所遇到问题的解决方案或提交问题。

9. 360软件管家

360软件管家提供了常用软件的下载、升级、卸载等功能。

(1) 软件下载

第一步：启动360安全卫士后，单击【软件管家】按钮，打开【360软件管家】窗口，如图11-51所示。

图11-51 【360软件管家】窗口

第二步:在【软件大全】选项卡下显示出了360能提供下载的各种软件,用户可以单击【一键安装】按钮在线安装相应的软件。

(2)软件升级

第一步:切换到【软件升级】选项卡,这里列出了用户计算机上需要升级的软件,如图11-52所示。

图11-52 【软件升级】选项卡

第二步:用户如果需要升级某个软件,则可以单击其右侧的【一键升级】或【升级】按钮将其升级,或选择多个需要升级的软件后,单击【升级全部已选】按钮开始对所选软件升级。

(3)软件卸载 切换到【软件卸载】选项卡,如图11-53所示。

图11-53 【软件卸载】选项卡

在这里列出了用户安装的所有软件,并显示了软件的大小、安装时间、使用频率、软件评分等内容,用户可以根据这些内容决定软件的保留价值。如果需要卸载某软件,则单击其右侧的【卸载】按钮开始卸载程序。

10. U 盘保镖

U 盘保镖是 360 安全卫士的一个组件,用来拦截带毒 U 盘,实现 U 盘快捷打开和安全弹出。当用户将 U 盘插入电脑后,弹出【360U 盘小助手】悬浮窗;当用户把鼠标指针移动到悬浮窗上时,出现【打开 U 盘】和【拔出 U 盘】命令按钮。如图 11-54 所示。用户可以单击相应的命令来对 U 盘杀毒或打开 U 盘或拔出 U 盘。

第一步:将 U 盘插入电脑后,360U 盘保镖自动运行检测 U 盘。若发现 U 盘有可疑文件,则会弹出警告对话框,如图 11-55 所示。

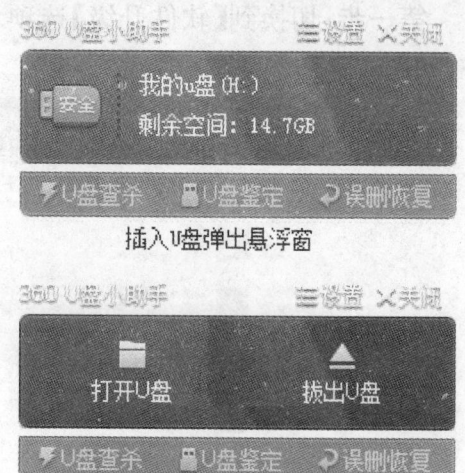

图 11-54　U 盘小助手悬浮窗

图 11-55　360U 盘保镖发现 U 盘有可疑文件

第二步:单击【立即处理并全面扫描 U 盘】按钮,360 安全卫士开始对 U 盘查杀木马,如图 11-56 所示。

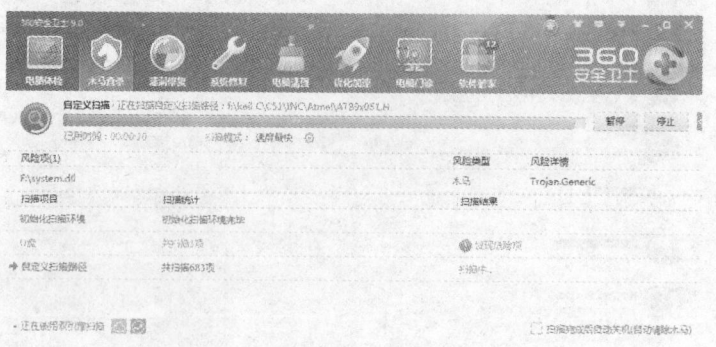

图 11-56　360 安全卫士对 U 盘查杀木马

第三步：扫描完成后会给出扫描结果，如图 11-57 所示。如果有病毒和木马，则会罗列出病毒和木马的名称、类型等。

图 11-57　安全卫士显示对 U 盘的扫描结果

第四步：单击【立即处理】按钮，开始清理发现的病毒或木马，清理完毕后会弹出对话框要求重新启动计算机，如图 11-58 所示。

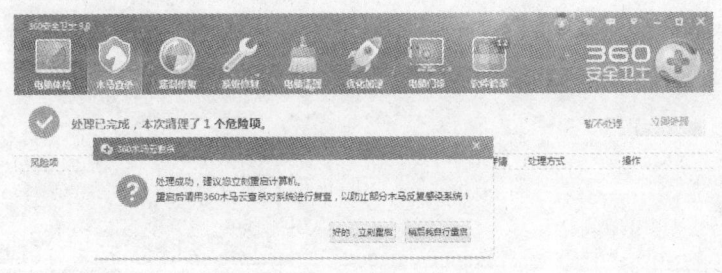

图 11-58　360 查杀完毕要求重启

第五步：单击【好的，立刻重启】按钮重新启动即可，或单击【稍后我自行重启】按钮，将尚未保存的文件保存好后，关闭应用程序，然后从【开始】菜单中重新启动即可。